建筑策划

曹亮功　著

中国建筑工业出版社

图书在版编目（CIP）数据

建筑策划/曹亮功著.—北京：中国建筑工业出版社，2017.8（2023.8重印）

ISBN 978-7-112-20729-9

Ⅰ.①建… Ⅱ.①曹… Ⅲ.①建筑工程－策划 Ⅳ.①TU72

中国版本图书馆CIP数据核字（2017）第096990号

建筑策划涉及人类共同生活的社会、环境和生活秩序，它具有政策法规性、现实可行性、技术性与创新性、适调性与弹性等。本书内容包括建筑策划概述、建筑策划原理、建筑策划程序和工作内容、建筑分类、商品住宅建筑策划、经营性酒店建筑策划、租赁性商贸中心建筑策划、公益性建筑的建筑策划、自持自用建筑的建筑策划、建筑策划思维方法的延展运用等。

全书可供广大建筑师、规划师、景观设计师、政府管理人员、房地产开发商、建筑院校师生等学习参考。

责任编辑：吴宇江 张 建 何 楠
责任校对：焦 乐 李美娜

建筑策划

曹亮功 著

*

中国建筑工业出版社出版、发行（北京海淀三里河路9号）
各地新华书店、建筑书店经销
北京京点图文设计有限公司制版
北京中科印刷有限公司印刷

*

开本：850×1168毫米 1/16 印张：21½ 字数：442千字
2017年9月第一版 2023年8月第二次印刷
定价：**78.00**元

ISBN 978-7-112-20729-9
（30395）

序

　　建筑策划，这个二三十年前尚不为建筑师所熟悉的概念，到今天已逐渐成为我们必须关注的一个专业领域。过去做设计，只需吃透设计任务书就可以开始构思方案，而现在却不同了。当我们做一个新城的规划和建筑设计的时候，业主在给出一些基本资料的同时，往往会要求你对新城功能定位、业态组合、产业支撑等提出你的思路，特别是如何把这些似乎与创作无关的思路"化"入到你的规划设计中，这是业主特别关心的。理由很简单，因为这直接关系到新城的建设能否按期收回成本，甚至涉及一个企业的生存和发展。做酒店设计，酒店管理公司的商务策划是必不可少的。但建筑师能否吃透这些策划的要点，并且能够结合市场环境在设计上创造性地表达出来，就成为对一个建筑师是否具备全面专业素质的一个考验。一个更能说明这种变化的例子是博物馆（文博建筑）建筑的设计。在过去，这类被认为是艺术殿堂的建筑似乎与经济业态很少关联，而如今情况就不同了。特别是这些年来，在我国博物馆如雨后春笋般生长出来的情况下，受后工业社会消费文化的影响，一个博物馆仅仅靠陈列展品来吸引观众就显得不够了。越来越多的博物馆仅仅靠政府拨款或公益赞助也是难以生存和发展的。今后博物馆的建筑设计，在考虑典藏、教育、研究等传统的功能要求的同时，也要考虑创新展陈方式、组织各类活动、开发可以售卖与藏品有关的纪念品，以及增加各类服务性功能设施等。而所有这些都与建筑策划密切相关，也与建筑设计密切相关。我们需要意识到身处当下"体验经济"时代，包括博物馆在内的这类建筑设计已不仅是功能性、文化性的表达，以经济性（广义的）为重点内容的建筑策划，已经成为一个日显重要的专业领域，作为建筑师，我们需要学习、实践，这样我们的设计才能更加符合时代的要求。

　　这些年来，我国不少建筑师已在关注建筑学领域中的这一变化，而曹亮功先生则是其中较早的一位。他不仅已经做了大量工作，具有丰富的实践经验，而且还系统地加以总结写成本书。在本书中，曹亮功先生结合当代建筑设计领域的现状，从建筑本源出发，分析了建筑的文化属性、科技属性与经济属性的关系，指出一切建筑活动都需要以经济合理性为基础，从而强调了建筑策划的重要性。书中不仅论述了建筑策划的概念和原理，具体分析了在基本建设投资决策和可行性研究过程中建筑策划所起的作用，特别是本书所阐述的不同类型建筑在建筑策划各个阶段的工作内容，将使我们的工作更具规范性和可操作性。在本书的后半部分，作者以其丰富的经验向我们展示了几种不同类型建筑的策划案例，这无疑让我们能够更加深入地理解建筑策划的重要性以及应该如何具体地进行操作，这是非常珍贵的。

感谢曹亮功先生为同行们所做的富于前瞻性的工作，也期待本书能在我们的设计实践中发挥它应有的重要作用。

是为序。

程泰宁

2016 年 10 月 20 日于杭州

自　序

在国民经济高速发展的时期，建设投资活动异常活跃，建筑业的增长也是高速度的，甚至达到让人来不及思考的程度，在取得巨大建设成就的同时自然也出现了诸多令人遗憾的事，歪着脖子、扭着身子的形态至上的建筑的出现就不足为奇了，此后人们又开始呼唤建筑回归本源。

建筑本源的实质是什么？我们应该从建筑的起源去探求，维特鲁威在《建筑十书》里说：远古时代，为了生活，为了安全，"有些人便开始用树叶铺盖屋顶，有些人在山麓挖掘洞穴，还有一些人用泥和枝条仿照燕窝建造自己的躲避处所；后来，看到别人的搭棚，按照自己的想法添加了新的东西，就建造出天天改善形式的棚屋"。这大概是最早讲述建筑本源的论述了。维特鲁威在论述建筑起源的同时，细微而具体地讲述了社会经济与建筑的关系，他举例说：马其顿建筑师狄诺克拉底带着自己的得意之作阿托斯山城市求见亚历山大时，亚历山大看到城市方案突出了亚历山大殿下的威名，在高兴的同时却问道："在食粮方面附近有没有足以维持那座城市的耕地？"当了解到除非渡海运来，否则不可能维持时，于是他说："……恐怕在那个地方建起村落的人们，他们的判断会受到责备的吧！如果婴儿没有乳母的哺乳，就不能摄取营养，也不能成长到相当的年龄，同样，城邦没有耕地及流入城内的耕地收获物就不能强大，没有丰富的食粮人口不能密集，民众供应不充足也是不能维持的。因此，我评价这一设计是优良的，但是断言这个地址是不适当的。"他又举一例说："虽然国王出生于米拉萨，但是了解到哈利卡尔那索斯乃是天然的要冲，适当的商埠，有用的港口，因而亲自在那里建造了宫殿。"他还举了一例说："因为罗马庞大，人口稠密，所以要准备无数的房屋。然而在罗马不可能使如此众多的人口居住在一层里，所以不得不想到借助于建筑物的高度的情况，……这样就在城内建造高达若干层的建筑，增加了空间，罗马市民才会安乐融融地得到美好的住宅。"几个例子讲的一个道理：建筑及城市的产生是社会经济和人类生活需求的产物，没有经济基础的城市或建筑是不可能有生命力的。建筑因社会经济发展而产生，因社会生活需要而产生，建筑的经济属性是第一位的，是最基本的属性。

当然建筑还具有许多属性，如文化属性、艺术属性、科技属性等，在建筑与城市迅猛发展的时期，由于经济高速发展掩盖了建筑的经济矛盾，而使人们忽视了对它经济属性的重视，建筑的文化属性占据了建筑设计的主要视野，或者说仅是建筑文化属性中的艺术性占据了人们的视角，甚至出现了以奇、特、怪来获取人们的视角的现象。

维特鲁威在《建筑十书》中讲的马其顿建筑师的例子，说建筑师狄诺克拉底为迎合国王亚历山大，"把阿托斯山造成男人的形象，在他的左手设计出围起广阔城墙的城市，在他的右手设计出承受这座山的一切河水而从这里注入海中的钵形地带"，亚历山大国王清醒地否定了建筑师的方案。后来亚历山大国王在埃及"注意到自然防护的港口，优良的商埠，埃及全境谷物丰饶的田野，广阔的尼罗河的重大用途时，他决心按自己的名字建设一座亚历山大城"，建筑师狄诺克拉底也在其中施展了他的才华。

两千年前的这个故事读来仍使我们深受教育，建设的决策者冷静地认识到建筑师的能力而不受他迎合权势的忽悠，按照城市建筑的经济规律理性地做出了正确的决策，并发挥了建筑师的技能，创造了永载史册的辉煌。两千年后的今天，当然有许多正确决策的例子，但也随时可以听到不少被种种忽悠而做出盲目决策的实例，由此而产生出奇奇怪怪的建筑。可见奇与怪现象的出现既有建筑师的"贡献"，更有领导者的"决策"。一段时期，外国建筑师将中国看成是自己异想天开方案的试验场，但如果没有领导去赏识它，又如何能实现？呼唤回归建筑本源，学习建筑客观规律知识不单纯是建筑师群体的事，也应当是建设决策者的事，还可以是全社会应当关注的事。

经济属性是建筑的最基本属性，因为只有社会经济的发展需要才会提出建设任务，才会有需求有投资，有建设计划，建筑师也才能施展才华；建筑还有很多方面的属性，建筑师的能力，也会涉及许多方面的知识、技能和创意才能。多年来所见所闻，很多建筑师在各方面有着天赋和才华，而却在经济学方面缺乏认识，缺乏知识，从而使设计作品脱离了社会经济的轨道，建设项目要经过许多审查环节许多专家反复校正才能走上合理的轨道。如果我们的建筑师都具有经济头脑、综合的建筑素质，可以使许多建设项目更顺利、更科学地实施。

根据建筑的经济属性规律，建筑应当有不同的投入产出的经济方式及盈利模式，而建筑设计、建筑策划也自然有与之相适应的规律，所以这本书提出了按投资方式划分的建筑分类。这可能是与以往诸多建筑分类法不同的一种概念，但可能对建筑策划研究和建筑设计的针对性深入都会是有益的另一角度的思维方法。

建筑活动是一种公开和公共性的行为，无论是什么性质什么功能的建筑，都会对社会、对城市、对区域、对别人产生影响，因而建筑活动应得到社会和周边多数人的赞同，方可展开。各国都建立各自的公开评判和公示的事前程序，我国虽然还不够完善，但从制度上也基本保证了社会公开认可的相应措施。本书研究了建筑行为的社会性，提出了与建筑活动相关联的社会公共利益维护、客体利益（又细分为终极客体、过程客体、环境客体）维护以及建筑投资者本体利益的保障等规律性问题，使投资人和建筑师能共同认识建筑公众性的重要，并从建筑活动一启动就给予足够重视，自觉主动地协调各方利益，保证建筑活动的顺利和健康。

建筑的文化属性是建筑的重要特性，它包含着建筑的艺术性，但不应仅认为是艺术性。建筑的文化属性主要是指建筑表达使用者生活习惯、生活方式的特性。社会学认为文化是生活方式的结晶，而生活方式即是人类在适应自然、享受自然、防御自然、保护自然的长期生产生活实践中形成的共识习惯。自然不仅影响着人类的习惯和生活方式，甚至会影响人类本身。

维特鲁威在《建筑十书》中详尽地讲述了自然气候对南、北方人体的影响和人生活习惯的影响。建筑对气候的适应是人类智慧的反映，也是人类适应自然的策略的表达，是建筑地域性的体现，是人类生活方式和生活习惯在自然环境下的表现，因而也是建筑文化属性主要承载的表达。

建筑的文化属性在哲学的范畴应当是建筑对时空的适宜反映，即在建筑诞生的地域和时代表现它应有的时空背景。一般情况下，建筑的地域性和建筑的时代感总会反映这两个方面，但往往有人片面地理解地域性是传统的形态，而忽视了它的现今时代。传统的建筑形态是那个年代的当时技术、当时材料、当时生活的产物，而现今的建筑应当是现今技术、现今材料、现今生活的产物，这才是对历史精神的继承，才是对城市发展的贡献。

只表达对城市环境（空间）的协调，而忽视对城市时代（时间）的反映是不完整的建筑文化观；只表达对时代的反映，而忽视对地域环境的尊重同样也是不完整的建筑文化观。不要片面理解地域环境等同于传统形态，因为时代总是日新月异的。

建筑的艺术性是建筑文化属性中特别内容，建筑应当是美的，应当具有艺术感染力，但建筑不是艺术品，所以建筑的艺术性不是它的唯一，也不是最核心的价值。建筑的美是建筑的空间、结构体系及其相关系统的逻辑性生成的结果，其实世上一切动物、植物的形态美感也都是它们生物体结构的逻辑性表达，舞蹈的美是人体肢体的艺术性表达，自然界的美也都离不开大自然自身的规律。舞蹈脱离了肢体逻辑，山水违背了自然规律，生物扭曲了它的内在肌体，就会变得奇怪，而不再是美；同样，建筑的形态违背了内在空间、结构体系和其技术系统的逻辑性，也会变得奇奇怪怪，而失去合理的美。现今全社会自上而下取得了共识——不要再搞奇奇怪怪的建筑了，会越来越自觉地回归到建筑的本源。

建筑师应当具有丰富的知识、娴熟的技能、创意的能力和艺术的素养，在建筑创作中解决经济、技术、功能、空间等若干问题的过程中形成的建筑形态始终会表现出其艺术性，是建筑师艺术素养下意识的表露，不一定是刻意塑造，当然在作品近乎完成时，自然存在艺术、技术、经济、功能等的综合整理过程。艺术性体现在建筑创作的全过程，体现在创作的每时每刻。

维特鲁威在《建筑十书》中没有专门讲述建筑的艺术性创作，但始终在强调"均衡"和"比例"，主张把建筑技术和建筑艺术结合起来，强调建筑师培养艺术素养，因为艺术素养是建筑师在职业生涯中创造优秀作品的基础。

一个民族的复兴，一个民族建筑的繁华应当建立在民族文化自信的基础上。中国的建筑成就和建筑遗产为世界所公认，所创造的建筑与城池均展现了人类适应自然、享受自然、保护自然、融入自然的智慧和天人合一的理念，成为全人类共同的文化财富的重要组成。中国建筑重实践、重建造，轻设计理论、轻总结，即使伟大的故宫也只留下样式雷的图样，而没有任何关于设计的记载和理论总结，甚至不知道任何一栋建筑的设计师，这些阻碍了中国建筑对世界建筑的影响力，以致许多世界建筑史书上记载中国建筑均仅寥寥几页。

中国应当重视从自己的建筑实践中进行理论研究，从中提炼出适合中国国情，用得上能推广的经验，在借鉴国外先进研究成果的同时重视中国国情的适应性。引进是为了利用，不是把我国的建设程序和实施纳入别国成熟的经验做法中，而应当吸取其精华，使其变为适于这片土壤的肥料。

建筑设计要创新，建筑策划要创意，没有创新创意，就没有生命力。

但是，创新创意不是仅局限在形态上。建筑的内涵很广泛，涉及功能、空间、构建、物理性能、环境适应等许多范畴，在解决这么多问题方面都有着创意创新的空间，在诸多创新课题的基础上，形态是他们逻辑性的外在表达，这样的形态自然是最具生命力的。

坚持建筑本源观，坚持文化自信，坚持创新应当是我们做好建筑策划应有的工作态度。

前　言

20 世纪 90 年代初，就曾应出版社编辑朋友的建议，想写一本建筑策划的册子。后来总感到对建筑策划的认识还不尽完善，我国建设投资体系还在不断变化和发展中，而作为建设投资决策环节的建筑策划仍在发育过程中，尚不完善不健全，我对其认识也还不够深刻不够清晰，就中断搁置了。

现在重新拿起笔来，并不能说我对建筑策划已能深刻认识清晰认识了，只能说比当年清晰一些深刻一些而已，但由于年岁已长，再不动笔怕晚了，再等下去会不会以后拿不起笔了。我不想将许多实践的感想和体会随之埋没，想献出与同行们分享，也许在交流和讨论中能使建筑策划更加健康，更加繁荣。

彭一刚院士曾半开玩笑地对我说过："书不宜早写。一因为出了书，别人就不请你讲学了，看书就行了；二因为认识不深刻而错，白纸黑字已出了，改都无法改，会后悔的。"1996 年，应北京工业大学邀请，在该校建筑学院开设了《建筑策划》研究生课程，写了一册讲稿，但未印发给学生们，多年后发现很多肤浅或幼稚之处，回想彭先生的教诲实在高明，也为听了他的话未迈错步而高兴。当我重新提起笔时，又想起这段话，将来若发现今天的浮浅和幼稚，又该如何呢？因为年岁到了，只能提笔写了，再出现错误只能说明我只有这个高度了。命运没有给我再提出一个高度的机会。

我有幸受命在 1988 年初赴海南大特区，经历了我国改革开放市场经济发育初期波动最激烈的时段，奉命在特区组建设计院，组建房地产开发公司，受到经济浪潮的冲击。而在此之前的"五七"干校和设计院下放的几年中，我也曾有幸下放干校承担基建管理工作，经历过许多环节和许多岗位的实践。也许，这些经历和建筑师职业将我自然地推向了建筑策划的研究之列。

1991 年在海南，一位开发商让我帮他看一块美兰镇的地，因美兰机场已在规划之中，故我叫他买下开发，他说："那你帮我设计啰！"一周后他电话问："设计怎么样了？"我说："你没说做什么！住宅？酒店？或其他？"他说："我要知道做什么，还找你干吗？我盖房是要赚钱，什么最赚钱就设计什么，什么赚钱快就设计什么！"这段对话让我想了许多天，后来又让我想了很多年。

1992 年海南，上级任命我担任海南设计分院院长的同时，担任房地产公司总经理（法人代表）。在没给一分钱的情况下，利用各方面资源办起了公司，买了地修了路，盖房计划启动时已是 1994 年了，各方信息让我感到危机，心情十分沉重，就在地产泡沫破裂前，我们及时将土地转手而安全了。两年多的经历让我十分理解和重视建设投资决策。在建筑策划研究中，自然就重视决策和回避风险。

1993 年海南，邓小平南巡讲话催动了市场经济急速发育，海南房地产公司雨后春笋般涌现，商人、记者、演员、退职公务员都涉足房地产，并成立房地产联谊会，邀我参加每周六聚会。因我是建筑师，故每周要帮助同行解决许多开发中的难题，将投资运行与建筑设计紧密结合起来。直到 1994 年 5 月海南地产泡沫破灭，这个联谊会也随之消亡。这两年的经历对我的建筑观是一次震动，认识到建筑的文化属性是从属于建筑的经济属性的。建设投资是建筑产生的最基本动因，而追求回报是建设投资商的天性。

1995 年北京，在机械部设计总院从事生产经营管理工作的同时，用积累的认识和体会，不断实践着建筑策划，并相继得以实施检验。

1996 年起应北京工业大学建筑学院之邀，在该校开设建筑策划研究生选修课程，先后持续若干年。在天津大学与校方导师合带建筑策划研究生，2004 年起在华侨大学招研究生，直至 2013 年因年岁已长而止招。

在培养研究生的过程中，师生间的教学相长也使我对建筑策划的认识和理解更加深刻和完整。20 世纪 90 年代天津大学研究生朱慧文在与我的交流中讲述了她读博弈论的体会，使我更加重视建筑策划市场适应弹性的研究；华侨大学的几届研究生与我共同讨论气候适应研究课题时启发了我对气候也可以成为资源的认识，在若干策划实例中充分利用气候资源化解了矛盾。

此书，几经起意，几经搁置。一因时间太零碎，二因总感不够成熟。

2010 年经多方面鼓励和支持，成立了北京淡士伦建筑师事务所（伦敦注册名为 DSL 设计咨询有限公司）。自此，几乎所有设计项目都从建筑策划着手，将建筑策划与建筑设计密切结合起来，并将策划思维方法运用于城市规划、景观设计的过程中。

建筑策划已被与建筑有关的行业从业者广泛运用，也有的机构专门从事建筑策划，成为一种职业，出现了一些专著。建筑策划不再是新鲜的事，人们从不同角度去认识它、诠释它、实践它，似有百花齐放之势。

这本书的出版只是大花园中增加了一朵不同色彩的花而已。

这本书的产生及理念形成的过程都是在长期实践中积累而成的，自然也有不断学习、调整、再实践的循环，但仍以实践的成效检验为主。所以，引用文献并不多，而是以直接体会为依据，以实践的总结作为理性分析的基础。全书分 2 大部分。第一部分讲述建筑策划的基本概念，第二部分是分 5 个类型讲述建筑策划的实例。

全书计 10 章，第 1 章~第 4 章讲述建筑策划的概念、原理、程序及方法，在第 4

章提出了按建设投资的建筑分类，并讲述各类型建筑的建筑策划要点。第5章～第10章是分类型实例，在每种类型中仅就代表性建筑类别进行讨论。如在商品性建筑中只讨论商品住宅，在经营性建筑中只讨论经营性酒店，在租赁性建筑中只讨论租赁商贸中心，在公益建筑中只讨论了文化宫，在自持自用建筑中只讨论了自用办公楼。不等于这些分类建筑仅有这些子类，但要深入讨论问题，越具体的对象，才越利于讨论得深入。

本书不可避免会出现各种问题或错误，请各方面专家及广大建筑师不吝赐教。

目　录

第1章　建筑策划概述

建筑策划是伴随着人类文明的产生发展而发育成长的，并自始至终为人类的生产生活服务。随着人类社会发展进入商品经济时代，现代建筑策划应运而生，并逐步发育成熟，成为市场经济时代建设投资决策的技术工作环节。

中国古代建设中所展现的人类智慧，使人类的居住与大自然和谐共处，体现了古代建筑策划的智慧。承德避暑山庄和皖南宏村两个优秀策划例证，一个官方一个民间，一个北方一个江南，一个国资一个民资，都同样表现出对自然的尊重，对资源充分利用，对建设成本的控制，创造了方便舒适的生活环境。

因为建筑策划涉及人类共同生活的社会、环境和生活秩序，所以它具有自身的特性：政策法规性、现实可行性、技术性与创新性、适调性与弹性。

1.1 古代的建筑策划实践

1.1.1 建筑策划起源于人类文明之初

建筑策划不是新事物，不是新课题。自从人类产生，就有了人类的策划意识。也许策划意识是区别人类与其他动物的重要标志之一。

原始社会，具有思维能力的人类祖先不满足于被动地适应环境，逐步发展为有意识地利用和改造自然。从寻找干燥、安全的居住洞穴到开凿洞穴，从利用树林遮雨蔽日，到用树干树叶搭居住窝棚。在居所外设置防卫措施，利用有利地形以获得阳光和通风，防止山洪侵害等，都是建筑策划意识的早期反映。这种从实践中逐步产生的在建设行动前有目的性的考虑就是策划的萌芽。

有些文献认为自从人类文明诞生以来，就产生了人类的策划活动，并以远在原始社会的人类有意识的主观念头作为证实。如果将策划思维的早期萌芽也称为策划，似乎过于牵强，因为人类文明诞生的标志是文字的产生，人类策划意识的产生要早得多，但策划一定是文明时代的产物。

有人类产生，便有了人类的策划意识。人是有思维能力的动物，策划意识是人的思维活动的反映，随着社会进步和生产力的发展，随着人类文明的诞生，人类策划意识逐步从不自觉到自觉，从感性到理性，进而发展为策划思想和策划活动。

在中国，用于抵御异族侵袭的万里长城、用于沟通南北交通的大运河、用于调节水量利于灌溉的都江堰、利于中央集权统治的长安城及意在团结各民族维护清朝中央政权地位的承德避暑山庄和外八庙，都体现了古代建筑策划思想的光辉。

古代建筑策划不仅包含建筑设计前期，也包含建造的前期。中国古代的建筑实践本身就是以建造为核心的设计、构建为一体的营造学。

有一个例子说明了建筑策划的巨大作用。宋真宗年间，一次火灾焚毁了汴梁宫，宋真宗下令宰相丁渭负责修复和重建汴梁宫。这是一项巨大工程，要将烧焦的土、木、瓦清理运出，运进所需的大量建筑材料，宫殿建设的建造之外，运输工程量比一般工程大出数倍，将耗费大量人力和时间，在限定的时间内无法完成。

丁渭经过周密策划，采用一个有创意性的建造方案：先将被焚的宫殿拆除，将被烧焦的灰土渣堆成城中土山，但不运出城；再清理宫殿场地，并同时挖掘宫殿通往城外四个方向的道路取土，筑成宫殿台基；在开土木砖石工程的同时，在四个方向的路上取土成渠，构成运输河道，源源不断地用竹筏木排将砖、瓦、石沿汴河运至工地；待宫殿基本成形后，运输工程量完成时，堵塞汴河缺口，将渠中水排出，用城中土山的灰土渣填渠成路，形成新的四向辐射的道路。

这是一个省工省时省钱又能大大提高建造进度的极有创意的建造策划。丁渭抓住了这一工程的主要矛盾——运输问题，精心策划，统筹兼顾，取得了一举三得的效果，被载入史册。

1.1.2 承德避暑山庄和外八庙——古代建筑策划的优秀例证

清康熙四十年（公元 1701 年）冬，康熙率王公大臣、护卫将士去遵化州孝陵祭扫归来，路过热河泉，发现此处四周怪峰林立，雄奇险峻，脚下地势平缓坦荡，不远处一洼清泉，水雾蒸腾，萦绕其上。心中不禁暗暗称许。此后 7 个月间，热河壮丽景致一直萦绕在他的胸际。1702 年中，康熙带太后、诸子及王公大臣再次进驻热河，并踏勘了山川形势。武烈河旁绿柳成荫，河水清澈见底，绿荫如毡，麋鹿漫步，四周翠峦叠嶂，异石林立，兼有南秀北雄之势。

康熙于此年闰六月十四日下令：兴建热河行宫（后改名避暑山庄），并亲自参与规划设计和建造策划。关于兴建山庄的动意，主要是："备边防，合内外之心，成巩固之业。"（乾隆《避暑山庄·百韵诗有序》）16 世纪末，沙俄跨过乌拉尔山脉入侵我国黑龙江、蒙古和西北地区，1685 年、1686 年清军两度出击并取得胜利，1689 年双方签订《中俄尼布楚条约》。但沙俄并未罢休，而是把魔爪伸向蒙古部落，明目张胆地进行策反活动，蒙古八旗之一的准格尔部首领葛尔丹与沙俄勾结，大举南犯，1690 年康熙亲领北征，粉碎了叛军的进攻。1691 年康熙又在多伦诺尔赐宴会盟，增进了各部间的团结，加强了朝廷对蒙古各部的管理。康熙深知在塞外兴建行宫，巩固边陲对巩固中央朝廷地位的

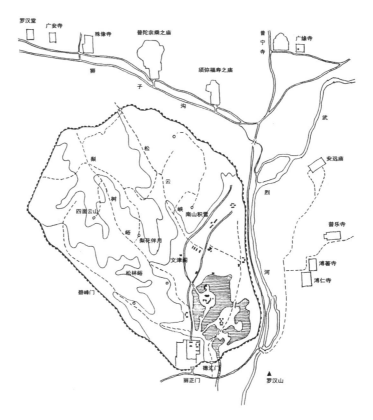

图 1-1　避暑山庄·外八庙（1703-1780）

（根据避暑山庄官方网站资料绘制）

重要性，避暑山庄只是他过去兴建两间房、桦榆沟、喀喇屯等行宫的继续和总结，是实现他"备边防，合内外之心，成巩固之业"雄图大略的保障。

　　避暑山庄占地 564hm^2（合 8460 亩），其中山区占 80%，平原占 12%，湖区占 8%（图 1-1）。康熙在《芝径云集》有诗"自然天成地就势，不待人力假虚设"，这准确地表达了他的策划思想和山庄的特点。在兴建之初，康熙提出"因地之势，度土之宜"，"度高平远近之差，开自然峰岚之势"的宗旨，无论理水开湖、营林筑路，大多依坡就势、略加 修饰而尽少暴露人工痕迹，充分利用地势和自然景观，亭台楼阁也都巧妙地借助于地形地貌；即使正宫建筑也是见本色、朴素淡雅，一派北方民居姿态。

　　康熙、乾隆曾六下江南，搜集、吸收江南园林形制风格，博采众家之长，聚天下胜景于一园（图 1-2 ~ 图 1-5）。芝径云堤，颇具杭州苏堤之神韵；沧浪屿，极富苏州沧浪亭之风采；金山，不失镇江金山寺之气势；烟雨楼，使人忆起嘉兴南湖烟雨楼的倩影……这一切又绝非抄袭，是视山庄环境为度，求其神似又有创新。它们的色调、尺度及景物组合，与山庄总体布局及格调并行不悖。

　　山庄内很多景物就取于古人名句，有源于《易经》"天一生水"的天一楼，源于《孟子》

的"沧浪屿",源于《易经》"日月丽于天"的丽正门,源于《易经》"君子知微、知彰、知柔、知刚"的"四知书屋"等,可见康熙在建造策划中研究文献和潜心策划的力度。

图 1-2　避暑山庄烟雨楼

摘自《南巡盛典》

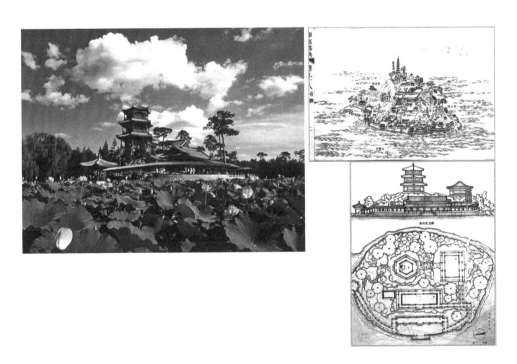

图 1-3　避暑山庄金山

摘自《南巡盛典》

图 1-4　避暑山庄芝径去堤

图 1-5　避暑山庄文园狮子林

　　为巩固政权统治，清政府利用宗教手段与各少数民族交好。承德外八庙正是这一政策的体现，也充满了建造策划的谋略。乾隆在普乐寺碑文上写道："因其教，不易其俗"，这是外八庙建造的指导方针。这些庙宇有多种版本，建筑风格各具特色，差异很大，所以总体布局上相距较大，各庙选择相宜的地段，各得其所。罗汉营与浙江海宁的安国寺相仿，殊像寺与山西五台山的殊像寺雷同，普陀寺乘之庙酷似拉萨的布达拉宫，须弥福寿之庙形同日喀则的扎布伦布寺，普宁寺仿照西藏贡嘎县桑鸢寺而建，安远庙形源于新疆伊犁固尔扎庙，而普乐寺的坛城可与天坛祈年殿媲美。但所有庙宇均非仿建，而是依所在地势环境而求似，将汉民族和其他民族建筑风格，融为一体。

关于工程的建造费用，除中央政府专款外，康熙下令贪官污吏"出资助值"，修建庄内园亭。周长近10km的宫墙就是江西总督、大贪官噶礼出资修建的。少数民族的头领均享有山庄外八庙的使用权，但无须出资。

从选址、建设目的，到调查研究、地势踏勘和利用、建造宗旨、建设资金筹集各个方面都经过了周密的策划。可以说，承德避暑山庄及外八庙是我国古代建筑策划的杰作，是中国的文化瑰宝。

1.1.3　皖南黔县古宏村——古代建筑策划的典范

宏村位于安徽省黄山市黔县城北11km处的山脚，村庄北侧背靠古木参天的雷岗山，南面前临双溪碧流，像一头水牛横卧于青山绿水之间（图1-6）。

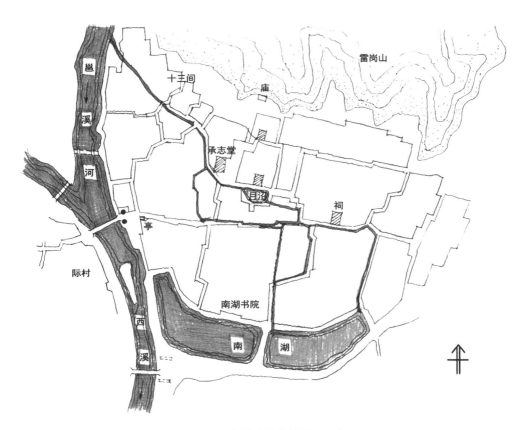

图1-6　安徽黔县宏村平面示意

（根据安徽黔县宏村宣传资料绘制）

500 多年前，黔县人就按照仿生学原理，按牛的生理结构策划并建造了自己居住的村落。村口是溪水的上游，溪旁一棵古杨约有 20m 高，树冠像一把大伞；南侧一棵大白果树，又如利剑刺空，长鞭趋云。两棵树造型一刚一柔，作为村口的形象标志，两棵树的树冠重叠笼罩着好几亩地的浓荫，这正是全村的"共享空间"，村民们在这里交流信息，品茗闲聊。村西的石碣水口处，水珠溅玉，吉阳河旁绿荫摇曳，阡陌纵横，一派安详的富村景象，这里是宏村八景之一——"石碣紫波"。

河上横一石坝并用石砌水圳把一泓碧水引入村庄。洪水季丰水漫石坝溢走而不入村庄，亏水季石坝蓄水引入村庄，犹如牛肠一般蜿蜒、穿行，沿途无数踏石，人们浣衣、灌园都极为方便。"牛肠"两旁都为居民的庭院，石雕漏窗矮墙和曲径通幽的水榭长廊，小巧玲珑的盆景假山，常年不腐的流水，滋润着它们浓香馥郁。

山上的洪水被截走了，河水被定量地引进了村庄，村内的水系在水量、水质方面得到了有效的控制。

溪水穿村流入"牛胃"的月沼，又经"牛肠"流入绚丽多姿的"牛肚"南湖（图 1-7～图 1-9）。月沼早年是一眼活泉水，四季泉涌不息，清醇甘甜。先民取泉造塘，引邑溪河水入村进塘，依泉水增加水量，提高水质，让月沼成为全村的饮用水源。

图 1-7　宏村牛肠

图 1-8　宏村南湖

图 1-9　宏村月沼

月沼周围青石铺地，石砌栏杆，水面如镜，蓝天白云，高墙侧映水中，一幅江南民居美景。周边地面向外侧倾斜，地面雨水向外排放，不入月沼，水边无树草，也不会有植物、腐草败叶的污染。

南湖处于月沼下游，湖面开阔，湖畔垂荫，绿荫伏地，湖面群鱼嬉闹，"楼台倒映入池塘"。著名的南湖书院坐落湖旁，这是村庄的中心，是村民洗衣的水面。

月沼，南湖，一小一大，一明一阴，一刚一柔，一静一嬉，相衬越加美妙！

月沼流出至南湖水系的另一支流经各家各户的院前院后，村民们可以就近用水，它们具有与月沼相当的水质。这些水滋润着各家各户的院落、宅院和花木瓜果。南湖流出的水汇集各支流的渠水流向村庄的南口汇至西溪的下游。

宏村的水系除去上游、中游、下游空间上不同功能的划分外，村民们还自觉遵守着早晨取饮水，上午洗米菜，下午洗衣服，在时间上也有不同功能用水的划分，十分科学合理。

宏村村后的山脚设有截流山洪的排水沟，将山洪引至村外，它不会干扰村中水系的水量涨落。

宏村的建筑是典型的皖南民居。四水归堂的屋面设计是"肥水不流外人田"的雨水收集系统，它不仅是雨水利用的概念，也是保证村落的公共水系水量控制不受雨水干扰的好办法。秀美的马头墙是防火墙的外在形象，是古代木结构建筑连建的防火分区的间隔措施，构造简单，措施有效，形态美观。多进院落式的平面及实墙小窗的外墙形态，是在平房、两层楼房条件下最节地的平面形式，有利于自然采光、自然通风，体形系数好而利于节能，利于安全防御。在一个整齐方整的外壳内可创造出内部开敞、流动而方便的户内空间。

日本东京大学一位教授看到古人将牛的生态系统如此聪明地化入村庄布局，又能创造出如此节地、节水、节能的村落，房舍、道路、水系及环境如此科学合理，赞不绝口。世界各地的研究者也争相考察研究。

明永乐年间，古人提出"遍阅山川，评审脉络"的考察研究地形地势和利用资源的原则，继而又提出了巧工雕琢的建造原则，创造出如此辉煌的成果，提出至今仍很先进的策划思想，是何等伟大！

1.1.4 建筑策划的发展和现代建筑策划的产生

上述的古代两个建筑策划工作分别是北方南方两个地域，是中央政府出资和民间出资两种类型，是宫殿山庄和民居两种功能，有一定代表性。它们共同地表达了建筑策划的内容、任务和含义。

（1）资源有效而充分的利用。两个项目都经过认真的选址，一是因"热河"而定，一是依邕溪而居。都有山有水，策划中有效而充分地利用了水，不是让水穿流而过，而是让它驻足缓流，充分利用；利用山挡住来自西北和北向的风，引进东南及南向的风，创造良好的舒适环境；依坡就势，少有人筑，减少建造成本。

（2）功能的高程度满足。山庄的避暑休闲及民族和好的功能得到高程度满足，300年以后的今天仍然发挥着它的功能作用。宏村创造的舒适的居住文化环境达到空前的理想程度，至今仍为人所称赞。

（3）环境品质的适度享用和有效保护。至今数百年的人类活动仍然维持着自然环境的有机循环，如能重视它原来确定的人类活动容量，的确可称得上可持续的建筑行为。

（4）建设成本的积极控制。依坡就势，因地制宜，采用地方材料，尊重建筑本质需求等有效地控制了建造成本的策略。积极控制是把钱用在应当花的环节上而不是片面地压缩造价，是保证建筑品质前提下的控制。否则，三五百年后的今天，我们就看不到这些辉煌的杰作了，真正的"百年大计"！

（5）形态美及诗般意境的创造。博采众家之长，聚天下盛景于一园的山庄，贴切地将山庄与山水融于一体，并将易经等巨著中哲理景致融于其中，创造了诗般意境，如人间仙境；依山水之势，享自然美景的村宅，顺应雨露风季，创造了尽享自然、安居太平的颐享村寨，如世外桃源。建筑的形态美融于意境之中，使美的追求从单个的形体升华到环境及意境的整体高度。

在这些策划的任务和内容的完成中，包含了多少现状鉴勘调查，多少分析研究，多少创意思考，这个复杂的创造性思维过程就是建筑策划。世界各族人民都在人类历史上做出过建筑策划的卓越贡献。

古埃及的金字塔、古罗马的剧场、空想社会主义的城市方案等都具有建筑策划卓越成果的特性。在中外先人建筑策划思想融入建造成果之中时，也产生过一些策划的理论，并在不断的实践中逐渐完善。

建筑策划的产生、发展是与人类社会的整体发展密切相关的。在人类社会处于原始社会至封建社会的各阶段时期，社会经济处于封闭的自然经济阶段，人类的建筑活动仍处于自用建筑或公益建筑的目的范围，而当人类社会发展到资本主义社会阶段以后，人类的建筑活动才进入商业建筑的目的范围，只有在这一阶段才会产生建筑商品的市场需求，才会产生对建造行为设计前期的市场需求调查，这个时期设计前期建筑策划便会将市场需求调查成果作为策划的基础之一。而在此前，建筑策划是没有市场需求概念的，那时的建筑策划主要是基于对资源的有效利用，对环境的影响程度、对人类使用要求的满足程度等方面的研究、协调及各方面满足程度的均衡性取舍。

当商品经济出现后，人类社会的建造活动也逐步发生变化。建筑产品逐步从使用品发展成商品，出资建设的行为从满足使用发展为获取利润的投资，出资人从建筑物的使用人转而成为建筑商品的商人。建筑物的建造行业发生了巨大变化，因而与其相关的建筑策划也发生了相当大的变化，新时期的建筑策划工作除去原有传统建筑策划关于资源利用、环境影响、功能效益、成本分析等内容外，又融入了市场营销的内容。我们可以将新时期的建筑策划称之为现代建筑策划。

1.2 建筑策划的概念

1.2.1 策划的含义

策划一词，古已有之。"策"一解为计谋，决策、献策，均有此义；也有促成之意，如策动、鞭策。"划"，多解，可解为设计，另有"分开""计划""安排"之义。古时的"策划"也写成"策画"，其中的"画"，主要指画图或写的意思。由此可见，策划一词的真实含义是：一种有谋略的设计（或计划），"策"是其灵魂。

《后汉书·隗嚣传》中写道："天智者见危思变，贤者泥而不滓，是以功名终申，策划复得。"这里的"策"是指有谋略的，这里的"划"是指有远见的，"智"者、"贤"者均从大局出发，是有远见的人。因而，策划不是一般的计划，也不是一般的设计，而是具有远见卓识的、有谋略的计划或设计，创意是其灵魂。

国际上，随着市场经济的发育，各种类型的策划也甚发达。继而又有了各种策划理论的研究，关于策划的概念也有很多解释，归纳起来约有"事前行为说""管理行为说""选择决策说""思维程序说""因素组合说"。

如果将这些说者的思想概括起来，可以得出以下关于策划含义的认识：

（1）策划为有效地掌握将来、展望未来而求取的对策；预见未来行为影响因素的变化，减少不良影响；避免盲目行动而导致行动结果与预期目标的不一致性。

（2）策划应准备编制有效的运作程序，确认实施过程中的监督机制；策划在组织化的行动状态中，是一种普遍性的要求。

（3）策划是管理者从各种方案中选择目标、政策、程序及计划的决策过程，是决定行为路线的思维过程，是以目标、事实、现状为基础的深思熟虑的判断。

（4）策划是对将来一种构想方案的评价和为实现方案过程中各种活动的理性思维程序；策划是为达到人类通过思考而设定的目标的最单纯最自然的思维过程。

（5）策划是达到一定目的而对效率、智慧等因素进行综合的结晶，是一种通过诸因素组合后而付诸实施的计划。

策划作为人类观念、思维、行为的一种形态，已被广泛地采用于各行各业。

由于人们所从事的工作不同，运用策划的范围也不同，对策划含义的理解也就出现了上述种种。我们不宜将上述见解割裂开来去理解，那将会使我们陷入迷茫，若从以上见解的总和上去理解，求得一个模糊的总体概念也许是正确的。

策划应当具备计划性，但并不等于是计划。计划有宏观长远的，也有具体操作程序性质的，但并不一定带有创新性；有许多计划是实施细则，但不带有决策意义。

策划含有决策作用，但不等于决策。决策重在优选方案，而策划重在提出方案，而且是提出创新意识的方案。

策划需要创意，但不局限于创意，更不是一般地出点子。策划是一种系统的理性而有序的创造性思维活动。

人类的生活生产活动在启动前有目的的计划构思过程都是策划。

人类的生活生产活动包含着做一件事还是制造一个物，就区别成事件的进行和物件的制造两大类，故而人类的策划活动形成了事件策划和物件策划两大类。

通常所说的"事件"，就表达了人类活动的做事和制物这两种状态。做事之前预先进行做事行为的影响因素分析，进行行为环境变化的分析，避免盲目行动导致行动结果与预期的不一致，这就是事件策划。物件制造之前，对物件建造所需的各种资源和条件客观分析，研究其与实现目标愿景的支持和制约点，寻找到克服制约的出路，从而保证物件制造的顺利，实现目标，这就是物件策划。

事件策划包含有周期性事件和孤立事件，它们有不同的事件发展规律。

公司创立策划、产品促销策划、广告策划、庆典策划、新闻宣传策划、CI 策划、危机管理策划、企业兼并策划、体育赛事策划、演出策划等都是事件策划。在事件策划中周期性事件策划较少，孤立事件较多。例如少年儿童的夏令营，一个暑假举办三期，每期 15 天，这就是周期性事件策划；又如演出，每天一场相同剧目，也是周期性事件策划；再如巡展，虽然是不同地点，但仍然是相同展出内容、相同展期、相同展出形式，还应是周期性事件策划。

物件策划有移动物件和固定物件之别，它们有不同的场所影响的规律。

产品策划（如汽车、服装、饰品、艺术品等物件策划）、产品包装策划、连锁店策划、机场礼品店策划和建筑策划都是物件策划。在物件策划中，固定场所的物件如建筑物、纪念碑、公园、游乐场等都是固定场所物件的策划，汽车产品、服饰品、艺术品及连锁型经营场所是移动物件的策划。

事件策划的工作重点是对时间的科学合理而逻辑性的安排。物件策划的工作重点是对空间的科学合理而逻辑性的利用。即使是一件雕刻艺术品的创作策划，也是对原材料充分研究后在空间范围去留的取舍和创意思维过程。

事件策划和物件策划都是策划，作为泛指的广义概念的策划，它们有着共同或相似的工作程序、方法和思维特性。了解和审视委托人的目标愿望，调查研究资源条件对目标的支持和制约，寻找和探索克服条件制约的出路，提出创意而产生的实施方案，实施计划的制定，经济性分析等。

事件策划和物件策划又是不同范畴的策划，各有不同的规律，不应混淆，也不适宜放在一起探讨研究。本书是研究建筑策划问题的，仅就作为固定场所物件策划的建筑策划进行问题的讨论。

1.2.2 建筑策划的概念

人类一切活动的目的应当是让人类过上更好的生活。人类生活的基本需求是衣食住行，人类的更高品质生活的核心仍然是衣食住行及与其相关的附加内容。在衣食住行中，住的条件创造是最为复杂的，它涉及周边人的利益，涉及有直接关系的人和没有直接关系的人的公共利益，如住所建设引起的对环境的影响、对资源的占用、对能源的占用和对空间的占用等都会涉及周边人的生活或人类生活所依赖的公共环境，所以，住的问题是一个复杂的问题，住的条件创造是涉及面广的需要约束限定的行为。

房屋的建造涉及人类公共利益，这其中包含人类赖以生存的地球环境的保护，包含房屋所在城市和地区资源（空间资源、土地资源、能源资源等）的计划使用，包含房屋所在地区居住的邻里利益问题等。所以，随着人类社会发展，随着房屋建设事业的发展，人们在逐步认识这些矛盾的同时，制定出国际性公约、国家和地区性法规、城市的法规等，以规范和限定建造行为。房屋建造越来越多，面临的限定也越来越多、越来越严，房屋建造的实施也越来越难。

除去公共利益的维护之外，房屋建造的投资者还面临着众多利益相关人。这其中包含在建造过程中帮助建造的机构和人士（如设计、施工、踏勘及能源保障等机构），包含为房屋建成后顺利运行而提供服务的机构和人士（如电力能源供应、自来水公司、污水污物处理机构等），包含房屋的周边邻居，包含未来房屋的使用者（如果是商品性建筑，这些使用者将成为房屋的业主）。这些利益相关人均可称为房屋建造的客体，他们的利益也可称为客体利益。

除去公共利益、客体利益外，房屋建造的投资者一定有其自身利益，称为主体利益。投资房屋建造一定想追求高之又高的主体利益，这是无可厚非且毋庸置疑的，但这种高额利益的获得不是以侵占公共利益，忽视客体利益为代价，如果那样将早晚被社会公众唾弃而失去在社会上生存的权利，最终丧失主体利益。

房屋建造的投资者本体利益的获得在于资源潜能的挖掘、资源的充分利用。这里所说的资源是城市法规限定下所给的土地、环境条件、能源、空间及自然资源，房屋未来的市场也应视为资源。这些资源的充分利用及潜能的挖掘与公共利益的维护、客体利益的保障存在一种协调。

在房屋建造过程之初，建筑设计前期，全面分析研究建造活动的周边条件和相关者，在公共利益维护、客体利益保障和投资主体利益的追求中寻找一个最佳的权衡点，让投资者能获得一个合法的最大利益的筹划过程，就是建筑策划。

1.3　市场经济发育与现代建筑策划

建筑策划是设计前期工作的重要组成内容，是建设投资主体对建设投资进行决策的依据和决策过程。建筑策划过程伴随着投资决策过程，建筑策划的成果既是投资决策的依据，也是投资决策的结果。

在计划经济时代，我国基本建设的投资主体是代表全民所有制的政府机构或全民所有制企业，投资决策过程有一套完整体系和制度。投资前阶段主要是项目建议书—评估—可行性研究—评估—项目决策批准这一过程，项目建议书和可行性研究的编制由有资格的咨询或设计研究机构承担，而评估及审批意见的拟定是政府主管部门的职责。这一套决策体系与国际上通行的建设决策体系大体相似。

我国改革开放以来，建设的投资主体由原来单一的全民所有制逐步发展为多元化。最先突破单一全民所有制投资主体的是以技术和设备进行投资的中外合资形式，随后出现真正中外合资、外商独资、个体企业、股份制企业、合伙制等，至今发展成无所不在的多种形式的投资主体。原先的投资决策程序也相应地随之变化。

1978 年国家计委、建委、财政部联合颁布《关于基本建设程序的若干规定》将被"文化大革命"扰乱的基本建设环境纳入科学而正常的秩序，1979 年国家计委、建委颁发《关于做好基本建设前期工作的通知》则是强化了设计前期工作和投资决策，1981 年 1 月国务院颁发的《技术引进和设备进口工作暂行条例》及 1983 年国家计委颁发的《关于建设项目进行可行性研究的试行管理办法》是适应投资主体开始改变的投资决策体系的需要，吸收国际上投资决策的有效经验，加强设计前期工作的措施。（在此之前，我国基本建设的前期工作是项目建议书和设计任务书的两个阶段编制与审查，而不少项目和定额以下项目只有一个阶段或合并为一个阶段编制与审查。）1984 年，根据改进计划管理体制的精神，确定所有项目都要进行项目建议书和设计任务书两段审批制度，利用外资和引进技术项目可以可行性研究代替设计任务书。1991 年国家计委明确所有项目统一为可行性研究审批，取消设计任务书名称。

从 1978 年到 1991 年的 14 年时间里，国家的基本建设主管部门将设计前期工作的重点从科学的明确设计任务扩展到投资决策，尤其是在改革开放利用外资中引进了国际金融机构关于建设项目的机会研究、可行性研究的概念，强化了投资目标的效果分析，强化了投资决策。

随后我国经济的快速发展，特别是多种经济成分介入基本建设和房屋建设事业后，民营经济成分作为投资主体后，原来的设计前期投资决策体系无法适应，也有相当多的投资者不了解投资决策与设计前期工作的重要性，在经济超快速发展背景下迷失方向，盲目投资，造成了 20 世纪 90 年代初的房地产泡沫经济现象，好在这种泡沫经济现象是局部的、短暂的，很快引起了投资者们的觉醒，醒来的投资者们深刻地认识到基本建设、房屋建设前期工作、投资决策的重要性，现代建筑策划在这种背景下产生并发展起来。

20 世纪 90 年代后期至今，我国市场经济构架逐步建立并完善，基本建设投资主体多元化格局逐步形成，随之建筑策划也逐步发展完善，涌现出各种类型的建筑策划机构，也涌现出一批建筑策划师和相应的建筑策划理论。

建筑策划已经成为我国基本建设事业中一个重要环节，成为各种类型建设投资决策的基础工作，被广泛认同和重视。

建筑策划是市场经济发育的成果。

1.4　建筑策划的特性

市场经济的发育催促了策划业的繁荣，一时间各行业各类型的策划遍地开花。体育界的赛事策划，演艺界的演出策划，商业界的营销策划、宣传策划、广告策划，政府机构也有了招商策划，还有出版策划、会议策划……这里所要阐述的是区别于各行业各类型策划，同时也区别于建筑设计的其他阶段工作，专门讨论上述建筑策划所具有的特性。

1.4.1　政策法规性

策划是一种社会活动，它随社会经济的发展而产生和发展。策划依赖于社会并服务于社会。它必须遵循社会公德，维护社会公共利益，自觉地将自己置于公众道德的制约下，才能赢得社会的认可，达到预期的目的。

建筑策划所涉及的是提供人们工作生活的物化场所，而这种场所建设关系到人们生命财产安全，关系到社会公共环境质量，关系到城市为它提供空间、交通、能源及资源的能力，关系到城市为它化解废弃物的能力，所以建筑策划的社会性、政策法规性尤其突出，尤为重要。

为了保护国家利益和全民公共利益，国家和地方政府的建设主管部门制定了一系列关于城乡建设的法律、法规、规范，各个地区、城市根据自身情况又制定了地区性法规、规定、条例，还有具体地段的乡规民约，这些都应视为建筑策划的法规依据。一项完整的建筑策划所涉及的法律、法规、规范多达几十种，可见建筑策划的社会性、政策法规性要求之严。

就法律、法规的性质而言，建筑策划所涉及的最常见的类型有：

1. 建设范畴的国家法律

如《中华人民共和国城乡规划法》（2008年1月1日公布）、《中华人民共和国城市房地产管理法》（1994年7月5日公布）、《中华人民共和国建筑法》（1997年11月1日公布）、修订后《中华人民共和国环境保护法》（2015年1月1日施行）、《中华人民共和国土地管理法》（2004年8月28日重新公布）、《中华人民共和国合同法》（1999年3月15日公布）等。

2. 关于建设项目运行的有关部门法规

如《城市绿化条例》《城市供水条例》《城市房地产开发经验管理条例》《城市节约用水管理规定》《城市规划编制办法》《开发区规划管理办法》《城市地下空间开发利用管理规定》《民用建筑节能管理规定》等。这方面的法规非常多，这里仅列举了几项，每个策划项目进行时，应视项目的特点查阅相关法规以检验可能触及的问题。

3. 关于技术方面的规范

如《建筑设计防火规范》GB 50016、《建筑抗震设计规范》GB 50011、《高层民用建筑设计防火规范》GB 50045、《住宅设计规范》GB 50096、《城市居住规划设计规范》GB 50180、《公共建筑节能设计标准》GB 50189、《民用建筑设计通则》GB 50352 等。仅建筑专业相关技术规范就有 200 余项，加上相关专业技术规范多达千项，故策划工作中应视项目特点查阅相关规范。

4. 关于经济分析方面的技术规定

如《关于调整建筑安装工程费用的若干规定》《建设项目经济评价及参数》《关于建设项目经济评价工作的暂行规定》《关于建设项目进行可行性研究的试行管理办法》《固定资产投资方向调节税暂行条例》《土地增值税暂行条例》，以及有关金融政策方面的法规。

除以上四个方面的法规、规范外，城市规划管理部门下达的规划设计条件、城市规划文件都属于法规性文件，都是社会公众利益的具体表达，建筑策划应予以遵循。

建筑策划的这一特性说明了建筑策划的技术上的科学严谨，它不是房地产的营销策略，也不是宣传广告类型的策划，它首先是建设的设计前期技术工作的重要环节，应当由建筑师、城市规划师、工程师、经济师等技术人员组成的团队承担。这一特性另一含义表达了遵循规划设计条件、遵循法规对保证建设项目的顺利进行十分重要，而建设的顺利在项目投资的效益评价上占有举足轻重的作用。

20 世纪 90 年代初，极负盛名的北京东方广场在建设前期曾有过相当水准的建筑策划，只因某个城市领导人的个人表态而扩大了建设总规模，提高了容积率，突破建筑限高，背离了规划设计条件，最终造成建设的延期，重新调整策划，回到允许的规划设计条件之中，给项目造成不应有的损失。这类例子在市场经济发育之初并不鲜见。随着市场体制的完善、法制观念的健全，这一特性已被投资者重视起来。

1.4.2　现实可行性

建筑策划是建设的前期工作，为实施服务，没有现实可行性是无法实施的。而且相对于其他类型的策划而言，建筑策划的实施过程很长，因为它的现实可行性是会经过实践检验的。

影响建筑策划的可行程度的因素很多，主要有下述几方面原因：

（1）违背城市法规要求或规划设计条件，而得不到城市管理部门的有效批准，造成建设项目的搁置、拖延甚至于取消转让，使项目无法实施。用地性质的改变、容积率的突破、绿地率和停车数量的减少、后退红线距离的减少等方面的突破是最常见的现象，是不应允许的。某些城市主管人物也许表态支持过或默许过，但都不是"有效批准"，是不合法的。突破法规和设计条件而导致建设项目的不可行或实施障碍是得不偿失的。

（2）技术上的不可靠性导致工程停滞、挫折甚至夭折。技术上的不可靠性包含所采纳的技术没有实施区域的支持系统，高新技术未经过实际工程的检验，新技术超出了实际工程的经费能力，奇特的造型追求在技术细节上的不成熟等，都可能使工程建设遭遇障碍。技术上的可靠可行不排斥技术的先进和创新，但应要求先进技术的采纳要讲究成熟性、可靠性，是经历了实践考验的，不主张用所开发的建设项目作为新技术的试验场。

（3）经济上的原因造成项目的不可行。如投资成本未能得到有效控制，而超出预算过多；资金来源不可靠而未能及时到位；建设资金不充足；经济危机大形势造成经济困难等，都会影响建设项目的顺利进展。因而，建筑策划阶段应当对建设项目的资金来源、供给密度有所了解，对建筑产品未来经营收益有所了解，对二者的平衡关系有所了解。虽然会有经济师和资金方面的专业人士做相应的工作，但是建筑策划师在脱离经济背景下所做的策划案在经济运行中想达到顺利运行似乎是极不可靠的。

1.4.3　适调性与弹性

建设项目的实施过程比较长，中小型项目两三年，大型项目需数年至十数年。在这么长的实践过程中，原策划所依据的社会环境、市场环境和社会经济状况都会发生很大变化，尤其是在中国当前这种高速发展的经济背景状况下，急速的经济发展促使人的观念激烈变化，市场和人的生活方式的改变，对建筑产品的品质认识也随之变化，加上时尚的因素，作为一种产品的建筑，从策划时的时尚形态到建成时可能变为落后，或者失去它的吸引力，所以建筑策划应当有较强的适调性与弹性。

这种适调性和弹性包含着建筑功能的适调性、空间分隔的弹性、形态对时尚的适应力及随经济环境变化而能调整成本的能力等方面。

在市场经济条件下，西方国家成为自由经济，建设投资主体不受政府的约束，而根据市场需求来确定投资方向。当写字楼缺少时，会有众多写字楼开工建设，当供求关系改变时，也许"缺"就变成了"余"，而别的功能的建筑成为"缺"态，建筑策划如果有了功能的适调性，就会主动得多。

建筑策划或用地规划中能考虑到分割出让、合并使用，甚至能随市场需要做到随需划隔，以求在招商销售和转让中获得主动。

1.4.4 创新性

建筑策划是建设项目的设计前期工作，它的成果将在若干年后才被实践证实，那时同类同质建筑问世，若要在未来的市场上具有生命，没有超前意识和创新性是不行的。

前面讲过，影响建设项目的因素非常多，在维护城市公共利益的前提下，在保证客体利益的条件下，还要让投资者获得尽可能大的本体利益，这需要充分挖掘资源的价值，需要有一种创新意识，能够以特别的创意让建筑产品具有特别的吸引力而拥有更高的价值。这离不开创新力。

任何一种策划都是一种谋略，建筑策划也是如此，必须具有创意和创新性，否则，可以不要建筑策划，而只进行设计任务书编制和建筑设计即可。

1.5 建筑策划的意义与作用

1.5.1 社会意义

策划是在社会经济全面繁荣的局面中产生发展起来的，它是社会经济运转中最具灵性的因素，它的实施有利于社会经济有节奏的发展。建筑策划是在建设事业全面繁荣的背景下产生的，是基本建设、房屋建设投资主体多元化形势下因投资决策需求而产生发展，它的实施有利于建设事业有节奏有秩序地发展，有利于社会进步。

1. 社会资源的合理利用

建筑物的产生涉及对社会资源的占用，而且量大面广，如果不加以控制，将会影响到人类社会的持续发展，导致生存环境的破坏乃至流失。

建设的目的是为了人类生产生活的顺利和舒适，而所涉及的资源消耗又影响到人类未来的生产顺利和生活舒适，这需要一种适度利用和尽力保护之间的权衡，要建立一系列权衡措施。建筑策划是一系列权衡措施中起重要作用的一个环节。

基本建设的建设行为，需要土地、淡水、能源等实物资源，还需要容纳废气、废水、废弃物的，我们不能认为这些资源是"取之不尽、用之不竭"的。随着人口增加，人们生活水平提高，人类对资源的消耗越来越多，人们已经意识到资源的无计划消耗正在危及人类的未来生存。

建设活动对资源的依赖性是很大的，对资源的占用涉及面广，占用量大，占用期长，人们不得不开始思考建设活动对资源有计划、有序的占用策略，通过一系列法规进行限定，同时鼓励人们在法规限定基础上进一步节约资源，利用可再生资源。

建筑策划主张把节约资源与节约建造成本、节约运行成本、创造健康生活方式结合起来思考，这就有效地促进了社会资源的合理利用，因而它的社会意义不局限在项目本身，还影响着社会的长远发展。

2. 社会公益的保护

建设投资是为了向人们提供生产活动、居住、办公、旅游、教育、购物、休闲等必要的建筑空间，但同时也是为了获取利润。由于追求利润必须产生建设投资活动中涉及的公共利益，投资客体利益与投资者本体利益三者的权衡关系。

大多数建设投资主体的代表人并不是建筑专业人士，不了解在维护公共利益前提下如何去获得更多利润，不了解维护公共利益对争取更大利润的积极促进作用。在建筑策划专业人士的引领下，投资人会意识到维护公共利益是项目顺利推进的前提，也是维护本体利益的前提，是相辅相成的。

1988 年规划的海口金融贸易区，由于当时认识的局限性，停车场不足，某些公共设施也不够完善，加上在开发过程中各块土地的开发强度的提升，使公共绿地、停车场欠账较多，幼儿园、居委会、诊疗所、邮局等公共设施缺失。在这种背景下，原规划中最后两块用地加高加大容积率的设计方案被专家评审会否决，不同意再建更多房子而增加这个区域的城市压力。

发展商寻求帮助。建筑策划从公共设施欠账调查入手，仔细计算停车泊位、绿地面积及各项公共建设设施的合理面积需求，然后研究规划用地周边条件，经过反复研究创意，提出了适宜海南气候条件的垂直方向功能分区的方案，综合解决了公共设施欠账问题，并获得了 18 层公寓空间，这一策划案赢得开发商的赞扬，并获得专家们的一致赞同，因为它维护了城市公共利益，解决这一区段公共设施不完善的问题，发展商也在为城市贡献之中获得开发盈利又赢得社会尊重。

垂直方向功能分区的创意产生于公建空间需求与用地面积有限的矛盾的解决之中。将基地的地下 3 层和地上 5 层（部分 2 层）做成开敞式多层停车楼，将原来旁边一片停车场的车位纳入停车楼，将其改为公共绿地，使泊车位和绿地面积达到要求。在地上 2

层停车楼的层面设置卫生所和居委会。在地上 5 层停车楼的层面设置幼儿园和幼儿活动场，有专用电梯直至地面及地下层。地上第 8 层至第 25 层均为住宅。地上 2 层和 5 层两个不同高度停车楼形成两个不同高度的屋顶花园，分别是成年人公共户外空间及幼儿活动场，不会相互干扰。

这一策划实例较清晰地反映了建筑策划维护社会公益的作用，也反映了建筑策划能够将社会公益维护与发展商利益追求统一起来。

3. 促进社会进步

建筑策划的特性中包含创新性、超前性，这种特性促使人们在建设活动中不断探求自然规律，探求更新更先进的东西，同时也建立起更新更先进的观念，从而促使社会的进步。

为了建设投资能获得较好的经济回报，又要维护公共利益和各类客体利益，建筑策划就会自然地转向对资源价值的挖掘。在创造性发掘资源、利用资源的研究中，自然地促进了人们对自然资源的认识深化、科学利用和协调保护，加强了人们对自然资源再生规律及有效利用的研究。在社会均衡利用资源的同时，维护社会成员的公平享用和社会均衡意识。

建筑策划主张在保障社会公共利益和建设项目客体利益的前提下，努力保证建设投资者本体利益最大化。在解决条件与目标方方面面的矛盾中不能也不会激发投资主体与客体之间的冲突，而是建立和谐的主客体关系。

社会的公平、均衡、和谐及维护它们的法规就体现了社会的进步。建筑策划深入展开还会发现建设过程中发生的新的未曾认识的矛盾，会在策划中设法化解，而其积累的经验则是今后制定新的法规的参考，促进和谐公平的法规建设。

1.5.2 对建设投资企业的意义

1. 避免建设投资的盲目性

在经济高速增长的背景下，由于市场需求的旺盛和建筑产品消费能力的增强，建设投资会日新月异地兴旺，投资人在繁荣的形势下会思维膨胀判断失准。建筑策划在此时会冷静科学地给予帮助。反之，在市场低迷时，也并非没有好的投资机会，只是难于发现。而此时发现机会绝非凭感性能够判断，需要细微科学的工作给予证实。

建筑策划能够让建设投资企业适时投资，避免盲目性。1994 年前后的海南、2010 年前后的鄂尔多斯都是因建设投资决策的缺失而盲目行事所至，是深刻的教训。

2. 促使建设投资更系统更有序的发展

建设投资人所获得的投资机会信息多半是相互间缺乏联系的信息点，缺乏系统性，常表现为片段性、零散状。由于它们所处区域经济环境、地理条件的差异，逐个研究分别投资会造成资金、资源利用不充分，社会形象不完整，经济效益不显著的结果。

建筑策划有助于投资人、投资企业将零散的信息系统综合地研究，建立起适合自己资本能力、开发经验、管理水平的投资方向，确定取舍，建立起长远目标。将每个单项建设投资纳入到企业长远发展的计划之列。使每个单项投资除去其单项经济收益外，还能为企业长远目标积累经验、业绩、技术成果，促进企业成长。

3. 提高资源利用效率

资源是一个广泛的概念。建设项目所在区域的政策、土地、环境条件等都是资源，而投资企业自己的人才、经营及开发经验、资金及运行能力、外界社会关系及企业的自身文化也是资源。项目的资源与企业自身资源相辅相成时，资源的价值会发挥更加充分，资源利用效益会更大。

建筑策划主张充分综合利用资源，因而有助于资源的发掘和协调利用，充分发挥资源价值。鼓励开发企业完善自身资源能力，为持续发展打下了更好的基础。

4. 提高建设投资的竞争能力

建设投资机会的出现是公开公平的，所以才会发展为建设投资人招标制度。招标制度的出现是市场竞争的体现，这种竞争本质是商战，展现投资人、投资企业对资源利用的计划和能力，如同战争中用兵艺术的较量。

在大家都认识到建筑策划作用和意义的情况下，建设投资资格权的竞争实质上是建筑策划的竞争。

建筑策划对于建设投资者而言是投资决策的技术文件，对于招标的一级土地业主而言，建筑策划的成果是他们选择投资合作者的依据和重要参考。建筑策划重视对投资客体利益的尊重，重视对公共利益的维护，这正是招标投资人的遴选原则。

建筑策划是站在社会整体的高度审视建设项目的投资机会，是在综合性考虑项目对社会各方面影响的前提下，去探讨建设投资的利益回报。这样的价值观会得到更多的支持和赞同。这样的竞争力已不是建设投资者单股力量而是社会的合力。

第2章　建筑策划原理

建设项目应社会经济发展的需求而产生，也因客观条件的允许和建设投资能力的允许而能够实施。对这种需求的必要性和条件的可能性的审视与判断就是建设投资的决策。

长期建设运行经验建立起建设项目的科学程序，它分为决策期、建设期和运行维护期（其中决策期又分为项目建议书、项目选址和可行性研究及与其相应的评审环节）三者共同构成了建设项目投资决策的科学体系。

随着市场经济的发育和成熟，建设投资主体从单一的全民或国有资本转向了多元资本形式，也同时带来了建设投资决策科学体系的变化，建筑策划在市场经济发育过程中逐步发展而完善起来，适应了多元化建设投资成本的需求。

建筑策划在自身发展过程中，适应投资人决策的需要，逐渐形成自己的规律和特点。它由投资机会研究和建筑策划内容组成；它要妥善地权衡城市公共利益、客体利益和投资者本体利益的关系；通过实况调查发现并寻查客观条件对建设目标的制约，寻找着力点，并创意研究化解的方法，保障建设目标的实现。

将建筑策划的创意研究落实在验证方案之中，成为可实施的有现实意义的策划成果，成为建设投资决策的技术文件。

2.1 基本建设投资决策的科学程序

2.1.1 基本建设工作的特性

基本建设投资与其他投资一样，投资生产一种产品并投入市场，满足人们生产和生活的需求。但基本建设投资又具有其突出的个性和特殊性，即：

（1）基本建设投资的产品一般情况下是单体生产，即便是采用标准图的建筑物也会因位置不同而造成不同基础、不同市政接口等变化，它们仅相似而非批量复制；

（2）产品的建造和使用场所具有特定性，不可随意改变；

（3）产品实体庞大，所需人力资源、物力资源量大，建造周期长，涉及面宽；

（4）建造过程中牵涉面广，影响因素多，内外配合环节多，协调工作复杂。

因为这些，必须在实施建造前有一个计划。

基本建设投资额巨大，它建成后产生的效益也巨大，并会影响到一个地区一个城市乃至国家的经济发展。巨额耗费和巨大效益促使人们慎重行事，事前要认真研究在技术、经济、社会各方面的可行程度。

基本建设投资的同时还在消耗着大量的自然资源，如土地、水、森林、能源等，而且在建成以后还要长期占用，甚至会造成永久的影响，所以应在实施前对有关生态方面的影响作出评估、评价，确定是否能够承受。

基本建设形成的产品，其使用寿命很长，有时会为数代人服务，其服务的人口数也很巨大，影响甚广，关乎成千上万人的感受乃至安全。因而它在实施之前的深入研究、评估直至决策就愈发显得重要。

基本建设工作的特性，决定了基本建设需要有一个完善而科学的工作程序。

2.1.2 基本建设的科学程序

基本建设科学程序包含建筑产品的全寿命期，整个完整生命期，可分为决策期、建设期和运行维护期（图2-1）。

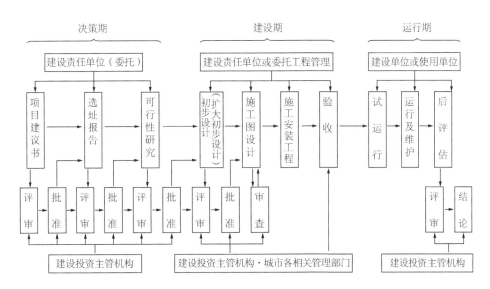

图 2-1 基本建设的科学程序

决策期，主要是决策，是基本建设前期工作。包含投资机会研究、项目建议书（立项报告）、项目建议书的审查批准、可行性研究（含选址报告）、可行性研究报告的审查批准。

反复审查批准的过程就是投资决策的过程。项目建议书的编制和可行性研究报告的编制是委托有资格的权威技术咨询机构组织，有丰富经验的经济学家，各专业工程技术专家，企业管理和工程管理专家及财务人员密切合作完成。项目建议书和可行性研究报告的评审，是由项目建设主管机构委托有资格的机构或自己组织聘请各建设相关部门专业技术人员及各相关技术领域的有丰富经验的技术专家对报告文件进行综合审查和评价，对报告文件中的项目必要性、建设规模、建设地点、建设内容、功能定位、工艺方案、社会意义、环境影响、安全性能、建设标准、投资规模、投资效益、风险分析、投资来源、建设周期及预见的存在问题和回避措施等一一审查、评估，并将汇总提交给决策机构批准。

整个过程汇集了各相关管理机构、投资主体、金融支持机构、相关技术部门的许多行家、专家从各个角度审视项目，得到综合全面的评价结果，应当相信结论的科学性和权威性。

根据批准的可行性研究报告编制的指导项目初步设计的任务书应该认定是有科学基础的，是设计工作的指导文件，一般情况下不宜随意更改。

建设期，主要是项目建设实施阶段。包括工程设计、施工、安装、职工培训、试运行至运行使用。

这个阶段的工作重点是控制进度、控制质量、控制投资。在建设期已开始了巨大的资金和资源的投入，而不会产生效益，随着工程进展的深入，投入越来越大，若存在通货膨胀的经济形势，则增加额外的涨价费用支出就会引起效益风险。所以，进度控制、质量控制与投资控制是密切相关的，三项控制不可偏废，均应严格落到实处。

运行维护期，在全寿命期内应达到预期的经济效益和社会效益，也是对决策期决策的检验。

随着科学技术的不断进步、管理理念的更新、管理创新成果的出现，在运行维护期应适时开展技术革新、管理创新，使经济效益超越可研的预测指标，使工程尽早达到设计能力，创造更好的经济效益，尽早实现成本回收和高回报，并积累新的经验，运用在以后的建设项目中。

2.2　决策期的工作环节

在三个阶段中，决策期首当其冲，极为重要；而在决策期，主要工作环节是项目建设编制和可行性研究。可行性研究是在建设项目立项批准后展开的，而建筑项目的立项是在项目建议书编制、上报、审批之后。

2.2.1　项目建议书

项目建议书是对拟建项目的轮廓设想，是投资决策前的建议性文件，是建设项目启动工作的第一个综合性技术工作。项目建议书要对具体的建设项目必要性、建设地区、建设规模、建设项目的能力、建设时机、建设资金及建设责任机构等提出建议。

项目建议书理论上不是唯一的，同一类型项目可能会有多个项目建议书上报，经主管机构根据社会总需求、产能分布、资源条件和区域发展等综合评审选择后，批准立项，确定为下一阶段工作的依据。

项目建议书的主要作用是对建设项目从宏观上考察项目建设的必要性，是否符合国家或地区社会经济长远发展规划的要求，同时初步分析项目建设的条件是否具备，是否值得投入人力物力作进一步深入研究。这段工作对分析数据的定量值精细性要求不高，但应概略而准确，以利于从定性角度判断项目的推进与否。

项目建议书是国家确定项目的依据，项目建议书批准后即为立项。项目建议书的内容有以下几部分组成：

1. 建设项目提出的必要性和依据

项目提出的背景，与项目相关的行业及地区资料，说明建设的必要性；

若有引进技术或引进设备，应说明引进的必要性；

改扩建项目应说明原项目概况。

2. 建设项目能力及水平，拟建规模和建设地点的设想

国内外同类项目能力、水平的比较，若是工业项目，应对其产品的特质、市场方向、价格预测作分析说明，并就生产能力作说明；

建设规模和分期建设说明，对拟建规模的经济合理性作评价；

建设地点论证，对其自然条件、资源条件、社会条件和地区布局作说明。

3. 资源供应的可能性和可靠性

水电、能源及其他公共设施保障情况，工业项目还应分析原材料供应，生产协作条件，废料循环利用的可能性等说明；涉及进口技术及设备的项目，要说明技术及设备来源国家及企业的情况，技术及设备的差距，引进理由等。

4. 投资估算及资金筹措设想

估算包含建设期利息、税费流动资金及涨价因素，并参照同类项目比对；

资金筹措计划应说明资金来源、贷款意向书、分析利率、附加条件、偿还方式，并测算偿还能力。

5. 项目建设进度

含前期、涉外询价、谈判、设计、建设等全时间表。

6. 效益估算，财务评价和国民经济评价

项目建议书的内容格式应根据建设项目的性质、实况而灵活调整，将已掌握项目的有关信息情况反映详尽和准确，以利于主管部门的决策。

大、中型项目应由有相应资质和经验的咨询机构编制，视项目的重要程度、项目规模和项目隶属关系，由国家或地区相关主管部门组织专家研究评审后，再进行审批。

2.2.2 项目选址及选址报告

对于建设项目，选址是首选而重要的环节，是关系到建设项目实施运行顺利和成功的基础。由于这项工作并非经常碰到，也较少有机会能参与这样的工作，所以很多书籍较少讲述这个环节。建筑策划属建设前期投资决策工作，对项目的场地研究极为重要，有时还会出现在若干块土地上权衡投资的选择性决策，所以了解项目选址的基本知识和方法，也是很重要的。

建设项目选址是建立在国家或建设投资主体机构做过社会经济发展规划或企业发展规划基础上，有目标有意向地展开的，一般不会从海选开始，被选地区也会有准备地迎接选址。这些前期工作应该是从事更宏观的经济工作者的事，待到建筑策划师、规划师、建筑师们进入选址环节时，已经有过许多前期成果了。

建设项目选址重点要解决三方面问题：一是基地所处地区的社会经济环境能否满足项目落地后持续发展的需要；二是基地自然条件是否适宜项目长期落户生存；三是基地外围外部对基地内拟建项目能源、资源、交通等各方面保障的可靠性。不同功能类型的项目对选址的要求和基地标准也是不同的，所以上述三个方面的问题内涵会有不同，但选址时要解决的问题均可纳入其中。

一般情况下，项目选址可与项目建议书编制同步进行，并纳入项目建议书内单列选址章节，也可与项目可行性研究报告编制同步进行并纳入其中。重大项目、特殊项目应单独进行项目选址，并编制选址报告，上报有相应权力的机构审批。当建设投资主体属民营资本时，选址工作一般由投资决策人或决策机构组织，也可聘请、委托有关方面专业人士咨询，最终完成选址报告。选址报告仍需城市的国土、环境资源及规划管理部门审核批准。

项目选址工作程序包含：选址考察团的组建、选址考察、资讯整理及研究、选址方案、选址报告编制，最终上报审批，方称完成选址工作。

选址考察团的组成，应有对项目功能熟悉的专家、对城市和地区发展熟悉的专家、对社会经济发展和法规政策熟悉的专家及经济专家、城市规划专家等组成，并在项目投资决策人的参与和组织下开展工作。

选址考察团在实地考察前应进行事前准备，包含对项目投资预定目标的研究和统一认识，对拟考察地区社会经济自然环境的学习和了解，对当地法规政策人文习俗的了解、对考察城市规划发展的了解，拟定实地考察计划和工作方法。

选址考察通过会议、洽谈、访问、实地踏勘、收集资讯等方式，从宏观逐渐深入到微观，对候选地区政治、经济、文化、科技、教育、习俗及地块的交通、区位、市政、气候、水文、资源等作全面了解。

选址考察工作在候选地区主管部门提供的若干候选地址的相关资料基础上进行，听取候选地区陪同人员的介绍，听取他们对考察组成员所提问题的解答，进行考察，并对所有有疑虑的问题通过询问、调查、踏勘，了解清楚。及时收集相关资讯，包含文件、信息、语音、影像、照片、图册、当地书籍、宣传册、广告、报纸等。实地考察工作还包含目的地访问，选择适宜的有价值的访问对象，事先提供访问提纲，让其有所准备。访问是深入了解和考察的过程。

在若干候选地址中，并不一定要全部进行实地考察。在候选地址并不多的情况下适宜全面进行实地考察；在候选地址较多的情况下，可先作背景资讯分析和比较，选定其中一部分作实地考察，待考察后研究分析过程中再考虑是否增加考察对象。

资讯整理及研究工作是选址的最核心工作。在此阶段中，对大量资讯的分类整理是基础，可以按区位、交通、基地自然条件、资源、政策优惠度、基础设施、地方法规、市场环境、政府态度、民众支持度等各方面分类整理，在若干候选地址中分类比较并排序。在此基础上，选址团成员应针对项目功能和目标需要对各影响因素进行权重分析。确定一个适宜的加权比重表。再逐一对各候选地址的问题加权、分析，进行优势、劣势、机遇、挑战、风险的研究，从而获得对若干地址选择的排序结果。

审视与结论研究，通过影响因素加权比重的统计分析，对排序结果再作综合审视，得出首选地址、备选地址，进行选址报告编写。

选址报告一般包含：选址工作过程、所在地区概况（含政治、经济、人民生活、教育、工业、科技、地缘优势、政策等）、城市概貌、选址原则、本项目选址的影响因素、选址方案论证比较、选址结论。

笔者有幸参加过若干选址工作，有全民资本投资项目，也有民营资本投资项目。但民营资本投资项目的选址工作大多是与投资决策人一同考察，随时交换意见，投资决策人一同讨论便做出决定进入向国土、规划主管部门的申报程序。笔者经历的两次国有资本投资项目的选址分别是发生在 1969 年初的第一机械工业部"五七"干校选址和发生在 2010 年底的中白工业园选址。

1."五七"干校选址

1968 年 12 月 ~ 1969 年 3 月，"五七"干校选址分成三个阶段进行。先期在佳木斯市与牡丹江市之间的倭肯河农村，历时十余天，于 12 月 31 日结束。在十多天中，牡丹江军分区的踏勘小分队跟随选址组完成了选址范围的地形测量，选址组对气候、土地、村民、交通、农业生产情况和生活习俗进行了广泛调查研究。研究认为每年冬季农闲的气候和习俗与"五七"干校的需求不相吻合，冬闲时节的干校生活过于单调难于管理，农业收成也难以维持人口密集的干校生存。

1969 年初选址组在河南息县、罗山县工作。先对上级拟定的息县无主土地进行考察，了解到该地区是自然灾害频发区，两三年一次水灾，土地被淹、颗粒无收、房屋极少、几乎无树，似无建设障碍物，但这种荒芜正是灾害的表象。选址组毅然决定上报废弃。此后对罗山县一处既有农场进行了考察，农场位于信横公路北侧，距县城约 20km，交通方便；有一定饮水用电等基础设施；农业门类较丰富，无论劳作、生活均有一定基础性支撑条件；气候条件适宜。选址组研究决定以完整的调研资料上报，当月获批。

笔者作为选址组成员，参与了选址全程工作，在老革命家们的带领下落实着每一个疑问的细节，以求真务实的态度，体现考察对象的实情，形成有说服力的报告。

2. 中白工业园选址

2010 年 10 月 19 日～11 月 29 日，笔者作为中白工业园项目技术负责人主持了园区选址工作。选址工作分实地考察、分析研究、选址报告 3 个阶段进行。

1）实地考察阶段（在白俄罗斯工作，10 天）

（1）选址考察团由开发投资机构领导和规划设计、外交专家、经济专家等 8 人组成。

（2）会见白俄罗斯国家经济部长，商讨中白工业园合作启动，确定选址工作计划。

（3）分别会见提供候选园址的地区州长，听取地区社会经济及发展规划的介绍，并分别实地考察了明斯克州明斯克市和莫吉廖夫州的实情。

（4）在提供的 8 个候选园址资讯研究基础上选出 5 个地块作为首批实地考察对象，分别进行实地踏勘，听取当地技术官员的详细介绍，并获取相关的图纸、资讯和技术文件。【5 块用地分别是：明斯克州的斯莫列维奇区（A）、布霍维奇区（B）、泽尔斯克区（C）、莫吉廖夫州的自由经济区（D）和博布鲁伊斯克市（E）】。

（5）拜会中国驻白俄罗斯商务参赞，听取参赞对白俄罗斯经济的介绍和建议；访问先期赴白投资的"美的"企业代表，交流投资体会和经验；拜访旅白华籍经济学家，听取他在白俄罗斯十多年从事经济学研究的经验。

（6）考察明斯克城市主要城市空间，歌剧院、博物馆、公园、火车站、居民区等。

（7）初步讨论选址意向。研究中白工业园用地规模，讨论园区需要的各类政策（如自主管理、免税、外汇流通、简化审批、土地无偿使用等），讨论考察备忘录初稿等。

（8）会见白俄罗斯经济部长，总结选址考察工作，签署考察备忘录。

2）分析研究阶段（在北京工作，18 天）

由于是跨境投资项目，分析研究工作较为复杂；又因为考察备忘录的提前签署，许多本应在分析研究阶段的事提前做了，此阶段需补充和完善。

（1）原始资讯的梳理；

（2）中白工业园选址原则、选址影响因素的分析研究，确定各种影响因素的权重比；

（3）5 块用地比较研究，依"优势、劣势、机遇、挑战、风险"五项分别列出，比较出感性评判序；

（4）5块用地比较研究，依"区位条件、自然条件、资源条件、启动条件、其他条件"并分别依30%、20%、25%、10%、15%的权重计分评价，比较出量化的评判顺序。

基于从实地考察以来逐步明晰的认识，获得了四点关键的共识：

（1）白俄罗斯是一个政治环境稳定、经济十多年持续发展、奉行独立务实外交政策，有良好周边关系的国家，与中国有多方面互补性，是一个适宜跨境投资的地区；

（2）白俄罗斯有相当多资源对工业园建设有支撑力，如世界一流的教育、世界前列的科研机构人均比、航空航天新材料发明与专列成果、发达的文化、雄厚的科技人才等大多集中在首都明斯克及周边；

（3）中白工业园的目标是国际性的，需要一个能联系世界的通道，在白俄罗斯内陆国家里，明斯克国际机场是理想的畅通口岸；

（4）中白工业园是两国战略性合作项目，足够大的规模方能满足未来的需要。

感性评判序、量化评判序和分析研究共识都验证了实地考察时的初步认识：位于明斯克国际机场旁的地块A是最佳场地。"哪一块地你未拿到会后悔，那一块就是选择！"这是选地时常想的一句话，最终的选择至今无人后悔。

3）选址报告编制（在北京工作，7天）

选址报告对科技产业园概念、特点及选址的重要性进行阐述，对于园址选择的原则确定，对选址影响因素（区位条件、自然条件、资源条件、启动条件、其他条例）分别进行研究，对5块候选用地进行比较、分析，最终采用加权量化比较，得出结论。选择明斯克国际机场旁80km²的基地作为唯一推荐园址。2012年6月白俄罗斯共和国颁布总统令批准了这一选址。

2.3　可行性研究

在建设项目决策期中，可行性研究是最核心的阶段，它的编制、评审和批准是建设项目决策的关键。在建设项目特别紧急的情况下，出现过以可行性研究与项目建议书合并的情况，但绝不可以省略可行性研究的过程（图2-2）。

2.3.1　可行性研究的作用

建设项目的可行性研究是根据国民经济发展的长远规划、行业发展规划、地区经济发展规划等宏观规划及宏观经济政策，对项目的建设必要性进行论证；对其建设规模合理性进行论证；对其所采纳的技术方案、建设方案的可行性进行阐述；对其建成后的经济效益进行科学的预测；对其实施后的社会影响和环境影响进行分析和评价；为项目投资决策提供可靠、科学、全面的依据。

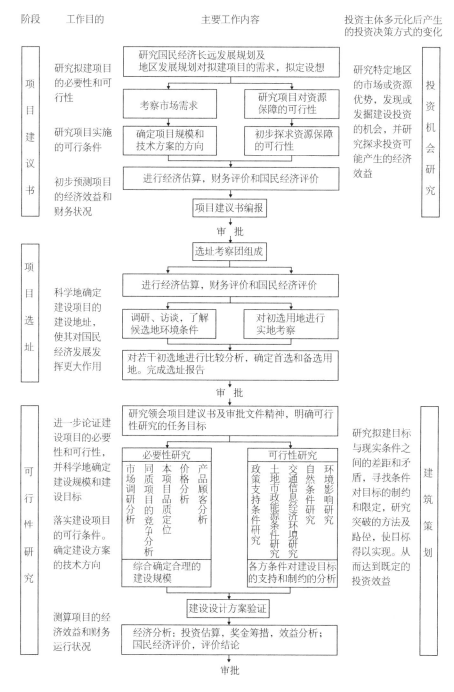

图 2-2 建设项目投资决策程序

可行性研究的作用具体表现为：

（1）建设项目的投资决策的依据；

（2）编制设计任务书的依据，指导设计工作的重要文件；

（3）建设项目寻求金融机构贷款的依据；

（4）建设项目在各审批环节中各主管机构审批的依据；

（5）建设项目在实施过程中各管理及实施机构工作的依据；

（6）项目后评估的依据；

（7）今后类似项目建设的参考，开展相关科学研究工作的重要资讯。

可行性研究成果在建设项目的前期工作（决策期）中，是决策期工作的核心，起着极其重要的作用。在项目运行的整个周期中，始终发挥着非常重要的作用，指导着全程运行。

2.3.2　可行性研究的主要内容

可行性研究是建设项目投资决策的技术经济研究文件，它围绕着需要和可能两大问题展开研究工作，视建设项目性质、功能、作用的不同，而有不同的组成内容。可行性研究工作的展开，是为了准确地阐述需要和可能两大问题，以提高建设投资经济效益为根本出发点，实事求是地开展调查和研究，得出科学结论，提供给建设投资决策机构审定决策之用。

可行性研究的工作成果是可行性研究报告，报告通常有以下组成内容（不同性质、功能的项目不尽相同）：

1. 总论

项目提出的背景，投资的必要性及经济意义；

研究工作的依据及工作范围。

2. 建设规模

市场需求调研的分析，市场需求与建设规模的关系；

同质建设项目的规模和功能能力与本项目的竞争关系；

同质建设项目与本项目产品品质及价格的比较；

合理建设规模的确定。

3. 资源保障条件研究

资源、原材料、能源、土地、市政供给等条件的评述；

对外交通、信息、经济环境支撑条件的评述；

环境影响、气候、地质、水文等自然条件的评述；

各类条件对建设规模的支持和制约分析。

4. 设计方案

此方案不一定会成为实施方案，但它回答了在拟定的地址环境条件下能涉及所需要的建设项目合理规模的可能，重点研究了项目技术方案的先进性与可行性，保证了建设目标和规模的实现，也可以暴露出环境条件局部不足而形成制约的情况，并提出寻找解决的路径。据此方案，提出相应的实施计划及进度表。

5. 经济分析

投资估算、流动资金估算、建设总投资；

资金来源、筹措方式、利率计划；

项目经济效益、投资回收、偿还能力；

国民经济评价、评价结论。

上述内容中，总论及建设规模围绕需要进行研究论证，资源保障条件及设计方案则围绕可能进行研究论证；经济分析则对研究的方案从经济方面进行分析佐证，说明经济角度的可行。

不同功能、不同规模、不同性质的建设项目，其可行性研究内容不尽相同。有的项目侧重资源条件，有的侧重交通条件，有的侧重环境影响等，应分别有针对性地列出工作内容和报告组成部分。此处所列5个方面是基本的内容构成，也是最基本的框架。

2.4 投资主体多元化背景下建设项目的投资决策

建设项目投资决策体系是一套完整而科学的系统，从1953年我国社会主义建设第一个五年计划开始至今已有60多年的历史，在这60多年中，不断地总结、实践、再总结、调整、再实践，已成为科学而完善的体系。在改革开放事业不断深入的过程中，这一体系随着外资的进入也在不断地调整修改，以适应市场经济的发育和发展。

随着我国社会经济的发展、市场经济体系的建立和完善，建设投资主体不再是单一的全民资本投资了，出现了民营企业投资、股份制投资、合伙投资、自然人投资等多元形势。原来由政府主管部门主持投资决策的体系已不能完全适应新的形势了，政府主管机构不可能代替民间投资人进行投资决策，而民间投资者也不可能依靠别人来决策，不需要也不愿意完整地套用原来行之有效的投资决策方法，他们更需要建立起适合自己的建设投资决策体系。在市场经济不断发育发展中，以建筑策划为核心的建设投资决策随之发展而逐步完善。

2.4.1 建筑策划为核心的建设投资决策的特点

因为资本属性的不同，带来了与全民资本投资决策体系的不同特点。

（1）民营资本的建设投资一般将投资机会研究置于首位，当机会研究有了意向之后即展开建筑策划。它的投资决策一般包含机会研究和建筑策划两个阶段，少有独立的选址阶段。近十余年来，民营资本的投资企业发展成巨型企业后，开始计划向全国或世界扩张布网，而逐步形成了独立的选址工作阶段，但较多情况下仍与机会研究同步进行。

（2）民营资本建设投资的机会研究一般在决策者的内部进行，很少委托给建筑策划机构，主要是因为机会的发现带有偶然性又具机密性。

（3）建筑策划在投资决策中起到可行性研究的作用，但重点不在经济评价，因为民资企业有自己的财务系统，能准确适宜地做出决策所需文件。而关于建设目标实现的障碍和保障的突破，将成为建筑策划的重点。

2.4.2　建筑策划是建设投资决策的技术依据

在基本建设、工程建设和房屋建设的投资主体进入多元化时代以后，许多建设项目的投资决策人不再是国家机构或国有企业，因而再也不会由国家机构国有企业去承担建设投资的风险。谁投资，谁决策，谁承担风险，这是天经地义的。

建设项目投资者有股份制企业，有股东合作，也有自然人。无论什么形式的投资者，都非常重视建设投资的前期决策。在前期决策过程中，投资者关心提供给决策的各类技术资料的准确性、可靠性，如果这类资料的准确性、可靠性有疑问，那么决策就可能有误，严重时会导致整个建设项目失败。即使建设中途发觉了，要扭转或改进，也会付出高昂的代价。

在前期决策过程中，投资决策者关心的无非是投入与生产的经济效益分析、项目进行的顺利度、社会环境分析和企业声誉等长远企业利益的分析。

在投入与产出的经济效益分析中，任何从事建设投资的企业都不缺乏经济类人才，包括擅长预算、概算的概预算师，销售分析师，市场营销师和善于资本运营的经济师。但他们所进行的分析工作是建立在一个有建设规模、产品类型、产品质量、市场接受度并符合城市规划、易于建设运行顺利的建设方案基础上的，如果作为经济分析工作的基础方案不可靠，那么后面进行的一切分析计算便是不可信的，也就无法决策；如果基础方案是追求奇特而不思成本，也许经济分析的结果会有重大经济风险，也就会做出否定的决策；如果基础方案是一个成本合理但不具有市场吸引力的方案，即使经济分析结果理想，也难于决策。

可见，建设项目的前期研究过程中，做出一个真实，切实可行，符合社会和市场需求，符合城市规划条件要求，经济效益良好，有社会影响力，技术先进但同时是可靠的基础性方案是何等重要。

建筑策划要解决投资人在建设项目决策阶段所关心的一切技术性问题（图2-3）。

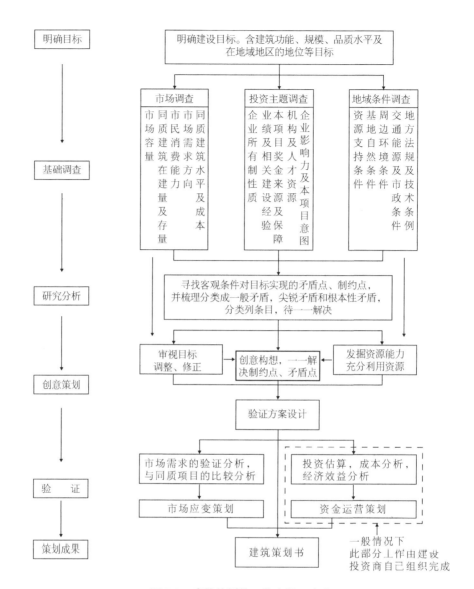

图 2-3　建筑策划的工作步骤及内容

投资决策者们在前期阶段关心的技术性问题可以分为：

（1）容量类问题：总建筑面积、容积率、计容建筑面积、地下建筑面积、地下不计容但可利用的建筑面积、可销售或租赁建筑面积、可作为促销手段但不一定产生直接收入的建筑面积等，也许还会有不计入建筑面积的其他类型空间的面积。

（2）成本类问题：总建造成本，单位建筑面积的建造成本，结构方案的经济性，围护结构的科学性、经济性，建筑形态对成本的影响，设备系统的经济性与先进性的权衡，建筑构件标准化与成本关系，室外工程及景观工程的建造成本等。

（3）产品类型问题：建筑产品的市场接受度，产品的同质化竞争的回避，产品的适用和个性关系，产品的弹性适应性和博弈能力，产品的创新性等。

（4）建设程序和行进过程类问题：城市规划条件的符合性，包括用地性质、用地边界、建筑后退、停车泊位、出入口位置、绿地率、建筑限高、容积率、消防间距及疏散、扑救条件等，城市市政条件与项目市政方案的协调，功能分区与建设分期和城市周边环境的协调等。此类问题涉及建设项目的进行顺畅性，与投资资金运营的效率极有关系。

（5）客观条件与建设目标存在矛盾和限定时，寻求突破和化解策略是建筑策划的核心工作。这些突破性工作，应当有理有据地慎重对待。

（6）产品的影响力问题：产品的独创性、标志性、识别性等形态问题，生态、绿色、智能等时尚技术性问题，其他关于提升影响力的创意。

2.4.3 投资机会研究

一般情况下，投资机会研究由投资决策人在内部进行，但因对机会信息了解不完整或涉及因素很多而无法明确判断难于决策时，投资决策人会委托或邀请建筑策划人、机构给予帮助。当前，这类工作多数是友情帮助或后续补偿，尚难成为委托业务。

机会研究源于世界银行、亚洲开发银行等国际金融机构对各地投资前的决策体系，在我国20世纪80年代改革开放之初，引入外商外资时传入我国并逐步发展起来。

机会研究相当于全民资本投资项目的项目建议书阶段，所不同的是项目的起因有别。项目建议书是依据国民经济发展长远规划的目标提出的需求，而机会研究是某个确定地区的独特资源或市场需求信息引起建设投资人意向的研究。

机会研究有两种方法：

1. 因资源或独特资源引发的投资意向

这类机会研究首先深入调查资源的可靠性，包含政策法律许可，资源供应量是否满足合理而经济的投资规模的需求，核心资源供给的条件和其他相关资源的满足程度，核心资源获得的成本；同时着手研究市场需求、建设项目的类型和规模。

上述二者分别从资源可能性和市场需求两方面证实投资机会的存在和可行。

2. 因市场需求引发的投资意向

这类机会研究首先深入调查市场需求，包含市场需求量化、细分化，调查建设中同质投资项目的市场供给量和客户分析，明确细分市场需求的建设项目类型，初步确定投资方向和投资规模；同时落实投资建设所需的各类型资源保障的可能性。

以上二者分别从市场需求机会和资源供给可能证明投资机会的存在。无论哪一种方法，在调查之后，均会进行投资效益分析，从建设成本、市场回报、资金筹措费用、风险成本等各方面进行财务评价，从而证明投资机会是否确切存在。

机会研究可融入建筑策划之中，有时也会先于建筑策划独立进行。

民资企业建设投资的机会研究是相当频繁的，但大多数是投资决策人在内部进行并完成判断。成熟的建设投资企业，机会研究十中挑一并不罕见，若一旦确定进入建筑策划研究，就已基本确定要投资了。承担建筑策划的机构应当会听到他们关于机会研究的情况和他们的判断及结论，也就是建筑策划的拟建目标。

当建筑策划展开时，在调查过程中，应当始终思考目标设定的合理性，与调研得到的市场认识及资源条件认识是否吻合，如若矛盾则应调整目标的规模。所以，机会研究是建筑策划的前提和参考，但它不是不能逾越的依据。这一点与全民资本建设投资决策体系中项目建议书是可行性研究的不同依据。

建筑策划时，建设投资的决策人基本上就是资本的拥有人或代表，他们追求投资收益最大化，在机会研究阶段侧重定性研究而非量化的研究，对建设规模的确定难以做到客观和准确，所以应当将机会研究的内容纳入建筑策划过程，再予审视，使策划成果更加贴近实际，更有价值。

2.5 建设影响因素的解析

2.5.1 建设项目的影响因素

工程建设项目是应城市和社会的需要而产生的，但工程建设又会给城市和社会带来种种负面影响，所以城市管理机构会制定种种法规、规定来限定工程建设过程和项目对外界的影响，这些制约反过来就成了工程建设的外界影响因素。

任何一项建设项目都会在建设之初去申请各类批准手续，有的需加盖百余个章，甚至更多。制约、限制会影响开发投资人设定目标的实现，错综复杂，千头万绪。

工程建设的外界约束因素可以解析为三大类，即城市公共利益、客体利益和本体利益。

2.5.2 城市公共利益的外界约束因素

所有维护城市公共利益的外界约束因素均会体现在以城市规划条件为核心的一系列限制条件中，包含控制性规划所确定的规划控制指标，也包含各有关政府职能部门制定的地方法规所确定的相关规定，它们分别从各个不同的角度在维护着城市的公共利益。

控制性详细规划的控制指标一般有用地性质、容积率、建筑后退距离、建筑限高、绿地率、出入口方位、机动车泊位等，这些指标维护了城市的布局（用地性质），城市的容量，市政设施保障的可靠性及城市交通的秩序。控制性详细规划有些时候会提出导向性指标，也有些城市规划主管部门通过城市设计提出导向性指标，诸如建筑体量、建筑形态、风格、建筑色彩，还有建筑为城市提供公共空间等要求，这一类指标一般属于导向性，目的是维护城市的公共利益，应当认真研究对待，但它们与控制指标相比，有相当大的灵活性。

除去城市规划条件确定的制约因素外，城市建设各主管部门除依据各相关规范、法规外，还会制定各类条例、规定来限定建设中各方面行为，目的也是维护城市公共利益，如与公共安全相关的消防规范和各相关的水质保护、巡河道路、洪水疏通等方面的规定，与公共资源高效又公平利用相关的水、电、气等管理的制度，再如与公共环境质量相关的废水、废气排放规定和绿地设置各方面的规定。所有这一切法规、条例、规定，都与建设技术相关，也与城市的公共利益相关。试想，如果没有它们，城市会如何混乱。

城市的管理者们为了城市的整体利益和长远利益会认真严格地执行各类规定，并不断总结研究，适时出台新的相关规定。建设的投资者也应认真研究并遵循这些规定，认真维护城市公共利益，以获得建设项目的顺畅行进。

2.5.3 客体利益的解析

建设项目由于投资回报的方式不同，它们有不同形式的客体。但客体利益应当予以不同程度不同形式的满足，这是建筑策划的原则之一，如果连客体利益都得不到应有的尊重，那么建设投资便会陷入困境。

客体不单纯是商品性建筑的购房者、租赁性建筑的租房者，还包含着在建设过程中帮助建设实施的相关者、建成后维护建筑正常运行的机构。他们都是建设投资人的客体，为这项建设付出劳动和服务，甚至付出资金，在建设行为的增值中理应获得相应的回报。

客体，可分为终结客体、环境客体和过程客体。

1. 终结客体

终结客体是建筑产品的最终主权拥有者和建筑产品使用者。他们是投资人的客户，是建设投资人最重视的外因，他们的需求意见对投资人极为重要，他们需求的满足是建筑策划的重要目的。

2. 环境客体

环境客体是建筑产品间接享用者、邻居及建筑产品正常运行的相关保障人。建筑产品正常运用的相关保障人，包括自来水、电能、燃气供给、污水污物排放管理及执行人、安全保障、通信保障、交通保障、供应保障等方面的机构，都属于环境客体，他们也都有各自利益关注点和利益需求。

3. 过程客体

过程客体是建设项目进行过程中的所有相助者，如银行、策划机构、设计机构、施工单位、安装单位、材料及设备供应保障机构、安全保护机构等。

对环境客体、过程客体合理的利益要求应当了解，尽力满足；对他们的核心价值利益点应当尊重。要清楚当地市场环境下相类似客体的利益水平，不以过分挤压利益的方式去赢得对方的合作，因为这种情况下的合作难以达到真诚和潜心尽力，受伤害的最终是建设投资者自身。

2.5.4　主体利益的最大化

综上所述进行外界利益群体分析后，会疑惑建设投资者利益最大化的出路何在？建筑策划的目的之一就是要追求建设投资者利益的最大化，只是这种利益最大化不应当以牺牲客体利益或削弱客体利益为代价，更不是以牺牲城市公共利益为代价。

主体利益的最大化主要体现是挖掘资源效益、充分利用资源并让其价值得以充分发挥，体现在建设项目上，让建筑产品提升品质、提升价值，并让所提升的品质和价值表现在营销成果上。

资源是一个广义的概念。

建设基地的区位条件是资源。区位条件本身的地理、交通、气候等特征利用得恰当，都可以转化为资源优势。城市中心位置是商业、办公、贸易的优势资源，而城市偏远位置是旅游、度假的优势资源；方便顺畅的交通是商贸业理想之处，而崎岖转折之处是离市避闹的静谧环境；宜人的气候是宜居之地，特殊的气候是猎奇之地。

基地和周边的景观条件是资源。江、河、湖、海是景观资源，山、岭、岗、丘是景观资源，森林、农田是景观资源，即便废弃地也有人文景观价值。喧闹的环境可成为景观，旷野的宁静也可成为景观。

政策法规的某些条文是资源。有的城市鼓励开发商创造公共户外空间，规定架空层不计入容积率，甚至为提供公共空间者奖励容积率。有的城市规定露台不计入面积。有的城市鼓励开发利用地下空间，创造敞开式地下空间。有的城市鼓励土地充分利用，规定行株距均 6m 的树下停车场仍可 100% 计为绿地……这些法规条文均是资源，发掘利用都会带来可观的效益。

清新的空气是资源，无垠的天空是资源，烈日是资源，雨水也是资源。地域历史是资源，先人足迹也是资源。

一个正确的资源观、一个敏感的资源观是建筑策划人的素养，要善于发现资源、挖掘资源，并充分地利用它的价值。

资源的充分利用一般来说不涉及公共利益，不伤害客体利益，因而不会违背前面讲过的原则。这里说的"一般来说"是指不采取过度开发有限物质资源的办法，如地下水的开发等，充分利用可再生能源。像太阳光能之类不因你的充分利用而损害了他人利益，是任何人都不反对的。这是应当提倡的事。

2.6 不动产概念对建筑策划的引导

2.6.1 不动产基本概念与不动产特性

1. 不动产基本概念

在人类社会发展过程中，随着社会经济发展，人们逐步意识到不动产对人类生存和生活的意义及作用，它是人类赖以生存的基本条件之一。所谓"不动产"是相对"动产"概念而言，它具有不动的物理特性，不可移动，附属于地球上特定的空间方位。

土地及其之上的附属物均可成为不动产，没有附属物的空旷土地在未进行任何开发建设时可认为是自然物而非不动产。能称为"不动产"者是作为自然物的土地经过一定社会关系的复合并以法律形式固定下来后，方可成为"不动产"。这种被法律确认的法权关系是建立在经济关系基础上的，对自然物的土地进行开发建设的经济活动包含着建设这样的物化行为，也包含着非物化建设的种种开发行为，当这些经济活动达到某种社会公认的程度时，就会被法律确认其法权关系而成为"不动产"。

2. 不动产的属性

不动产具有自然属性、社会属性、经济属性等。

自然属性：不动产的土地是自然物，因自然因素构成了不动产的差异和各自的特征，并会因为这些差异和特征形成不动产价值的不同。它的价值差异并不完全由于经济的因素而异，甚至主要不是因为经济因素。这就是不动产自然属性的意义。

不动产的自然属性由土地的位置、自然环境、气候条件、自然资源等决定，而这些不动物在成为不动产时形成了作为"产"的价值差异。

社会属性：法权关系是不动产的社会属性的体现，但不是说没有得到法律形式固定下来的不动产就不具有社会属性，那些在未被人们注意的偏远地区的不动产或尚未成为"产"的不动物，同样被社会和人群认可了它们的权属关系，因为它被权属人开发、建设、管理等社会活动介入或长期介入过。社会属性还包含着人们认识到这一自然物的价值。

经济属性：因为权属人或法权人对不动产曾经的经济活动，使不动产在形成"产"时有了经济属性。这里的经济活动包含了投资建设、开发，也包含了投入直接劳动（没有资金的投入）。使自然物逐步具有了社会属性和经济属性，比如关于对自然物的调研、宣传、计划等开发性活动。这些经济活动促进不动的自然物逐步转变为不动产。

3. 不动产的特性

1）与自然属性相关的特性

（1）空间上的固定性。不动产的所有附属物均依附于土地，由于土地的不可移动而决定了不动产的不可移动。在不动产的法律认可文件中，也会将构成不动产的附属物在土地上的相对位置及规模一同记录在案，以体现不动产的固定性特征。

（2）时间上的永久性。土地上的附着物会因时间而使其使用价值逐渐消失，但作为不动产的母体的土地将永远存在，并不会丧失其使用价值，而且土地的经济价值还会随着连续投资建设再产生新效益。马克思、恩格斯在论述土地时曾说过："土地的优点是，各个连续的投资能够带来利益，而不会使以前的投资丧失作用。"我国目前正在重视建筑寿命短这种现象，努力制止那些随意拆除又重新建设的怪象，这些怪象怪事也正是地方政府与开发商认识到不动产的这一特性，并利用这一特性，获取连续投资带来的土地升值的利益，而忽视了对环境、对生态、对资源浪费的责任。同时，也应知道，土地使用价值的永存性并不表明其经济价值的永恒性，被荒废的矿区、村庄都是实例。它们的经济价值已趋于零，但当有投资人以智慧的开发激活之后，它的经济价值又会复苏，它曾经的历史投资甚至也会在新的经济价值中发挥作用。这种现象能存在，说明了不动产的土地使用价值的永恒性。

（3）资源的有限性。土地作为自然物，不可再生，土地资源的总量是有限的，与人类的经济活动发展需求相比，永远是紧缺的。也正因为这一特性的存在，不动产才会成为一种"产"，还会成为一种"产业"，如果土地是取之不尽，那会是完全另一种状态。

（4）空间方位的异值性。等量的土地、等量等质的附着物并不一定是相等的价值，因为作为不动产的母体，土地的空间方位的差异性决定了不动产的价值差异，也决定了相同资产的异值性。房地产业有句名言："第一是区位，第二是区位，第三还是区位"。

（5）资源特征对不动产价值的制约性。土地作为自然物，会表现出地形、地质、水文、气候等许多自然表象，这些自然表象可影响不动产价值。地形的平坦度、土质的状况、水利水患的情况及气候的有利和不利因素等都会对不动产价值产生直接影响，有些不单纯是用增加建设投资和技术手段能化解的弊病，有些又不是能用金钱可以买得到的优势资源。

2）与经济属性相关的特性

（1）用途的多元性。同样或相邻的土地，具有多种可能的用途，或具有混合性多种用途的兼容可能。（这里讲的多元性是指作为自然属性的土地对多元用途的适应能力，至于规划和法律上的允许在下文社会属性相关的特性中会讨论。）相对于其他资产而言，不动产的土地是财货资产中适用范围很宽广的一种，无论什么行业的投资者均会需要土地不动产来支持产业的扩大与发展。正因为这一特性使土地变得更加紧缺，不动产由此变得受更多资本市场的关注。

（2）土地位置可置换性。土地位置的可置换性是一种经济属性的特征，与不动产的空间方位固定性并不矛盾，它们是不同范畴的问题，不同的概念。因为可置换位置的特性使得不动产能够在经济活动中活跃起来，土地的权属者根据城市的发展、公共设施、规划布局、区域条件与自己的土地开发建设目标相比较，去选择更适宜、更方便、更经济的土地进行建设，促使土地的置换、转让、合作的交易，使不动产进入市场经济范畴，并成为最重要的商业交换行为之一。

（3）经营的垄断性。土地资源的有限性决定了土地的经营不能是自由交易，而是在多重监管条件下由社会特定组织管理的垄断经营。即使在自由经济的社会，这种土地经营也是在严格监管条件下的垄断经营，只是形式上的差别，本质上没有脱离垄断经营的本质。

（4）不动产投资建设收益的增减性与开发强度的规律性关系。无论哪一块土地在进行建设投资时都会客观存在一个因开发建设强度增大而使投资利润相应增大的现象，当达到某个开发强度时，投资利润率达到边际投资获利点后，再增加开发强度反而会使投资利润率递减。美国在市场经济发育初期的 1922 年，《全国不动产杂志》记载了在美国中西部地区某城市开展的一项研究：在价值 150 万美元的 160 英尺 ×172 英尺的土地上建 5 层楼，投资利润为 4.36%，建 10 层楼利润为 6%，建 15 层楼利润为 6.82%，建 20 层楼利润为 7.05%，达到边际投资获利点。再增加投资加大建设强度后，利润反而递减了，25 层时为 6.72%，30 层时为 5.65%。我国这么多年的开发建设也验证了这一事实，只是未见到详尽的研究数据。不同城市，不同地段，不同时期，不同性质的建筑，其边际投资获利点是不同的，但是客观上这个点一定存在。

3）与社会属性相关的特性

（1）不动产的制度法规特性。因为不动产的众多特性，使它在社会的经济活动中起到极其重要的作用，所以社会也一定会以各种制度、法律来制约和规定它的发展方向与发展轨迹，使它的发展处在健康、有序、可控的状态下，让它为社会经济的发展起到积极作用。无论哪个国家，无论怎样的社会制度，都毫无例外会制定适合自己国情的不动产制度，包括法律、政策和管理组织。这些制度不仅表现出不同国家、不同社会制度的差异，在同一国家的不同地区、不同时期、不同发展阶段，也会有相当大的差异。

（2）土地权属的可分割性。不动产的土地权属可分为所有权、使用权、享有权和处置权。在特定条件下，这些权利可以分割，并可以依法将部分转让给别的消费者或生产经营者。从法律意义上，我国所有土地的所有权属于国家，但可以将所有权中的使用权转让给土地上建筑物的所有者。《中华人民共和国城镇国有土地使用权出让和转让暂行条例》（国务院令第 55 号）规定："国家按照所有权与使用权分离的原则，实行城镇国有土地使用权出让、转让制度"，"依照本条例的规定取得土地使用权的土地使用者，其使用权在使用年限内可以转让、出租、抵押或者用于其他经济活动，合作权益受国家法律保护"。正是这一特性的制度，推进了我国不动产产业的发育和发展，才有了今天的不动产业。

2.6.2 不动产业

1. 不动产及不动产业在国民经济发展中的作用

1）不动产是国家财富的重要组成部分

无论哪个国家，无论社会制度和国家体制如何，在国家财富的构成中，土地及建筑物组成的不动产占据了重要部分。国家财富包含土地、矿藏、城乡建筑、交通和能源设施等不动产，其次是机器、设备等动产，其他货币、证券等是上述有形资产的"无形"表现形式，所以可以认为，不动产是国家财富最重要的源。

2）不动产的发展会带来规模宏大的就业岗位

不动产的开发建设、销售经营涉及整个社会的各个方面、众多产业和居民生活的深处，产生了不动产相关的开发建设、前期咨询、施工、建材供应、建设过程服务、金融支持、税收管理、法律咨询服务、营销、租赁中介、装饰、家居行业、物业管理及服务等数十个行业，投资不动产的空间地域的固定特性决定了它所带来的就业机会是分散分布的，不会像其他行业的就业岗位那样集中在少数中心城市，这对社会和国家经济的均衡发展有积极意义。

在不动产开发建设带动的就业岗位中，会涉及智力劳动、体力劳动，涉及高技术产业和服务性产业，这是对社会经济全面性的带动。

不动产的发育发展对社会经济的带动和影响是全方位、多区域、各行业的全面带动。因此国际上在研究和衡量一个国家的经济走向时，也会对不动产活跃状态加以研究并以其活跃程度来表述这个国家或地区的经济发展趋势。

3）不动产是重要的投资领域

在国民经济发展中，构成生产力的各要素中，不动产是诸多要素中的重要因素，是最基本的投入要素。不动产投资在各国的国家投资总额中占有相当大的比重，在传统工业化时代，作为耐用生产资料的设备价值不太高的时代，建筑物及其依附的土地构成的不动产投资在国家投资总额中能占到45% ~ 48%；在现代化国家中，这一比重会有所下降，但也会是相当高的比重。

不动产投资还会引发投资反应链，带动建材、冶金、机械、化工、运输、电器、市政等数十个产业的发展和投资。因此，许多国家在国民经济疲软时期，会出台有效的刺激政策促进不动产的发展和投资，带动国家走出困境。

4）不动产税是政府的主要经济来源之一

作为国家机器的政府要为公民提供服务，保证公民生活的安全和健康，而政府的必要经费又来自于纳税人的缴税，公民的不动产不仅表达了公民的富裕程度，同时也表达了他所享受公共服务和公共保障的多少，所以不少国家采用不动产税的收入作为地方政府的主要财政收入，甚至以地方政府的年度财政支出总额来确定不动产税的税率，在财政支出压力不大的时候还会降低税率和减免对社会做出贡献的公民的不动产税。在这些国家，如果没有不动产税，地方政府几乎无法运转。同时不动产税也保障了公民不动产权益的永恒性。

5）不动产发展促进社会消费，从而活跃社会经济

无论对社会还是公民而言，不动产既是财富又是消费品。住房支出占去家庭总支出的比例是相当可观的。人的生活概括说是衣、食、住、行，在四者中又以食与住为基本行为，经济学家们将"食"的支出占家庭总支出的比例称为"恩格尔系数"，将"住"的支出占家庭总支出的比值称为"施瓦贝系数"。美国（2011年）家庭税前平均收入为63685美元，年平均消费额为59705美元，其中住宅支出占33.8%，交通支出占16.7%，个人保险和退休金缴纳占10.9%，食品占13%，医疗保健占6.7%；在住房支出中，住房的分期付款和保险约占家庭总支出的20%～25%，水电气等支出占总支出的7%左右。

2011年，美国收入最低的20%家庭中，住房支出占家庭总支出的40%；收入最高的20%家庭中，住房支出占家庭总支出的19.9%；收入中等的20%家庭中，住房支出占家庭总支出的35.2%。

2011年是美国经济状况好转的年份，当年的支出情况有一定的代表性。可以看出住房支出在家庭总支出中占1/3是较为正常的支出比值，相当于家庭收入的30%（表2-1）。

支出比值表　　　　　　　　　　　　　　表2-1

	税前收入平均（美元）	总支出（美元）	住房占比（%）	交通占比（%）	食品占比（%）	养老金支出占比（%）
平均	63685	58705	33.8	16.7	13	10.9
收入最高的20%家庭	161292	94551	19.9	10.7	11.6	7.7
收入最低的20%家庭	9805	22001	40	15.2	16	2
收入中等的20%家庭	49190	42403	35.2	17.9	13.2	6.4

较多研究也认为当住房支出超过家庭收入30%时，中低收入家庭会"不堪重负"，是一种社会问题。哈佛大学住房研究联合中心两年一度的报告中显示，2014年美国2130万租房家庭的房屋开支占收入比例创纪录地超过了30%，其中有1140万户的房屋开支占收入比例超过50%。从这些情况看，将社会的家庭可支配收入总额的30%作为不动产消费是比较正常的经济常态。过低或过高的住房消费可能是经济过缓或过热的反映。

按全社会家庭收入的30%消费水平，不动产消费也是社会经济最重要的消费领域，而这一消费领域反映了社会经济健康均衡发展的状态，若不能维持这种状态则不是最佳的经济运行。由此可见，主观地遏制或人为地刺激不动产发展不是按经济规律办事的正确态度，会导致经济损失。

2. 城市不动产业

不动产包括矿区、林区、乡村和城市等不同区域的不动产，城市不动产是与建筑策划关系最频繁最密切的部分，所以这里重点讨论城市不动产业。

城市不动产约可分为4类，即企业不动产、公共设施不动产、公共服务不动产和居住类不动产。

企业不动产是城市中企业的办公、服务、生产等功能的建筑、固定设施及其所依附的土地的合称。

公共设施不动产是城市中为全市提供电力、上下水、能源、通信、安全、交通运输等公共保障设施的公共性建筑、固定设施及其依附的土地的合称。

公共服务不动产是城市中为全市服务的政府、行政办公、医院、学校、文化机构、社区服务机构的服务性建筑、固定设施及其依附的土地的合称。

居住类不动产是城市中提供给居民的住宅及住宅密切配套的必要设施及其依附的土地的合称。

无论哪一类不动产均依附其法律认定的权属关系，能明确它的产权人或产权企业（产权机构）。

不动产在产权界定清晰的基础上，逐步走向商品化之后，便能形成不动产市场，才有了不动产业。不动产业包含了不动产开发、不动产建设、不动产金融、不动产咨询、不动产中介、不动产鉴定、不动产税收、不动产登记管理、不动产物业服务等一系列行业。所以，一座城市不动产业的建立和发展对这一城市的社会经济发展具有重要的促进作用。

由于不动产空间位置的固定性特性，决定了城市不动产业市场的地域性。这是与其他行业市场很不同的特点，所以这里讨论的城市不动产讲的是城市内的，同时也表达了相对局限于具体城市的概念，每个城市并不具有完全相同的市场规律。

3. 城市不动产市场的特性

在城市不动产市场中存在完全竞争市场、垄断市场和不完全竞争的垄断 – 竞争市场的差别。每个不动产开发企业或开发者都设想能形成自己垄断或相对垄断的市场状态，因而我们要讨论和研究它们的差别所在。

完全竞争市场有以下几个条件：

（1）大量的较小卖者和买者存在的市场。任何卖者都知道自己提供的产品仅是总商品中的一小部分，他的产品量增减不会对市场供求关系造成大的影响。这种情况下，商品的交易价格是市场既定的，卖者是这个价格的被动接受者。

（2）同质产品。完全同质或相当的同质，产品可以替代和互换，才能形成完全竞争的市场。

（3）完全开放的信息。卖者、买者都知道整个市场的商品品质和价格，卖者相互间知晓各人的利润。

（4）自由地进入和退出竞争行列。生产者和卖者能够随产品的供求关系自由地选择进入和退出竞争，而不受其他因素的限制。

（5）长时间内，所有生产要素可以完全地流动。所有生产要素包含资本、人力、智力等均可互相流动或向外流动。

垄断市场则是另外一种极端情况，但是现实中完全竞争的市场和完全垄断的市场是不会存在的，或可认为是极罕见的，绝大多数情况下是一种不完全竞争状态的垄断——垄断市场。不动产业市场由于土地位置的差异、产品的多样化、产品规模不同、周边环境的差别等因素，是不可能产出同质产品的。因为土地的有限性也不可能存在足够多的卖者；因为不动产产品是单个设计而不是批量设计，也不能达到完全开放的信息，尤其不动产开发者因为土地开发权的限制不能自由地进退市场，所以城市不动产业的市场是一个垄断－竞争的市场，是一个处在垄断与竞争两种状态博弈中的动态的市场。

2.6.3 学习不动产知识后对建筑策划的思考

1. 建筑物在不动产中是土地的附着物

在不动产概念中，建筑物是土地的附着物，建筑产品能成为商品并能增值是因为它附着在土地上，因为土地承载着建筑。

在我国，土地的所有权是国家的。曾经土地只能划拨使用，不能进入市场交易，在土地使用权不能商业转让的那个时代，建筑物的价值是逐年下降的。在任何机构、企业的年度经济报表中，作为固定资产的建筑物是逐年折旧的，并以比其设计寿命更短的年限逐步折旧至零价值。

随着不动产概念的建立、市场经济的发育，特别是土地所有权与使用权的分离，尤其是土地使用权可以商业化有偿使用、有偿转让后，建筑物的价值就开始逐渐升高，并随着土地的位置和城市不同而有着完全不同的升值幅度。

这种天翻地覆的变化并不是因为时代变化也不是因为住宅的市场化商品化进程的原因，最根本的是住宅、建筑物被认定为土地的附着物的原因。今天这个时代，同样是居住功能的房车、游艇，它们仍然是逐年贬值的。

随着不动产业的不断完善、健全，建筑物的价值比较也逐步与其和所在土地的密切程度发生了关系，比如别墅比多层住宅价值高，比高层住宅价值更高，而并不与建造成本发生直接关系。甚至可以预计在不动产法律健全的将来，今天少人问津的底层住宅未来可能比楼层住宅更具价值。

2. 建筑基地的空间位置在不动产价值因素中极为重要

这一认识不能说以前没有，但是以往认识不充分，重视不足。

相同的建筑物建在不同的城市或建在同一城市的不同地段，它的价值是不同的，甚至会是非常不同的。建筑产品的价值基于空间位置的因素，远远大于它自身的品质因素，建筑的品质价值主要不是它的绝对性标准，而是它的品质与所在城市所在地域的适宜性。

在已经确定了建设基地的前提下，既有土地资源对建筑的支持及土地优势的发挥程度，对不动产价值的形成也是有相当作用的。这就是不动产土地的个别特征规律。既有土地的个别特征还表现在对不同功能建筑的支持和适宜度的不同，应当研究最适宜最能发挥其潜力的建筑类型，让土地的价值发挥到最充分。既有土地也一定具有劣势和欠缺，应当研究避开劣势或改造土地以弥补欠缺，追求不动产的最大价值。

这项工作是建筑策划中最重要的环节之一，即场地研究或称基地分析。

3. 开发强度的确定是一个多因素综合研究的结果

土地的开发者在开发强度问题上时常纠结，而建筑策划人又无法以理性的分析结果告知，使开发强度成为一个无理的拍脑袋判断。开发强度是建筑策划工作中的建设目标，是最重要的工作依据，不能让整个建筑策划工作建立在一个感性认定的基础上。

不动产概念给了我们启发：开发强度由市场、城市规划法规、土地的临界利润点、开发商资金能力等因素综合确定。其中城市规划法规具有法律性质的强制性，一般情况下，它是一个单向限制的值，即限制最高容积率。

城市规划限制的最高容积率不一定是最适宜的，要看不动产市场的供求关系、市场需求，要看基地的最佳临界利润点，在综合三方面因素研究后可确定适时适宜的开发强度。这个理想开发强度大于城市规划容积率时可与城市规划管理机构申请适调，申请无果时应严格遵守，按规划的容积率执行；当研究的理想开发强度小于城市规划容积率时，宜按较小的容积率进行建设，预留发展的空间，待不动产市场的供求关系变化后再行扩建。但如果扩建带来的投入产出不适宜时，则应另行研究。

关于开发强度的适时变化，笔者经常以北京国贸为例讲述，这也是不动产时间上永久性和资源有限性的反映。北京国贸位于大北窑地区，其用地原为北京金属结构厂厂址，在 20 世纪 80 年代国贸建设时采用了当时那地段最大密度最大容积率的方案，建成后成为北京最繁华的标志区域；大约 10 年后大北窑地区已成北京最繁华的区域，周边地块建设强度逐步增大时，国贸启动了二期扩建，国贸二期的建成，提升了整个国贸基地的容积率，但未感到扩建二期的拥挤；大约又过了10年，大北窑地区被确定为北京的CBD，新的规划大多提升了土地的利用率，开发强度较大幅度的提升，国贸展开了三期开发研究，并最终实现了国贸三期建设成为北京新地标。再看新国贸，未感到三期的拥挤和不协调，回想20年前的国贸，也未感到当时的空旷，这就是建设之初建筑策划的成功。（笔者20世纪80年代在机械部设计总院工作，参与了早期北京金属结构厂土地开发及国贸建设期监理工作的配合，后期介入了三期开发的交通论证等前期研究，对国贸的发展和开发强度的适时变化体会深刻，也从中理解了初期策划者的远见思维。）

4. 不动产市场的地域性确定了不动产建筑策划案的非普遍意义

前面提到的城市不动产业，可以表达不动产市场是以地区空间为限的市场，它的地域性表现在孤立的产品供求关系、特定的价格体系、限定的消费人群及与区域、气候、生活习惯相关的产品品质要求。没有放之四海而皆准的普遍性建筑策划案，曾经的经验未必能适应新的城市和新的市场。

对区域、城市的自然、交通、市场、风俗、文化、习惯、经济、消费能力等的研究分析显得更为重要，建筑策划人对生疏环境的探索能力和第一次的研究能力比经验更重要。

建筑策划工作的前期实地调研十分重要，调研工作并不是局限在市场的供求关系和价格方面，而应当是全面的调查研究。其中应特别重视区域性不动产市场形成状态和市场容量，已有和能预计到的投放量与需求量的比较，切忌以主观的想象去代替客观的现实，科学地分析当地区域经济发展与消费能力水平，需求与消费能力的结合才能形成市场。避免过于乐观的区域市场认识，避免错误引导投资决策。

5. 智慧策划，增加策划案的产品优势，提升产品在市场运行中的竞争能力

当认识到不动产业市场是一个不完全竞争状态的垄断 - 竞争市场时，就应当努力创造产品的市场竞争力。构筑垄断的能力，占领市场。前面讲述的完全竞争市场形成的5个条件正是策划工作努力避免的要点，创造出有垄断点的产品，取得市场上的主动。

在市场容量能接收的前提下，争取较大规模的开发量，从而获得市场的主动权，并尽早投放市场，防止同业者的进入，或对同业者进入造成压力；避免与同业者的同质产品，努力创造独特产品占领市场，尤其要利用基地的优势条件创造出同行者难于仿造的优势产品，形成垄断性；重视产品信息的保密和专用技术的保护，尤其在产品投放市场前重视宣传推广与保护信息的关系；防止从业员工的外流；采取各种措施，避免市场上自由竞争局面的形成，努力构筑有垄断优势的局面。

6. 根据不动产土地的用途多元性特性，建筑策划可以采用功能适宜置换方法回避市场风险

不动产开发是面向市场的，而市场是变化莫测的，因而客观上存在着风险。建筑策划对于三、四线城市不动产市场，不稳定、不太健全的市场，以及刚刚形成还在发育过程中的市场，应当考虑开发规模不宜偏大，或分期实施，或产品类型多样性和产品类型的功能置换可能性，以备在市场变化时回避风险。

笔者曾经经历过类似的事件，1991年安徽某开发商在合肥市区杏花公园旁获得一块土地，计划建造百米双塔建筑，业主经市场调研后计划一座为写字楼，一座为公寓，在策划过程中总觉得当时合肥的消费水平还不可能接受高层公寓的物业产品，但对业主已确定开发目标无法否决的情况下，进行了公寓与酒店客房楼的互换性策划，并按公寓进行了设计。当建筑物施工到一半以上高度时，业主开始了预售，结果正如笔者预测的情况，高层公寓昂贵的价格不被市场接受，业主方经研究决定改为酒店，并问询能否修改设计，过去将公寓、酒店互换策划发给过业主但未引起他们的注意，此时再发过去策划案获得了业主的赞扬与肯定，很快修改落实，并未延误施工，功能转换的策划在市场的运行中获得了主动。

2.6.4　不动产市场对建筑策划的启发

资本主义国家以其市场经济发育背景，很早就展开了不动产学科研究，并以研究成果指导其不动产市场的运行和管理。英、美、日、韩很多大学都设有不动产学科，也有不动产管理学院和相关或专门的协会。许多不动产政策理论、法律理论、开发管理理论、鉴定评价体系等都相当健全。

我国改革开放以来，逐步认识到不动产在国民经济发展中的作用和地位，探索出最基本的不动产土地使用权商品化的道路，其实资本主义土地商品化理论的主要起因是土地租用制度，而不是土地的私有制度，所以土地使用权商品化未涉及土地所有权问题。随着土地使用权商品化，土地上附属品建筑等也自然进入了商品流通市场，不动产的价值便通过交换价格而体现出来。

近期国家将展开不动产登记，这将进一步推进经济体制的改革。登记中的不动产未记载不动产有效使用年限，也将使土地有条件延续使用成为可能，从而体现出不动产价值的提升。

不动产中的建筑附属于不动产主体土地，不动产投资者在投资决策中非常关注通过"土地+建筑"的开发获得综合效益回报，而非单一的建筑开发的效益回报。由此可见，在建筑设计尤其是在前期的建筑策划中，将土地及其上部附属物一并综合策划的重要性。

根据前面讲的不动产经济属性分析，我们可以认识到：

（1）土地资源的利用。土地上部空间、土地下部空间都是资源，土地上的地表既有附属物（如植被、水系、既有建筑等）都有可能成为可利用的资源。

（2）土地环境条件的改变是土地增值的潜在推力,策划可以预测到未来的发展前景,并可能予以适时适情的发展、扩容,而获得更高的价值。

（3）土地环境的有利因素应予以发现和发掘,并设法在策划中借力利用,为提升不动产价值提升服务。

（4）在对周边环境调查研究的基础上,研究分析本地块的资源独特性,发掘地域范围的垄断优势,创造更高价值的不动产。

第3章 建筑策划的程序和工作内容

建筑策划是物件策划，与很多事件策划不同。事件策划是时间的智慧利用，辅以资源的充分利用；物件策划是空间的智慧利用，辅以资源充分而聪明的利用。世界上许多事件策划者主张的策划工作程序，归纳起来是：明确对象，设立目标，探求着想点，创意研究，预测结果，形成提案。这一过程与建筑策划的程序大同小异，我国建筑策划兴起较晚，还未得到开发商、投资人的共识，建筑策划的创意研究成果必须落实在概念方案上，让开发投资人看到策划的价值，体现建筑策划可实施性。

3.1 国际上泛指的策划工作阶段

讨论策划工作阶段划分，有助于了解策划的任务和本质；讨论宽泛的策划阶段划分可以使我们认识到策划的工作阶段不是刻板的，不是固定不变的，而是随策划对象的特定情况而确定的，不必有固定的模式。策划的工作程序也不是固定不变的，是依据策划的内容任务需要而定的。

美国著名策划师米利特（John D.millett）是一位政府计划的策划师，曾承担过美国国家资源策划委员会的策划工作。他提出策划过程不少于 3 个阶段：

（1）设定一个目标或一个目的；

（2）评价为实现这一目标所能使用的手段和资源；

（3）为达到这一目标准备实施计划。

他认为在这个分阶段计划中实施计划很重要，不要误认为策划只是确定目标和使用的方法资源。

经济领域策划专家加洛韦（Ceorge B.Galloway）认为策划是为了达到目标的手段调整过程，为了取得满意的结果，所有涉及的社会科学、自然科学部门，均应协同。他对策划工作的过程划分如下：

（1）决定应追求的目标；

（2）为解决问题进行调查研究；

（3）发现思考点；

（4）制定政策——从若干草案中选择；

（5）对所选方案作细致执行计划与物资资源的利用方案。

他认为策划是一种技术，从事策划业的人和研究者众多，分歧也很多，策划工作无一定法则，也无须统一。

英国经济策划专家莫里森（Herbert Morrison），在论述经济策划时，主张分5个阶段：

（1）树立计划的决心，明确策划的意义；

（2）搜集现实事实及预测将来；

（3）实际确定考察的计划，比照计划所提示的内容、资源及限制事项，并比较和检查计划的实施费用；

（4）订立计划的实施事项，并细化其实施草案；

（5）实际施行。

他强调树立计划的决心是最重要的决定性阶段。

美国科学管理先驱者（Harlow S.Person）主张策划分为4个阶段：

（1）明确目标；

（2）订立达到目标的各种政策策略；

（3）设计以最少的人力和资源达到目标的体系性程序；

（4）一般情况下，确定实施的阶段方向。

他还强调策划是动态的，在很多可变要素情况下，要素构成变化和环境变化需要进行不断地调整。

特里（Geroge R.Terry）认为：策划是极具个性的活动，随推行组织的特征、最高管理者的意图和组织外部特殊条件、策划技能的不同而有很大差异，但大部分策划可分为下列阶段：

（1）发现问题；

（2）收集资料；

（3）情报（资料）分类及分析；

（4）设定策划假定；

（5）裁定可能替代的计划；

（6）选定预拟计划；

（7）确定预拟计划的重要顺序及时间；

（8）对预拟计划的进展，制定检阅方法。

日本策划专家江川朗在《企划技术手册》中说，如果策划的程序要细分是没有止境的，不过大概而言，可分为4步骤，15个程序。

第一步，把焦点对准策划主题，针对明确而重要的主题，进行切题的策划作业。

（1）发现策划对象；

（2）选出策划对象；

（3）明确认识策划对象；

（4）调查掌握策划对象。

第二步，描出策划的大轮廓，设定策划实现时可期待的成果目标，为构筑具体创意探求所需要的着想点。将创意酝酿成熟，以便具体地纳入策划案。

（1）描绘策划轮廓；

（2）设立策划目标；

（3）探求策划着想点；

（4）酝酿创意，产生构想。

第三步，将充满构想的策划案，整理成策划书，并在整理中，试预测具体的结果，反过来修正策划内容，取舍选择，完善润饰。

（1）整理策划；

（2）预测结果；

（3）选出策划案。

第四步，提出策划案，付诸实践，观察结果，作为下一次策划的参考。

（1）准备提案；

（2）提案；

（3）付诸实行；

（4）将结果运用于下一个案例。

《策划实务全书》（经济日报出版社）中提到的国际各行业策划专家的上述见解归纳起来，可以认为：策划工作的阶段和程序无定式，但应包含目标确定、政策策略、实施计划3个方面内容。其中多位专家谈到对资源的利用，并强调"以最少人力最少资源达到目标"的策划精神，"策划是动态的，在很多可变要素情况下……进行不断地调整"，"从若干草案中选择"制定政策及"裁定可能代替的计划"等都是策划工作中的要点，值得在建筑策划中借鉴和创新运用。

3.2 建筑策划的阶段

建筑策划与上述泛指的策划虽都是策划，但有许多的不同。

泛指的策划大多数是事件的策划，如赛事策划、会展策划、经济运行策划或地产营销策划等，而建筑策划是物件策划，不是事件的策划。事件策划重视事件的进行过程，是事件展开过程的计划，并在展开过程中有效地利用资源，达到理想而顺利的效果。物件策划重视物件的构成组合，是物件的材料品质、组合品质和使用品质的展现，在物件构成过程中巧妙而有效地利用资源，达到尽可能完美的效果。

事件策划是时间的智慧利用，辅以资源（主要是非物化资源）的充分利用；而物件策划是空间的智慧利用，辅以资源（主要是物化资源）充分而聪明的利用。二者有相当多的不同，不要混淆，更不能简单地套用方法和经验。

美国建筑策划比较发达，并被普遍运用。有时被运用在建筑概念设计的过程之中，有时受建设业主委托或建筑师委托做策划专项咨询。

他们一般认为建筑策划分5个步骤，即：目标设定，现状分析，现实条件与目标矛盾点的分析，创意研究，策划成果。

在中国，建筑策划兴起较晚，人们还没有普遍认识到建筑策划的价值和必要性，建设投资主体（业主）单独委托建筑策划的还未成为共识现象，更少有建筑师委托建筑策划咨询。这种情况下，要把建筑策划做好并让业主欣然接受，就需要在策划案中增加方案佐证，来证实策划案的价值。同时，要将现实条件与目标矛盾点的分析细化，解析得更清楚，让业主更清晰地认识到建筑策划的必要性。

建筑策划的工作阶段也不必有固定模式，但应能包含策划的基本环节，即：目标的确定，现状的分析，可用资源的采用，创意点的寻找，创意构想，策划案的形成，策划书的编写。通常将建筑策划分为7个阶段：

（1）明确建设目标；

（2）现状调查与分析；

（3）寻找着想点（现状条件与目标矛盾点的梳理研究）；

（4）创意构想；

（5）策划思想完善；

（6）方案；

（7）编写策划书。

3.3 建筑策划各步工作内容

3.3.1 明确建设目标

这一工作主要由建设投资主体提出，他或他们既然有意向投资，一定会有一个目标设想。作为建筑策划者很重要的一点是不要轻易地去怀疑他们目标设想的科学性，首先是理解他们目标设想的内容、内涵和现实合理性。投资主体的目标设想也非一日形成，了解分析目标设想形成的过程会加深我们对它的理解和认识。

3.3.2 现状调查和分析

概括起来是3个方面的调查分析工作。

1. 建设投资主体的调查分析

包括企业性质、组织机构、决策方式、决策关键人的性格习惯等，企业经济能力、企业历史经历、类似项目的经验，企业的社会影响力、声誉和社会贡献，企业的薄弱环节等。

2. 项目所在地的现状调查分析

包括所在城市同质和非同质物业供求量、建设成本、营销状况、市民喜好特点、城市的物业特性、市民的时尚观及传统观念、城市的特别文化对物业的影响限定、城市居民的经济能力及消费观念等。

3. 开发商自身条件的调查分析

如开发商的经验和历史、开发商的社会关系、开发商的经济实力及对项目的技术地位的认识等。

3个方面如果细分，还会列出更细科目，从调查而言，越详细越好。就分析整理而言，应当系统归纳、梳理成分项条目，以便后续研究。

3.3.3 寻找着想点

现状条件中对目标实现的制约点，即是着想点。

这些着想点不是一个、两个，而可能是一批。在确定一批矛盾点后，再通过研究一一解析，一一解决，逐个记录解决方案，而最难解决或涉及面较广的矛盾点，将被确定为着想点，记录下来，展开创意酝酿。

3.3.4 创意构想

针对最难解决和涉及面较广的矛盾点（现状条件对目标的制约点）展开研究，寻求解决方案。

这个过程是整个策划工作的核心阶段。其间要展开资源和环境条件的分析研究，挖掘环境条件和资源中尚未被充分利用或被忽略的积极因素，梳理零散的互不相关的积极因素，从中寻找互联互动的机会；以创意思维取得突破，以求达到目标。在不可能达到预定目标时，也可反转过来研究原定目标，调整和修改目标中的局部子目，以保证目标总体的实现。

3.3.5 策划思想完善成策划案

将创意成果系统化，按逻辑关系将零散的着想点成果梳理成系统，以目标为核心整理，成为让别人能理解、能看到创意火花的策划案本。

3.3.6　概念方案

依据策划思想和策划案，完善一个概念方案。以方案的各项技术指标和相关数据来证实策划案的可行性、可实施性。

3.3.7　编写策划书

由于建设项目门类多，环境条件各异，建设投资人关注的重点也各不相同，不主张设一个统一的策划书范本。建议根据各建设项目的情况拟定特定而适宜的建筑策划书（报告），本书中有诸多实例，已能表达各种情况下适宜的成果，可供参考，但不宜刻板地套用。

3.4　建设目标

3.4.1　建设目标概念

建筑学涉及的学科知识太过广泛，人们会从不同的角度去解析建筑和建筑学。不同职业角度、不同学科角度会有认识的差异。完成于公元前 1 世纪的《建筑十书》，就已清晰地表述了建筑的本质，他的著作者维特鲁威（Vitruvii）以其渊博的学识提出：建筑学是由许多科学产生的一门科学，旁及几何学、物理学、气象学、天文学、哲学、历史学、语言学、美学、音乐等方面知识，又涉及市政、机械、军工、建筑等多项技术的综合学问，归趋为城市建设服务。他提出的"实用、坚固、美观"的设计原则，一直影响至今。

由于维特鲁威所处的时代是奴隶制度盛行时期，生产发达，财富雄厚，但商品经济尚未出现，故而不可能提出经济性的设计原则。在当时的情况下，《建筑十书》已经十分重视对建筑材料（木、石、砖、砂、金属等）的适量和节省，防止"耗尽了财产"。

随着商品经济发育，市场经济的逐步繁荣，"经济"作为设计原则的重要内容加入，形成了今日社会普遍公认的"适用、经济、美观"的建设方针。

任何建设项目的建设目标的确定都是围绕着适用、经济、美观三个范畴展开的。同时又依据不同的投资目的、投资方式而有各自不同的内容，形成各自的目标（图3-1）。

建设目标应当尽可能具体并细化，不宜过于笼统、过于概念。笼统而概念的目标在建筑策划工作展开中难于把握标准，不利于矛盾或制约点的判断和分析。

建设目标可细分为功能性目标（明确建筑性质、规模和类型）、经济性目标（明确投资额、单位面积造价和经济效益期望值）及识别性目标（影响力目标、知名度目标）。

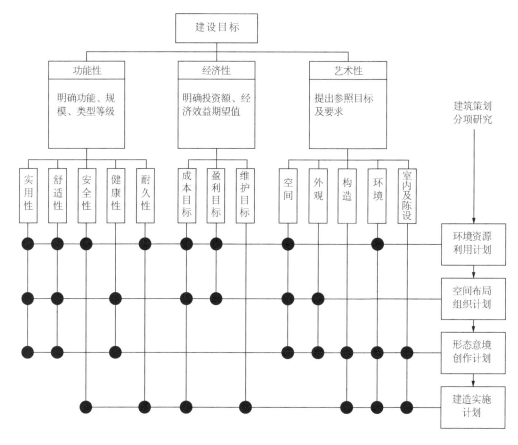

图 3-1　建设目标分解及分项研究

功能性目标还可细分为实用性、舒适性、安全性、健康性、耐久性等具体要求；经济性目标还可细分为成本目标、盈利目标和维护成本（运行成本）目标，识别性目标还可细分为空间、外观、环境、构造、室内及陈设等具体项。

　　建设目标越细分，决策者和建筑策划师的工作针对性就越强，策划工作的展开效率也会越高。但建设目标的细分是建立在对建设地区环境深入研究的基础上的，没有深入科学的研究，目标无法细化，主观拍板式的细化是没有意义的，甚至会导致工作的混乱。

3.4.2　建设目标的科学制定

　　建设目标应由投资决策人或决策机构提出，他们基于对建设基地、建设区域各种信息的掌握，基于自身经济实力、财务能力的了解，基于对市场需求的敏感认识，产生建设目标的概念。

　　建设投资决策人应会同建筑策划机构就建设目标的概念展开研究。研究工作第一步是对已掌握信息的整理和不足信息的调查，根据确切真实的信息对建设目标概念进行细化研究。

根据市场需求、资源条件、城市规划限定及自身能力等综合确定功能性目标的各项细分目标；根据市场消费水平、市场需求量、同质物业竞争状态和自身财务条件确定经济性目标的各项细分目标；根据城市设计导向要求、城市的时尚氛围、同质建设项目的状况、环境条件的本身、项目的目标品质要求确定识别性目标。

建设目标的确定应本着实事求是、客观分析的原则进行研究，切勿不切实际地好高骛远。

3.4.3　建设目标的审视

民资投资与全民资本投资的出发点不同。由于资本性质的差异，他们投资的目的也不相同，他们有各自不同的责任，所以产生不同的投资出发点。全民投资体现全民资本用于全民事业，视国民经济长远发展规划需求而投资，并且经全民资本的掌控机构决策；民资投资决策人忠诚于民资共有人利益，在国家和社会允许的领域内投资建设，并力争获得最好的经济效益，以回报民资拥有者。

二者投资出发点差异就构成了两类投资在建设投资决策时的不同思维，也就形成投资决策系统中最初阶段研究成果的不同价值。全民资本投资的项目建议书及批复文件是可行性研究工作的依据，一般不能轻易突破建设规模、标准和投资总额的限定；民营资本的建设项目投资机会研究成果是建筑策划工作的起因，但不视为限定性的依据，而应进一步进行建设目标的审视，从而确定科学适宜的建设目标。

建设目标包含建设项目的功能性质，项目的规模，项目的市场地位，项目的投资额等内容。

建设目标的审视工作在充分理解投资人目标设想意图的基础上，通过调查市场需求和调查建设地的资源能力，研究分析以下问题：

（1）目标设想规模与市场需求是否匹配；

（2）目标的品质标准是否是市场的发展方向，并确定品质标准的内容；

（3）初步研究资源能力对目标实现的保障可能性；

（4）与投资人初步确定建设项目功能目标、品质目标、规模目标和投资额控制目标，有条件时还可包含建设的经济效益目标。

3.4.4　建设目标在建筑策划过程中的修正

建设目标是建筑策划研究的起因，为了实现既定目标而研究各种资源条件的不足和制约，并分类逐条梳理，然后逐一研究采取对策以求化解。但并不是所有矛盾和制约点都可以解决的，当无法调和解决时，建设目标的修正调整即是化解矛盾点的重要方法。

建设目标一旦确定，是不宜随意改变的，否则建筑策划会失去方向，失去它的作用和价值。

建设目标的修正不能随意变更目标的精髓和核心价值，而是调整其核心价值的表现方式或组成内容、组合方式等。

在帕劳度假酒店策划初始时，投资商决心建一座帕劳一流酒店。当我们调查了2座当地一流酒店后，发觉基地无论在区位、环境，还是用地规模方面都无法与它们相比，相差甚远，开始怀疑帕劳一流酒店目标的正确性、客观性。经过与投资商的反复讨论，在深入分析研究2座既有一流酒店现状后，得出几点认识：既有的2座一流酒店客房空间偏小，不能达到度假酒店的舒适程度；2座酒店客房数偏少，难以称为大酒店；2座酒店均为填海造地而为，少有高大古树，环境虽好，但缺乏历史感。据此分析，确定了做一流酒店的目标，但作了适当的目标修正：不追求最大的用地规模，但有最多的客房，最宽敞的客房，最舒适的卫生间，最大的休闲阳台；没有最开阔的视野条件，但有最高大而古老的树林；没有多方向海岸，但有二战时期历史遗迹……以己之长，比人之短，可跻身于一流之列。

建设目标的经济性目标中，效益期望值宜建立在正常的经济环境背景基础上，而不宜采用最乐观的环境和数值作为目标，那将会有巨大风险。

1998年，在帮助鲁能做重庆溉澜溪片区经济效益分析时，已感到东南亚经济危机的影响即将过去，会带来另一个经济复兴的高潮，但在分析中一切数据仍是偏于保守的正常分析，事后的实际效益远远超出了预测。开发商告诉我们，成本分析较准确，而效益则远远超出预期。我们知道，成本的准确说明经济分析做得严谨，也反映了刚刚恢复的经济未引起通货膨胀；而效益的成倍甚至成数倍的增长，则是房价非正常涨价的结果。开发商欣喜不已，也确认了这样对待经济性目标的态度的正确性。

建设目标的调整。在建筑策划过程中，会逐步认识到资源及环境条件对目标实现的制约，也会逐步认识到投资成本控制及财务能力与实现目标的矛盾。在此两类矛盾展开的策划创意中，并非均能得以化解，最后可能通过适度调整目标，使策划的结论达到圆满。

目标的调整不是目标的放弃，也不能简单地理解为目标标准的降低。只要经过实事求是科学确定的目标是不应当随意改变的，但随研究工作的深入，对资源和环境条件了解的深入会发现资源条件的新限制，对建造成本的计算会发现超出预计，对经济效益的计算会发现预计目标偏于乐观，在这种或更多问题出现时需要回头审视已经确定的目标。

3.5 实况调查是建筑策划的基础

建筑策划是面向特定市场在特定地段特定空间里进行建设的策略性实施计划。因而对基地现状、实施能力、环境支持条件、建设后建筑产品的市场消化能力等各方面应有清晰准确的了解，才能做出一个切实可行又具创意的计划。这种清晰而准确的了解，它的前提就是实况调查。

首先要明确调查的原则、内容和方法。

3.5.1 调查的原则

实况调查的原则表现在"实况"二字，就是真实的状态。"真实"反映了现状的实情、实数、实景，可以用文字、数字、图片表达，让人们了解真实情况；"状态"反映被调查事物现阶段所处状态，是上升期、稳定期、波动期，还是落涨期，状态不一定能完全用当前数字讲明白，而要通过前后发展过程才能认识，所以有些问题的调查不仅需要对现状而且还要对过去做适当了解。

调查工作应当全面，尽量的全面。许多事物表露于外的往往是好的一面，典型的事例往往是成功的一面，如果调查工作仅在表面和局限于典型，那么调查的结果非常可能偏于乐观，不够全面。基于这种调查的策划就有可能走进误区。

调查工作应重视时效性。事物是发展多变的，调查工作切记要保证被调查事物时间的统一性，若干被调查事物在同一段时间的状态最利于分析问题。调查工作不宜拖延时间过长，对采用过时的调查成果宜补充验证，了解事物的变化情况。调查工作中的盲点不能主观臆测补充，不能以研究代替调查，宁缺不假。调查的材料不可能十分齐全，缺少的部分实在补充调查不到，就应明确"无调查结果"，相关参考资料也应具实表达，不能以假充真。在缺少调查材料的情况下，策划工作可以设想多种可能，而假象会误导策划。

3.5.2 实况调查的内容

依据建筑策划所涉及的现状资料，实态调查的内容可归结为 4 个方面。

1. 建设基地的物理环境

包含建设基地所在城市的交通、人口、气候特征、城市的历史等，建设基地所在城市的区位、周边交通道路情况、建成建筑类型及规模、周边医疗教育商业资源，建设基地及周边地带的绿地、景观条件、日照及自然通风的环境条件、可被再利用的既存建筑物、构筑物及地景条件等。

2. 建设基地的非物理环境

包含基地所在城市的经济发展状况、特色风貌、特色物产，城市规划、经济发展规划，基地区位在城市规划中的地位。

包含城市规划管理条件，鼓励和引资等政策，与基本建设投资相关的法规和规定，与建筑产品销售、租赁相关的具体规定等。

还包含基地所在城市建筑材料、建筑技术能力、新技术新材料推广力度和支持政策、建设成本、地方材料优势等。

3. 建筑产品市场接受度

一般概念上，都认为这是最核心的调查，在建筑产品营销策划中最核心、最重要，甚至可以作为调查的全部；在建筑策划的调查中，它与其他调查内容同等重要。

这项调查包含建筑产品市场需求量、市场细分，建筑产品消费单元的规模，当地人的生活习惯及生活方式改变趋向，时尚生活动向及时尚生活参与者比例。还有产品消费者的收入状况、消费习惯及建筑产品消费支付能力。

建筑基地周边的建设投资情况，同质建筑产品建设情况和进度计划。建设基地周边人们生活的方便程度，生活设施的缺项、生活设施的档次等。

建设投资人拟建设的建筑类型在当地同类同质项目的情况，包含规模、档次、成本、特色、外观及构件材料、部件材料等信息。

4. 建设投资人或开发企业的能力

建设投资人或开发企业的能力包含投入到拟建项目的资金计划，资金筹措方案，投资人及开发企业的企业性质、类型及企业运转方式，投资人及开发企业的建设经验、与拟建类型产品相同相近的建设经验，他们一贯的建设风格、建设优势、特色、代表作品的社会影响力、社会知名度，他们以往经验中的建设成本控制方法、市场推广策略、市场推广体系等。还包含建设投资人和开发企业的社会背景、社会资源的调动和运行能力、宣传手段、宣传力度等。

3.5.3 调查方法与调查途径

建筑策划的策划人或团队的主持人应当亲自参加实态调查。实态调查工作应当讲实效，但绝不可能一两天内完成，也不可能一两个人完成，调查工作的组织相当重要，建筑策划的主持人应亲自计划组织调查工作，并亲自参加其中最需要亲身感受的调查环节。

建设基地现状考察、周边物理环境调查、周边同质建筑产品调查、投资人和开发企业的建设经验、代表作品情况等调查环节都应当由主持人亲临，并组织策划参与者们亲临。

调查团队和策划团队不能完全分离，主要成员应当重叠。

调查方法区别不同调查内容可采用资料咨询的查询、亲临考察式、访问式调查等。其中访问式调查有很多形式，如一对一询问、座谈式、问卷式……访问式调查无论采取何种方式，事先都应依据我们希望获得的信息设计访问调查的问题询问表，以期达到访问目的。

建筑产品市场接受度的调查可采用消费者访问，尤其了解他们对同质项目的接受度、期望改进意见，同时听取推广者的介绍和解释。

由于时代与通信的技术进步，获取信息的手段已经进入信息技术时代，通信调查已经可以部分取代问卷式调查。因为网络获取信息的便利，许多关于建设基地的物理环境、非物理环境等信息均能迅速获得，使调查工作变得容易。调查方法和调查途径也会变得多种多样。

但是，值得重视的一点是不要因为容易获得各方面信息而忽视了实地考察和亲自调查。许多情况下，在实地考察和调查中，因为切身了解基地的资源潜力所在，产生了策划的创意；因为切身感受到购房交易过程中购房者的关注，启发了策划的思维。

3.5.4 调查材料的汇集与整理

这里讲的汇集、整理，不是研究，也不存在取舍。这时的态度是第一手资料的真实性。在汇集整理中是按类别（前面讲到的调查内容类别）分列，注明资料获取的渠道；将其中相矛盾的信息标注出，但不要主观取舍；在无法判断真伪时，应补充调查取证来证实情况的准确性。

汇集整理后，判断调查掌握的信息是否已足够或基本满足建筑策划的需要。

实况调查不是目的，不是建筑策划的全部，更不是结论。它是建筑策划工作的基础，是为建筑策划服务的，如果建筑策划工作可以开展了，满足要求了，即使调查得到的资讯尚有欠缺、不够完整，也不一定非要补齐不可，有些不足可以在策划研究过程中再行调查补充。

当有些情况调查不够充分，又与策划研究有关，补充调查的渠道不畅而无法获得理想的资讯时，在策划研究报告中应当阐明，提供给建设投资的决策者，在决策过程中考虑这种因素。

3.6 场地研究

3.6.1 场地研究是建筑策划中最重要的工作环节之一

不动产概念告诉我们，建筑物在不动产构成中是土地的附着物，土地才是不动产的主体。我们进行的工作是建筑策划，帮助开发商进行建设投资决策的分析工作，研究的对象不仅是建筑，建筑物的价值只是不动产价值的一部分或只是小部分，离开了它所依附的土地，也许它的价值不再提升，不再具有保值升值的基础。正因为场地或称为基地对建筑价值提升有如此大的作用，建筑策划就免不了要展开场地研究。

不动产的特性告诉我们，土地具有空间上的固定性、时间上的永存性、资源的有限性、空间方位的异质性、资源特征对不动产价值的特殊性等，这些特性说明了土地的区位条件、所处的环境条件及土地自身的资源特征在建筑物设计建造中的影响，尤其是建成后对不动产价值的影响是非常重要的。在建设投资决策时研究这些影响因素，对建筑物的设计、建造及以后的经营，都具有非常重要的意义。

相当一部分建设项目，它们的场地条件成为实现建设目标的障碍。从总体上看，建设目标受到场地条件的局限带有普遍性，只是这种局限的影响面大小不同而已，所以重视场地研究成了建筑策划的重要环节。

3.6.2 场地研究的主要内容

场地研究，亦称基地研究、基地分析。

场地研究包含场地的区位分析、场地环境分析、场地特征分析等，每项建筑策划不一定都按部就班地逐一展开研究，而是依据场地的实际情况有针对性地进行研究。对于常规的情况不必过多地花费时间与精力，而对于特别的场地区位、环境和场地特征则应当深入探究。

1. 场地区位的研究

场地区位的确定是项目选址阶段决定的。这个环节确定的项目场地是权衡了投资机会、市场和可能的用地选择的综合决定，不代表确定了的场地就一定无缺陷，所以仍要作研究和分析。有些项目选址时就已认识到场地的若干缺陷和不足，期待在策划的场地研究中设法解决。

场地区位是一个动态变化的空间概念，应当从时间的变化中去发现场地区位条件的变化、价值的变化。

区位分析一般从城市发展、交通条件、人口聚集、产业分布和市政保障等方面梳理出现状的优劣势和发展的未来前景，二者的差异就是机遇，而发展判断的滞后也许就是风险。在变化中区位价值差也正是建设投资的利润空间，建设投资的决策人往往会关注到这样的机会，建筑策划也会从这样的分析中得到启示。

曾经有一个城市郊区未来发展区在建设之初交通不便，但因风景优美且未来发展前景良好，开发商思考着等待还是立即启动？基于目前道路条件良好而公共交通不便，开发商决定尽早建设尽早占据市场，凡购房者赠送小汽车一辆，并免费教会驾驶；另增设与城市的免费交通车，解决近期时段的交通。这一项目取得了成功，因为它的区位分析对时间与发展分析得到位，对房屋销售价和未来升值的分析吸引了消费者，同时对消费者近期的担忧作了较稳妥的安排，且不受公共交通实现延迟的影响。

1991年海口，城市规划已经明确了机场将在美兰镇兴建，一位开发商先期在美兰镇旁购得1500亩土地，并投资开发建设。此时，美兰镇乃是海口东郊的小镇，很冷清偏僻，交通不便，因而当时土地转让费也较低，而且1500亩土地中有相当一部分土地是高低不平的杂草荒芜地，无人问津。

在场地的区位分析时，其认识到未来的机场旁、镇边上的价值，认识到初始地价与未来价值的升值空间，坚定了及早投资建设的决心。但近期城市交通的欠缺使距城26km的距离成为障碍，那片高低不平的荒芜地也成了难题，经过开发商与策划师的反复研究，终于找到一个可行的方案：场地东北角高低不平的20%土地建设游乐场，用地中部20%土地建设园区中心，其余60%用地为产业用地和居住用地。优先建设游乐场和公园，免费向少年儿童开放，并开通从海口市中心至本园的免费交通车，为全市小学生和儿童服务。一切均为了让社会认识美兰，认识这个府南开发区。游乐园建成的当年，在市政府支持下，这里举办了正月十五换花节，人们乘免费交通车体验了这里景色的优美，体验了这里并不遥远，府南开发区从此广为人知。不久，府南城一级开发土地被认购，二级开发相应兴起。

场地区位和其条件是千差万别的，各有各的优劣，各有各的不同，应当深究其具体的特质，而不能简单地照搬别人的经验。

2. 场地环境的研究

场地环境是指场地的周边条件对场地发展的影响，包含着支撑性影响和制约性影响。一般情况下，会从交通、市政、景观、市场角度的产业聚集、产业竞争等各方面进行分析。

场地环境研究依据本场地建设目标的基础展开，不同的建设目标对相同的客观环境会有不同的认识结论。有的项目需要人流的聚集带来繁华，而有的项目则希望交通方便但又宁静；有的项目需要同质项目相聚而形成相辅相成的行业高地，而有的项目会尽力避开同质竞争的环境。

场地环境研究要了解周边空间的现状，也要了解周边的历史发展和未来，即时间上的变化。深入的调查是发现问题、解决问题的基础，许多现状是实地踏勘能解决的，而历史上的故事不一定能看得到，所以应询问调查。

1996年晋江，马来西亚华人拿督回到福建家乡投资，获得了晋江市一滨海土地，他邀请笔者作为参谋者同行，在场地现场看到优美的海景、开阔的视野、方便的交通、临近城市的区位和完善的市政条件，还有少量的房屋，一切是那样的理想，好像专门准备的场所，拿督本人十分欣喜。规划设计完成报批，工地也已进入开工，其中一栋建筑已破土做基础，我在现场提出了一个问题：这个地方以前是做什么的？当地规划局的人说曾经是台海两岸为了不可分离共识而展开广播宣传的广播站，大功率的广播发射从这里面向金门。我再问这里有没有进行过电磁辐射检测，得到的回答是没有，"难道电磁辐射会影响环境吗？"说明没有人意识到这是一个环境问题，没有做过相应的工作，当然更不能怀疑当地政府对拿督的友好。

我对晋江同事和拿督说应当检测并联系推荐了有能力的权威机构，检测结果证实了我的疑惑，电磁辐射超标，不适合人的生活。另行变更了用地。这件事说明场地踏勘的重要性，同时也说明踏勘和研究时仔细分析研究的重要性。

3. 场地特征研究

场地特征是对场地范围内的自然条件、资源现状的分析和研究。一般项目的建筑策划都会进行的地势走向、坡度、坡向等分析及既有树木植被、道路、建筑等现状分析，都属于场地特征研究范围。此处称为场地特征研究是在场地现状的一般性分析中，提倡对场地中特质条件特殊资源的发现性研究，找出对建设项目的品质提升、效益提升有重要支撑的资源条件，这会成为整个策划工作的创意基础。

1999 年北京，中海地产在西三环北路获得一块窄长用地的开发权，在征集建筑方案的过程中，笔者脱开了设计任务书的限定要求，按建筑策划的方法展开工作，在场地研究中，分别就区位、场地环境、场地特征进行了研究，并据此进行了建筑策划。最终业主方对此策划案进行慎重的研究后，确定采纳了这份"没有按设计任务书做的建筑方案"，进行建设，这就是后来的"中海紫金苑"（详见本书 5.7 节）。

中海紫金苑的场地研究中，对场地区位、场地环境、场地特征分别作了如下分析和研究。

（1）场地区位：城市主干道三环路内侧的稀缺土地，交通便利，基地成熟。这种区位会成为城市中稀缺的基地资源，应重视基地的价值。

（2）场地环境：基地位于紫竹院公园北侧，基地呈窄长条，长宽比达 1∶7；南向视野开阔，景观秀丽，拥有皇家寺庙、御用水道等历史景观资源；北向是古庙和传统街区，也具有古城风貌。该地块是城市中历史环境的边缘，允许新建筑落脚的仅有地段，是公园中的居住用地，有极其珍贵的空间价值。

（3）场地特征：由于北侧临路南侧临湖的地势高差，造成较陡的坡地，但这一现状有可能成为地下空间自然采光的优势，也可能成为从低处进入地下空间的有利条件。窄长地形和开阔的视野有条件创造均衡无遮挡的高贵居住环境。

这些分析和研究确定了对此项目珍贵品质的定位，并充分利用了基地宽度资源，创造了较大户型、较大进深。南北双向优质景观的住区，使土地资源得到充分利用，达到最好的投资效益。

3.6.3　场地研究的步骤

场地研究一般分两步进行。第一步，在建设目标确定后，对照建设目标审视场地，会看到场地条件对建设目标的实现有着支持因素和制约因素，并应记录在案。其中的制约因素也正是建筑策划要搜寻的问题和矛盾点，是策划工作要研究的重点。第二步，在梳理问题和矛盾点后，进入创意和解决问题阶段，重新研究场地，发掘场地的环境资源和场地内在资源，研究制约因素的改造或回避方案，突破制约或缓解制约，获得实现建设目标的途径。

3.7 建筑策划的创意研究

3.7.1 寻找着想点

创意构想是建筑策划的价值核心，它要解决现实条件与建筑目标不匹配、不相融甚至矛盾的问题，通常会采纳非常规或奇特的思维方法才能取得突破，这就是价值所在。

就建筑项目的本质来分析，建设业主通常是追求"利益最大化"，还有追求在同质项目中的"影响力"和"领导地位"，这种目标追求往往会超越现实条件的允许能力，造成建筑设计的困难甚至是难以逾越的困境。

作为投资人，提出了这些看似过分的要求是基于投资效益追求的经济规律，不足为奇，建筑师尤其建筑策划师首先不要抵触，应细细分析和理解其合理性。如果首先在思想上不认识目标的合理和必要，也就不可能努力发掘创意思维的能力，开启创意动力。

不能说所有过高的目标在创意思维后都能完满地满足，但通过潜心研究在目标的核心得到保证的前提下，会发觉适应现实条件进行目标修调的路径。世界上任何事物的发展轨迹都是适时适度妥协的结果，但这种结果也是建立在深刻研究之后。

大多数乍看起来建设目标与现实条件的矛盾，在深入研究之后，未必都是不可调和的矛盾，而是没有认识和发掘现实条件的潜力，一旦现实条件的潜力被发现、发掘或智慧地利用后，矛盾自然迎刃而解。

建设投资人追求利益最大化无可厚非，如果不追求利益最大化，那就不是好开发商，不是聪明的开发商。

利益最大化的表现是综合而全面的，不应当简单理解为建设量的多少，而应当表现为"多、快、好、省"。

"利益最大化"和"项目影响力"的追求往往是目标的核心，它们的具体表现反映在建设量的目标、品质的目标、形象的目标、成本的目标及与市场需求相吻合的目标上。现实环境条件是客观存在的，很难得到在各方面都完美的基础条件，而造成各种各样对实现目标的制约，这些制约点就是建设投资人在投资决策时的忧虑。

建筑策划就是要发现这些制约点、矛盾点，然后解决这些制约，使建设投资人在未实施建设前就能清晰地了解建设完成后在社会影响、环境品质、经济效益等方面的成果，便于决策。

所有建设投资人（机构）都是经济行家，大多能清晰地了解到他心目中设定目标的分量，同时能敏锐地感觉到现实条件的主要制约点，但不可能完全知道潜在的制约点，因而他们在决策时仍担心还有问题而不能果断决策。因而建筑策划的寻找目标与现实条件矛盾点的过程十分重要，在这一过程中寻找、梳理出数十条甚至更多的矛盾点，逐一评估解答，排除不形成制约的矛盾点，留下制约点转入下一轮创意阶段。（美国不少建筑策划罗列的矛盾点甚至达上百条，许多明眼一看就可明白很容易化解，但这种列出表明了这一阶段工作的覆盖程度，不会遗漏，让建设投资方放心。）

建设目标与现实条件矛盾点的找寻、分析、梳理及制约点的明确，整个过程应当有条理、清晰，具有科学性，让建设投资人（机构）排除担忧，利于决策。

3.7.2 创意是建筑策划的灵魂

建筑策划要在满足城市公共利益及客体利益的前提下为建设投资人创造尽可能大的投资收益和其他本体利益，是建筑策划的核心工作。因为城市公共利益的维护在某种程度上是对投资者本体利益的制约，客体利益与本体利益是一种博弈关系。客体利益的合理满足会限制本体利益的限度，而限制客体利益完全满足又会使项目顺利进展，在这种复杂的利益权衡关系中，必须要有一些对正常设计思路的突破。

建设项目的基地条件也一定是有利有弊的，要想策划出对投资者有利的项目实施方案，就应努力扬长避短，甚至化不利因素为有利因素。这种突破性思维需要创意，即使有利因素的利用，也有充分利用和欠充分之别。没有创意思维，是无法化害为利、化碍为顺、化险为夷的。

什么是创意？或者创意是什么？很难下一个确切的定义。

当创意作为一个名词的时候，如"这是一个很有价值的创意"，这里的创意可解释为有突破性价值的思维成果；当创意作为一个形容词的时候，如"这是一个很有创意的想法"，这里的创意是形容思维的创造性程度；当创意作为副词的时候，如"富有创意地思考"，这里的创意是表述思考行为的创造性。总之，创意是表述思维的，是与创造性、突破性相关联的思维。创意可表述为有创造性的思维成果、思维过程或思维方式等。

创意产生在建筑策划研究工作的过程之中，而不可能在研究工作之前。创意是在研究工作中当目标与现实条件发生冲突并在尖锐的矛盾冲突中寻求出路时才可能出现的。"可能出现"不是一定出现，当陷入矛盾冲突无法摆脱时，寻求出路、寻求方法的过程，正是创意可能产生的时刻。

广阔的知识面和丰富的实践经验是产生策划创意的素质基础。

具有开阔的视野，广阔的知识面，见多识广的人，当遇到复杂矛盾问题时，他们会从各个角度来审视问题，容易寻找到解决问题的突破口。丰富的知识面有助于他们将不同学科的知识融合起来解决问题。而两种以上不同学科的知识融合就是对常规思维的突破，就容易产生创新的成果。

有丰富实践经验的人积累了处理复杂矛盾的经验，在众多矛盾交织或复杂矛盾的研究中，曾经的历练会自动涌现于脑海，相近、相似的往事经历会启发新的方法产生，有助于问题和矛盾解决。

有丰富的经验又不局限于经验，不被经验所束缚，善于吸收新事物并勇于探索的人才是有创意能力的人。

见多识广又有广阔知识面的人中，善于观察、积极思考的人，往往在观察中引发联想，诱发创意，调动活跃的思维，是有创意能力的人。

联想、模拟、类比、替换、转化、逆向思维……都是创意可能产生的思维方法，但它们本身不是创意。建筑策划的创意没有特定的方法，也没有特定的模式和规律，而是针对着想点展示的矛盾和问题展开的。有什么矛盾就设法解决什么矛盾，可能涉及空间、资源、结构体系、环境品质、形态等等问题，更多情况下是若干问题的综合解决，而非孤立的。

理论上，形态的创意不是孤立存在的。建筑不是纯艺术创作，尤其从建设投资的角度看，建筑是资本增值的载体，其艺术属性与其他支撑资本增值商品一样，别无特殊。只有特殊的建筑物，如纪念碑、城市标志等以形态为建设目标的建筑物，才会将形态列在最核心的创意点上。一般的建筑，资源利用、空间的创造、结构体系的创意常成为策划创意的主题，而形态则是它们综合后的逻辑性体现的结果，所以，建筑策划创意一般不是从形态入手的。

建筑策划之所以叫策划，是因为现实条件与建设目标存在差距，存在矛盾，资源未能得到充分发掘和充分利用时，现实条件的若干方面对既定目标的实现形成制约和限制，需要通过分析研究拿出办法化解这些矛盾，突破制约，使建设目标能顺利实现。创意是用智慧的方法达到这一目的，所以说创意是建筑策划的灵魂。

3.8 建筑策划书与方案验证

3.8.1 建筑策划书的作用

建筑策划书也称建筑策划报告，是建筑策划工作的成果文件。它是建筑策划逻辑思维过程的真实记录，为实现建设目标而展开的寻找着想点，到开展创意研究，再到矛盾化解直至落实于方案的过程，从中可以看到问题解决的逻辑性，从而坚定对其的信任度，利于作决策判断。

建筑策划书是项目建设的操作大纲。它对目标实现的制约有解决方法，理解了这个过程对开发商制定建设项目的实施计划有很好的引导和启示作用，使实施计划更具现实性，更能抓住要点。

建筑策划书所包含的概念方案是进行建设项目经济分析和财务分析的技术基础。根据概念方案和建筑策划书所提供的技术经济指标，方可做出切合实际的工程量数据和相应的经济分析，才可能做出供投资决策用的财务文件。

3.8.2 建筑策划书的内容

建筑策划书没有统一的格式，也不需要去规定统一的格式。因为建设项目的类型不同，各项目投资的方式、资金来源和回报的方式不同，各项目遇到的制约矛盾点千变万化，解决问题的途径更是繁多，很难有一个统一格式能让各项目表达清楚。

一般而言，建筑策划书应包含下列内容：

1. 概述

简述建设项目的背景；

简述建设项目的功能、规模、建设地点，以及建设项目的社会作用及市场方向；

简述建设项目所在城市的概况、用地现状、周边环境条件；

简述开发商委托建筑策划工作的范围、建筑工作的目标要求。

2. 市场调查与市场分析

说明对市场调查的方法、成果和资料来源；

说明对同质同类型建设项目调查的资料；

说明本类建筑使用者的消费能力、消费水平及消费者意见；

表述对市场咨询研究分析的结论。

3. 关于建设目标的理解

对开发商确定的建设目标解读，领会他们的意图；

分析投资人利益回报的方式及盈利期望水平。

4. 建设场地条件的分析与评价

分项分类列优劣势问题，分析对建设目标制约和矛盾的问题，同时对优势条件做出潜在能力的分析。

由此获得矛盾和问题列表，并依据其难易程度（矛盾尖锐程度）列出。

5. 策划思想及创意研究

表达解决问题的思维逻辑性；

表达资源的研究及资源价值的充分利用；

表达问题解决的可信度，技术和经济的可行性。

6. 验证方案

7. 结论与建议

对于预计到的市场变化、基地条件变化及政策性变化，在建议中宜提出相应的市场应变策略。必要时，可单列应变策划的方案。

3.8.3 概念方案

建筑策划书中应包含概念方案。因为建筑师的语言是图，很多创意意图很难用文字叙述清楚，更难让投资人从文字表述中理解策划的意图。

在建筑策划方面，美国专家们相对比较专业，由于美国市场经济发育较为完善，市场经济发展的历史比较悠久，在较长的发展过程中，探索和反复实践使其建筑策划逐渐成熟起来。美国建筑策划已进入了专业化，受建设业主的委托或受建筑师的委托进行策划和咨询，他们一般按照目标设定、现状研究、现实条件对目标的支持和制约的分析、创意研究、策划成果这五大阶段展开工作，向委托方提供一份全面的策划报告。

一般情况下，美国的建筑策划不包含概念性方案，他们认为那是建筑师的事，建筑策划师不应该代替建筑师，不应该以自己的理解去束缚建筑师的创造。而且建筑师们也不喜欢别人有具体设计的引导，一定会提出自己的方案，避免在人家方案基础上去发展。建筑策划案在涉及建筑空间和形态上的研究建议上力求用抽象的概念去表述，避免过于具象的表达。

日本的建筑计划学则不然，建筑计划学也是建筑设计的前期工作，它所涵盖的内容更广泛、更全面，当然也是建设投资者投资决策所需要的。建筑计划工作包含对建设意图的理解、解读，根据对内部和外部条件的分析、把握，明确建筑业主的建设要求、使用者的需求，表述业主、使用者及社会各界对建筑价值的评价体系，确定建筑设计的目标，提出设计及建造的方法等，相当多的建筑计划研究会提出概念性的设计方案，表述计划研究的成果。

我国建筑策划并无统一或基本公认的模式。随市场经济发育发展，建筑策划也逐步发展起来，但由于交流和合作研究较少，一直处在分散而各自探索的状态。不同领域、不同背景的策划专家们分别探索形成不同的工作程序和方法，也各具特色各有其根源。

我国房地产业市场经济的发展速度快得惊人，建设投资决策体系来不及适应新形势发展而完善，许多时候是借鉴全民资本投资的方式，按照项目建议书—可行性研究体系展开，也能够满足建设的要求。相当多的建设项目也没有经过严格的投资决策程序，最终结果大多较好。

近些年，各城市进入土地招、拍、挂程序，而且越来越严格，开发商要拿到土地开发权，首先要算经济账，要做满足城市规划管理要求的方案，并要做到好形象、有市场、高效益才有可能，这种情况下，建筑策划要做什么自然清楚了。

建筑策划的工作程序和内容不需整齐划一，开发商面对千变万化的市场时，他要求的建筑策划工作的内容也不可能是某种规程能规定的。本书收集的建筑策划案例是从策划实践中选取的正常状态下的例子，工作程序和内容各有不同。若有足够的工作时间，有机会进行深入的现场调研，较全面地审视问题，工作程序和工作内容就能相对比较完善。

一般来说，我国委托建筑策划的开发商希望看到具象的概念方案，如果像美国多数策划案那样近似抽象的建议很难满足开发商的要求。

建筑策划的概念方案有 3 个作用：

（1）将创意落实在设计方案中，证明创意的可行、可靠、可实施；

（2）在落实创意设计亮点解决矛盾点的同时，及时发现次生矛盾点，并随时化解，一并解决；

（3）作为计算工程量的依据，作出准确的经济概算分析，便于投资决策。

建筑策划的概念方案，相似于建筑设计方案，但又有别于建筑设计方案。

概念方案应当较全面地表述策划研究的对象，应该包含科学而合理的用地总平面图。总平面图应能表达土地资源、空间资源、环境资源的充分利用，同时表达与周边环境协调的合理性，及城市规划上的合理性。

应包含表达建筑物整体形象的平、立、剖面图。尤其在关于策划创意所涉及的平、立、剖面的部位应清晰表达，并附加文字的说明，必要时应局部放大、详细说明。

应完整地表达建筑规模和场地有关工程的规模，不缺项，不漏项，以便在此基础上较准确地计算实际工作量，作出较准确的经济技术分析，以利决策。

在满足投资决策需要，满足对周边关系与市场适宜等的判断，满足经济财务分析等条件下，其他方面不必像建筑设计方案那样求全完整。

概念方案采用图文并茂的表达形式有利于让决策者理解和判断。

3.8.4 环境影响篇

当建设项目涉及环境问题时，应当单独列出环境影响篇章。多数发生在工业项目之中，但对于在特别的自然环境中进行原始性开发建设时，即便是无污染的民用项目开发，也应进行环境允许容量的研究，并做出环境影响报告。

2011 年，笔者承担柬埔寨西海岸的通岛（Tang，Koh）前期策划工作时，就遇到这样的课题。

通岛位于柬埔寨西海岸西哈努克湾外泰国湾海面上，面积约 5km²，距西哈努克港约50km。通岛岛形如同2只五爪章鱼相连漂浮在海面上，是一座无固定居民的海岛，自然资源和自然环境非常优越。有茂密的树林，有溪水和湖泊，有兔、鸟、鼠等小动物，无大动物，有山岭沙滩，有海风无台风，无地震海啸史，是一个非常优美而宁静的海岛。

根据柬埔寨经济长远发展规划，通岛通过招商，由首相亲批租给俄罗斯人开发利用，租用期99年。开发商计划开发成世界旅游娱乐度假天堂，希望建酒店、度假村、赌场、别墅、医院、公寓、码头、游乐场……一个令人向往的乐园。

开发建设策划从环境容量研究入手，从通岛植被的 CO_2 吸收能力、淡水供应、海水自净等各方面探求海岛的环境容量，确定海岛的开发强度和合理布局，从而保护这一美丽的海岛在99年后归还给柬埔寨时依然美丽（详见本书10.5节）。

3.9 可行性研究与建筑策划

可行性研究产生于第二次世界大战结束后全世界进入相对和平的建设时代，由于在意识形态上的两大阵营及由此产生的长期冷战状态，基本建设的可行性研究也形成了具有东西方差异的两种类型、两种模式，即以美国为代表的可行性研究体系和以苏联为代表的可行性研究体系。我国现行的可行性研究是源于苏联的，在我国第一个国民经济发展五年计划时期，苏联的156项援助一并进入我国，并带动和逐步形成了我国基本建设前期投资决策的基本程序。

苏联的可行性研究体系更适用于工业建设项目，尤其是在重型制造业中显得十分全面、周到和严谨，因为第二次世界大战中的经验和战后的建设重点使其尤为成熟，而在轻工业、农业建设及民用建设方面相对不甚健全；苏联的可行性研究体系建立在严谨的国民经济计划的基础上，建设项目的可行性研究依据和源头是国民经济发展五年计划；美国式的可行性研究项目源于机会研究，是市场需求分析研究后确立进入可研的立项，市场需求是广泛的，遍布生产、生活甚至备战需要，所以他们的可行性研究在行业类型方面较为均布，立项依据是市场需要或称投资机会。

无论哪种类型，在可行性研究的方法、程序方面都大体相同，因为这是研究问题的客观规律所在。可行性研究的具体内容前面已有阐述，不再重复。

由于美国在二战之后的建设高潮时代，就存在国家资本和民营资本共同参与社会建设投资，因而几乎同时产生了可行性研究和建筑策划两种建设前期投资决策方法。建筑策划的产生略晚于可行性研究，并且是发源于当时民营投资建设的最繁华地区。我国的现代建筑策划起步较晚，是因为我国的基本建设投资主体多元化出现很晚，在改革开放以前一直是全民资本投资，以可行性研究为核心的前期投资决策体系已满足了建设需要，因而不需要也不可能出现建筑策划。

当我国改革开放事业促进了基本建设投资主体多元化时代的到来时，建筑策划自然而然应运而生，并随这个时代发展而逐步健全起来，事物的产生、发育、成熟，都有其自然的规律，是社会经济发展的规律，不是几个人主观意识能推动的。

在建筑策划发育初期，每当讨论建筑策划时，总有人问：建筑策划与可行性研究有什么区别？

1. 作用不同，对象不同

可行性研究及报告，是国家基本建设程序的要求，发展商必须在这项工作中回答关于项目实施的必要性、现实性，对城市和地区经济发展的贡献，对城市和环境的正负面影响，对城市交通、市政、能源构成的压力及是否符合国家经济政策、经济效益等问题，求得各主管部门的支持，以获得审批。

建筑策划是项目投资商自身的需求，投资决策层通过建筑策划案认识到市场需求、资金需求及资金计划、盈利模式及收益率、客观条件的可行性及障碍的应对排除项目的风险等。建筑策划不需要任何机构的审批，也无需向社会公开，完全是投资人投资决策的技术文件。

2. 依据不同，结论不同

可行性研究对建筑投资机构提供各方审批技术文件的同时，也提供了一个或若干个实施的设想方案，并根据方案进行技术、经济、政策各方面的评价、论证，最终获得结论：可行或不可行。我们很少见到不可行结论的可研，是因为许多不可行在研究中途就撤出了，但的确存在不可行结论的可研报告。

建筑策划是依据市场、环境、法规、金融能力等客观条件，参考投资人建设目标提出的适宜条件的策划方案，进行技术、经济、政策、市场等方面的验证，确定一个可实施的方案，不应该提出不可行的实施案，它只有一种结论——可行的实施案。

3. 运行形态不同

可行性研究是非常理性的研究过程，遵循的依据、原则、环境条件、规模、资金条件等都是准确、清晰的，研究的过程逻辑性很强，结论也是具有权威的。在实施过程中一旦某些条件发生了变化，则可行性研究必须重新评价，重新审批。

建筑策划工作的全部成果对建设投资者而言，都是建设性建议，而非必须遵循的模式，建筑策划工作本身是科学的，有其自身的逻辑性，但它又有其创意浪漫的一面，并非刻板机械的，所以它的实施案是可以随客观条件变化而调整的。优秀的建筑策划还会预计到市场环境和经济条件的变化，预先提出变化后的应变方案，这是建筑策划的弹性优势所在。

4. 工作依据不同

可行性研究的工作依据是先前完成的项目建议书。批准后的项目建议书是可研的依据，可研应在项目建议书确定的原则下向广度、深度两个方向发展，但不能背离已确定的原则、规模、性质、总投资等主要指标。

建筑策划是建设项目前期工作，也可能有更前期的投资机会研究，也许没有。即使有机会研究的成果或投资决策层的意向目标，都将是建筑策划工作的参考基础，而不是不可改动的依据，建筑策划工作的依据只能是市场需求、客观条件和投资能力，而不是带有主观意识的决定。

5. 思维方式的差异

前面提到可行性研究整个过程都是理性的思维方式，一切都是逻辑性分析过程，即使关于市场因素，也要以统计的数据来说明问题。任何一项建设项目，最终都是为人所用、为人服务，而消费者心理以及人对环境和空间的感受却很难列入项目前期研究和决策的因素中。

建筑策划工作在客观调查的基础上，运用理性分析和创意思维交织的研究方法，重视人的主观感受和心理感受，让建筑空间、建筑布局更满足人的需要，让以人为主落到实处，也让投资建设的建筑产品更受欢迎。这就使建筑策划的科学性、技术性相关的理性思维与人文性相关的感性思维交织研究的成果为建设投资决策提供更好的基础。

讨论可行性研究与建筑策划的差异的目的不是强调二者的优劣，不是评价哪种方法更好，而是应当促使二者的融合。在美国，由于可行性研究与建筑策划先后差不多年代产生并同时服务于社会，人们已从长期的实践中认识到彼此的优势，并相互补充完善，使建设投资决策更加可靠，更加贴近实际，更加有生命力。

我国建筑策划工作兴起时间不长，发育尚不健全，也还不尽完善，需要在实践中结合我国国情提高和完善。在可行性研究工作中也应吸取建筑策划的好方法，引进建筑策划的人文性研究，引进其适应市场变化的弹性模式，引进克服条件限制的创意性思维方法，在可行性研究工作中开辟更多样化的工作方式，使国家有限的资源发挥更大的潜力。建筑策划工作要吸取可行性研究工作的科学性、技术性的严谨态度，对于目前大量存在的并不够科学的种种房地产前期策划纳入到严谨的技术性研究工作的范畴，吸收可研工作中技术逻辑性的工作方法，提升策划工作的技术含量，让建筑策划提供的成果真正成为可实施、能落地，既贴近市场又能发挥资源效益的优质策划成果，真正为建设投资决策提供可信赖的决策基础。

随着建设市场的完善，建筑策划事业的发展，可行性研究和建筑策划会在长期共存的过程中相互融合。本书所举的建筑策划实例，有的已经是以可行性研究的面目出现，融入了建筑策划的思维。二者相融结合的例子，相信今后会出现更多。

第4章 建设投资角度的建筑分类

建筑应社会经济的发展需要而产生。任何建筑都有投资人或投资主体，而任何投资人在作建筑投资决策时都会关心投资的盈利模式和投入产出比，极其关心投资的效果。虽然建设投资行为除经济效益外，还会有其他相关的收益因素，但投资的经济回报一定是最重要最关键的。所以，研究建设投资角度的建筑分类是非常重要的问题。截至目前尚未见有这一角度的建筑分类研究，在建筑策划研究深入到一定程度的时候，这一课题自然而然地浮现在眼前，必须介入这一问题。

本章提出的建设投资角度将建筑分类为：商品性建筑、经营性建筑、租赁性建筑、自持自用建筑和公益性建筑五类。每类建筑以其功能的差别、消费者的不同又会细分各不相同的小类型，但它们在投资和投资盈利模式上是大同小异的，故本书不再细分研究，而是取其中某一类型为代表物业来进行其特性的分析。

本章按分类建筑的建筑概念、特性及建筑策划要点分别进行讨论，并在本书的第5章至第9章分别以代表性实例进行讨论。可以采取对应的阅读方式进行阅读，更能了解本书所阐述的内容。

建设投资角度的建筑分类研究有助于我们深刻地认识建筑的经济属性，从经济这一本质角度去思考建设行为，认识建筑。从而准确地把握在建筑策划中利用建筑的其他属性领域的策略为其经济属性的目标服务，最终达到建设投资的初衷。

4.1 建筑产品是资本增值的载体

世人的建筑价值观是不同的，不同职业的人、不同社会经历的人会有很不相同的认识。历史学家会认为建筑是记载历史的史书，社会学家会认为建筑是社会的缩影，艺术家认为建筑可以成为艺术品，居民认为建筑就是住人的房子，经济学者们会把建筑看成经济发展趋势的标杆，建设投资人会把建筑看成是资本增值的载体……将所有这些看法综合在一起来认识建筑的人是建筑师。

对建设投资者而言，建筑或建筑产品与其他投资产生的物品一样，是投资者资本增值的载体。如果通过商品制造、疏通、商贸等环节达到资本增值的目的，那么这样的建筑产品就是商品，它就具有商品的特性。当然，作为投资人，无论采用哪种物件作为资本增值的载体，他都应当了解这种物件本身的特性，了解它的制造和商务规律，所以当建筑或建筑产品作为资本增值的载体时，不应当忽视和抹杀它的建筑属性，相反应当尊重它的建筑性，了解并努力把这个建筑做好，使它成为一个好建筑、好商品、好的资本增值载体，使投资目标得以实现。

基于上述这种认识和现实，我们无法摆脱社会经济发展至今形成的客观存在。投资人也并非都是有经验的建设投资人，许多投资人原来在别的领域投资，看到中国当下建筑产品社会需求的旺盛及建设投资的高回报而改行进入，进入后从挫折中发现建筑产品投资事业的专业技术性很强，才开始关注建筑策划和加强投资决策，进而结识建筑策划师。

作为建筑师，并不情愿认可建筑或建筑产品是投资人资本增值的载体这句话，但这已成为当今社会经济的现实。

社会经济发展促进了社会分工，促使很多物品逐步走向专门制造、专业销售或商品化，从产品走向商品是社会经济发展的必然结果，建筑产品也不例外。当建筑物成为商品的时候，投资决策—设计—制作建造—建筑产品—建筑商品—消费者的这个过程就不再是建筑师个人能主宰的了，应当依据资本增值的规律和投资运行的规律，研究建筑策划，让建设的技术要求、科学规律与投资运行的规律相结合，促进建设投资事业的科学发展。

4.2 建设投资角度的建筑分类

建筑的分类方法很多，都是从不同视角去看建筑并将其分类，从建设投资角度将建筑分类尚未发现，但若要从投资角度去研究建筑，首先应当依据投资的目的性和增值模式将建筑分类。

初步确定为5类，即商品性建筑、经营性建筑、租赁建筑、自用建筑和公益性建筑（图4-1）。

4.2.1 商品性建筑

商品性建筑是将建筑产品转化为商品，销售给需要的消费者。商品性建筑同其他商品一样以销售回报建设的投资并获得利润。

商品性建筑的开发商、投资人不是建筑产品的最终业主（持有人），所有建造过程的参与者包括建筑策划师、建筑设计师、营造商和建造者等都不是与真正的产品主人打交道，是

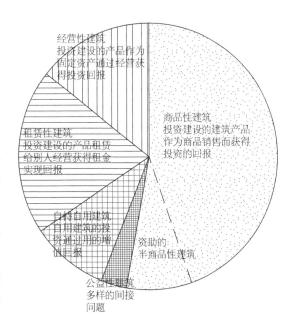

图4-1 建筑投资角度的建筑分类

与它真正主人的代理者打交道，而这个代理者反而是建造过程的权威决策者。

4.2.2　经营性建筑

建设投资不是以产品销售来获得回报，而是将建造的建筑产品作为资本再投资到新的产业之中，通过新的产业经营获得回报，实现资本增值。

这类建筑如旅社、宾馆、自主经营的旅游地产、自主经营的商店等。

这类建筑的建设投资人也是建筑产品的未来主人，他们不仅关心建造过程的细节，同时关注再投资过程的风险和细节。建筑师面对的投资决策者是双重角色。

4.2.3　租赁建筑

建设投资的回报和资本增值不是一次销售来实现，而是长期持有状态下逐步租赁缓慢实现的。这样能长期获利并长久拥有主权。不改变投资的形式，所以也不存在再行投资。

这类建筑的建设投资人是建筑产品的持有人，但不是使用者。他们不仅关心建筑的建设成本，也关心建筑的运营管理成本。

4.2.4　自用建筑

建设投资者自己使用的建筑，如自己的办公楼，自己的工厂。

投资者若是以建设投资为主的投资人，常常会以自用建筑为主带动一个租赁建筑成为一组开发建设项目。当作为双重性质的项目时，策划会有双重需求性质的影响因素。

大多数自用建筑的投资者并不是以建筑投资为主业的投资人，他们日常从事其他制造业的投资或其他行业的投资，很可能不了解不懂得建设投资的规律；而建筑师也可能对他们所投资的自用建筑功能缺乏了解和认识，这种情况下切勿想当然自作主张开展策划，应加强调查，调查是建筑策划的基础，基础工作做扎实了，策划便能顺利展开。

4.2.5　公益性建筑

公益性建筑又有很多类型。如政府资助型：学校、幼儿园、老人社区、烈士纪念馆、少年宫、博物馆（多综合性博物馆）。又如社会捐助型：如希望小学、事件纪念馆、灾民新住区、医院、福利院。再如行业资助型：专业（行业）博物馆……

这类建筑的建设投资不是讲投资的直接回报和资本的直接增值，但不等于不讲资本运行。任何资助人都要求看到资本投入的社会效益，这种社会效益会在未来和其他时空里转化为经济效益。

所以，这类建设成本的控制、社会影响程度、社会影响时效性都是建设出资人十分关注的。建设出资人不一定是建设的实施组织者，但他们很关心建设的细节，所以这类建筑的策划便成了投资决策的重要环节，会更被出资人重视。

研究建设投资角度的建筑分类方法，是为了搞清楚建设投资的目的和投资决策的关注点，这样才能把建筑策划工作做到位，真正起到建设投资决策的基础性作用，提高建筑策划研究的质量。

4.3 商品性建筑

4.3.1 商品性建筑的特性

它既是建筑物，又是商品。它既有建筑（物）的应有属性，如讲究环境条件，重视使用功能，重视建造成本与质量关系的权衡，注意形态的美观等；又有商品的属性，如商品价格与消费者消费能力的关系，文化对商品附加值的影响，商品的基本使用价值与时尚使用价值的关系，商品的耐久性，商品的性价比等。

商品性建筑与其他商品相比，有其自身的特性，主要是：

1. 商品性建筑是不可移动的商品

因为是不可移动的商品，它对它所依附的场所环境依赖性很大。离开它所处场所就会无法运行、无法使用，会丧失它的功能价值。

地产界有句名言，房地产的要点第一是区位，第二仍是区位，第三还是区位。因为商品性建筑依附于它所在地理位置决定了它的价值。这里所讲的 3 个层次的区位不是简单的重复强调，不是语言角度的重视或唯一性的重视，而是指 3 个层面的区位概念。第一个区位是指宏观区位，不同城市不同地域的同类商品性建筑，因为经济发达程度、自然资源条件、社会文明程度和文化差异造成价值有别，甚至千差万别；第二个区位是指中观区位，同一城市不同区段的同类商品性建筑，因为交通条件、公共设施配置条件、环境条件及与到城市中心距离的不同而使价值不同，甚至会数倍之差；第三个区别是指微观区位，同一区段乃至同一地块中的同类商品性建筑，因为朝向方位条件、周边地段条件、通风采光条件和景观条件的不同而使其价值不同。

所以在投资决策之初，对场所环境条件调查和研究十分必要。

2. 商品性建筑是需要城市全寿命期予以支撑保障的商品

这种商品依赖于城市公共设施保障系统，如供水、供电、热力、燃气、通信、交通、排污等各方面的保障，否则商品性建筑难以运行使用，会使其价值下降，甚至完全丧失。

商品性建筑某种意义上不是独立的商品，所以它的价值不完全体现在商品自身的品质上，甚至主要不体现在商品自身品质上。

商品性建筑的使用运行保障系统体现了它的品质，因而健全它的保障系统是提高品质的重要手段。保障系统包含建筑本身的机电设施的可靠性，还包括城市和区域市政系统的可靠、完善及管理水平。

3. 商品性建筑是大宗商品，是消费者一生消费行为中最重要的商品

正因为如此，商品性建筑非常重视建筑商品总价格与消费者消费能力的权衡，满足居住或其他使用功能的要求和公摊面积的比例权衡，提高商品建筑品质和降低建造成本的权衡。

商品性建筑作为商品，也具有商品的特性。商品的特性不能一一表达清楚，但有一些可以借用在商品性建筑上，这里作一些简单叙述。

商品除去本身的使用价值外，还可以借用文化附于商品上产生附加值。如情人节的巧克力加上情话的包装纸会使巧克力身价翻倍或翻数倍，又如母亲节的康乃馨花束加上敬母的语条便格外贵重，再如寺庙中售出的信物能比其本身实价高出数倍。看不见的文化因素使商品价格剧增。

商品在讲究使用价值的同时，还讲究外表美，但不会为了外表美而降低或舍弃使用价值。这也是商品不同于艺术品之处。

商品性建筑也是如此，结合使用功能产生的外表美的形态是有生命力的，为了美的形态而牺牲使用价值的做法不符合商品性建筑的价值规律。

一般商品都有寿命，并随其寿命的延续逐步丧失价值，价格也随之降低。但也有一些达到一定品质和附有文化内涵的商品非但不丧失价值，反而增值而诱人收藏，几乎没有寿命期的概念。这种商品特性也适用于商品性建筑。几乎每个城市都有一些古旧文化建筑被人珍藏，也还有一些新近建筑想把自己打造成类似的珍贵商品。一般商品性建筑理论上仍然是按寿命期折旧的，而实际上商品性建筑却在增值，它不是藏品增值的概念，而是因为它是与土地紧密联系的不动产，随着社会经济发展使物质性货品自然涨价社会经济发展速度越快，商品性建筑交易中价格增长越快，否则相反。

商品性建筑在商品中是物质性最强的一类，因而它的保值性也强，所以在经济高速发展中，货币贬值状态下，商品性建筑就成为人们回避经济损失的商业行为。但这种状态如果失控，商品性建筑一旦失去作为建筑的物质本性，而陷入纯商品符号，就成为泡沫了，商品性建筑就会遭殃。在经济危机以后的恢复期内，那些在经济高涨的投资建设期末把握商品性建筑的物质性建筑会被淘汰。

4.3.2　商品性建筑的建筑策划要点

1. 将商品性建筑的使用功能置于首位

任何实用商品都会将其功能置于第一位，商品性建筑也如此。不是为了使用这幢

建筑或这套房屋，消费者是不会消费交易的。即使消费者作为一种投资保值行为欲购房屋，也很重视在转让时接受者对使用功能的认可。

不同使用目的的建筑，具有不同的功能。在商品性建筑中最大量的产品是住宅，而在住宅中又有高档公寓、普通商品住宅、政策性商品住宅（如北京称为两限房、经济适用房）等不同档次类型，在功能要求方面有各自不同的标准。明确这些标准及了解制定标准的动因是做好这类建筑功能策划的前提。

住宅应让人居住得方便、舒适。深入研究人的居住行为是极为重要的，许多设计称"以人为本"，但未必真正研究人的需求，徒有虚名。比如主卧室，双人床仅 1.5m 宽，一人翻身，影响另一人睡眠，谈不上以人为本，主卧室双人床宜更宽些，满足舒适的睡眠。又如儿童房，墙上涂上色彩挂几个玩偶，这不是设计。儿童从 5 岁独居要到 17 岁上大学，十二、三年就在这一空间里，他（她）需要独立、自我随意的空间。一个有 1.7m 直径的地面是非常重要的，他（她）可以自由自在地躺着、趴着、坐着、倚着看书或玩耍，不能想象让孩子在伸展不开身体的空间里成长生活十二、三年的是什么设计。再如厨房操作台设计应满足厨房器具自如方便的操作，减少操作人转身次数，讲究清洁与方便……这里不是专门研究住宅设计，仅举几个例子说明商品性建筑使用功能的重要性，我们的确存在不够精致的问题。

2. 重视商品性建筑的产权界定

商品性建筑是要售出的，购得商品性建筑的业主将拥有产权证。应当重视他们产权的清晰界定。独立式住宅比集合式住宅价格高，其中就包含这一因素。

近些年来，在集合式住宅中已将卫生间、厨房的楼板作降板处理，就是强化空间产权界定的措施，各户上下水管走在自家的空间内。还有的集合式住宅按单元自成结构体系，即两个单元接合处为双墙，设变形缝，不单纯是有利于结构也有利于产权的界定。某些双拼或联排住宅采用户与户间双墙的方案，成密排的独立住宅，不完全是一种宣传手段，它的实质是产权界定清晰。

3. 有效控制综合建造成本

商品性建筑的特性已说明其对所依附的土地的依赖性，也说明了土地转让价在综合建造成本中占有重要地位，在商品性建筑市场越是发育的城市，其所占的比例也越高。因此，千方百计用足城市规划确定的容积率，甚至千方百计在容积率限制外追求合法的非计容建筑面积或其他建筑空间成了许多建筑策划案的追求。

当然，并不是容积率越高，综合建造成本就越低，这需要作具体分析。在一定情况下，过高的容积率可能会带来建筑安装费的增加或因高层、超高层的建造导致设备费用增加。

建设资金占用期的长短，会引起建设资金利息的不同，利息也是综合建造成本的成分之一。过高的容积率会占用很大资金或很长期地占用，最终导致综合成本的提高。

综合成本的控制不应以降低建筑品质为代价。商品性建筑在销售过程中因其品质而定价，商品售价虽不完全与其综合建造成本成正比，甚至也不会与其单纯的建筑安装费成正比，但是综合成本的控制绝不是片面的降低，而是"控制"在合理范围，并与建筑品质相适应。

4. 避免建筑产品在一定区域范围的同质化竞争

商品在市场充满了竞争，作为商品性建筑也存在市场竞争。不同的是商品性建筑依赖于场所，所以不同城市的同类商品不产生竞争条件，在大城市、特大城市中的不同区域也不一定产生竞争条件。建筑策划中对项目周边建筑产品的市场投放状况应当详尽调查和分析，并在调研基础上，策划出差异性建筑产品，避免同质化市场竞争。

如果市场需求量大大超过现状供应量，甚至超过未来供应量，也不必刻意去回避同质化产品的竞争，但仍要研究产品的品质优势和价格优势。

商品性建筑的同质化表现是很广泛的，因而回避同质化的路径也会较多。以住宅为例，住宅建筑的类型可以不同，高层、中层、多层及低层等；住宅的品种可以不同，单元式集合住宅、塔式（点式）住宅、院落组合式、独立式低层、并联式低层、联排式低层等；住宅的户型规模可以不同，在传统一、二、三室户之外，可以有一室半、二室半、三室半等；住宅的布置方式、空间组织形式、面积大小等都可以构成差异化，只要达到适合市场需求的目的。

5. 重视资源的发掘和利用，为商品性建筑增添非物质附加值

这一要点是建筑策划的核心价值之一，讲策划要点不能不将它列入，但不可能在这里深入论述，只作一个概念性的叙述。

资源很广泛，在项目的内外环境里，有形或无形地存在，需要我们去发掘、挖掘。土地、周边的山水、人文、森林草木皆可成为资源；气候、风、太阳能、阳光乃至开阔的空间，皆可成为资源；土地的历史，民间的故事、传说，曾经的文明及人物，亦可成为资源；眼前的政策、限定的批文都可能是资源。自然、人文、政策、法规，在深入研究后，都有可能成为资源加以充分利用，为商品性建筑增添物质和非物质的附加值。

4.4 经营性建筑的建筑策划

4.4.1 经营性建筑的概念

经营性建筑的建造投资是建设一项长期经营项目，逐步获得回报，实现资本增值的投资过程。经营性建筑建成投产仅是投资活动的起步、经营活动的开始，而不是收益阶段。

经营性建筑本身不是独立的经营资本，它是与投资者拥有的其他无形资产相结合进行经营的。经营性建筑应当符合为其服务的无形资产产权健康运行的规律。

旅馆酒店有管理公司品牌产权，医院有专门医科专长和医疗服务品牌，高尔夫也有自身的品牌，商业运营、旅游业运营商都有无形资产产权。

经营性建筑的投资人一般就是建筑产品的未来业主（建筑物业的所有人），但他们可能是也可能不是建造管理者（建设单位），而可能是委托建造。

这类建筑的投资人除关注建设阶段的建造成本外，更关心无形产权运行的科学性，关心无形产权的规律，关心未来经营阶段的经营成果，关心和重视经营阶段的管理方便、运行效率、管理人员多少、管理者和工作人员的生活和工作条件等。

经营性建筑的目的是经营活动，经营就要对消费者有吸引力，要满足众多消费者的消费需求，不仅满足消费者的消费习惯，还应满足消费者对时尚的追求。

4.4.2 经营性建筑的特性

1. 经营性建筑的主要享用者是不确定的民众

经营性建筑的主要享用者是建筑业主的顾客，业主要为他们提供尽可能满意的服务。这些享用者的喜好是千差万别的，不确定的顾客也会有不确定的需求。

在千差万别的顾客需求中，要研究出一些具有共同规律的需求作为这些建筑策划和设计的原则及目标。但是，特殊顾客的个别需求在这类建筑的策划中应当予以重视、满足，而不是忽视舍弃。以酒店建筑为例，优秀的酒店讲究个性化服务，讲究对个体尤其是特殊顾客的无微不至的照顾。例如，伤残旅客的行为方便服务，不仅有无障碍设施，还会有陪伴保障；又如，带婴儿的旅客有儿童车，卫生间有婴儿护理台，备有摇篮；酒店还会设幼儿园；再如，吸烟与不吸烟的，喜闹和喜静的，早起与晚起的，不同饮食习惯的，不同温度要求、不同水温要求、不同光线亮度要求等等都应当予以尊重并努力做到。

2. 经营性建筑是一部运行的机器

经营性建筑不同于一般商品。一般商品，顾客支付货币获得的是商品，他重视的是商品的品质；经营性建筑，顾客支付货币获得的是建筑空间的使用权和相应的服务。他重视的是空间品质和与其相关的服务品质。

经营性建筑的空间品质与服务品质是紧密联系在一起的，不能分离，不能分隔评价。经营性建筑通过可靠的市政系统保障、高效细微的服务、舒适宜人的空间提供给消费者一个完整舒适的消费系统。经营性建筑应当内部高效且协调运行，外在柔和舒展。

3. 经营性建筑应对消费顾客有较强的吸引力

对消费顾客的吸引力直接影响经营效果，从而影响投资的回报和增值。

经营性建筑的吸引力是从多方面来实现的，但它的基础仍然是建筑本身的品质。建筑品质包含"品"和"质"两个方面：品是指品位、品格，是指建筑的档次及与精神享受有关的方面；质是质量、质地，是指建筑的功能保障及与物质享受有关的方面。二者不可割裂，统一于一体。

经营性建筑的吸引力还体现于它的个性、独特性，个性与独特性有利于引人注目，有利于舆论传播。个性和独特性不单纯表现在形态上，而是多方面的，如功能的独特性，服务系统的个性，当然包括空间的个性和建筑形态的独特性。但涉及形态的个性和独特性应符合美的规律，要大众接受喜爱，不应只是"奇"，有时"奇"会引人注目，但不一定会得到众人喜爱，那么对经营没有好处。

4.4.3　经营性建筑的建筑策划要点

1. 深入了解经营项目无形产权的核心价值、运行规律，努力让经营性建筑适合其要求

经营性建筑的业主所拥有的无形产权是很多年甚至几十年上百年运行经历的积累，都具有自己的运行规律和模式。其中有一些是同行业都相同的，这些大多属于运行的科学性，也有一些是自己企业的特殊经验，大多属于运行的习惯性。这些都是有价值的，都是应当在策划和设计中认真贯彻的。

经营性建筑以建筑空间和无形的服务体系为消费者提供安全的、舒适的、令其愉悦的服务，收取报酬，最终实现投资回报，资本增值。

在服务过程中，消费者有其自身的行为路线，服务者也有自身的行为路线，有为他们二者提供保障的物资供应路线，还有废弃物排放路线，这些路线理论上是不交叉，互不干扰，各自独立的。

所有无形产权的核心价值内容都讲究服务的效率。讲效率不单纯是快，更重要的是可靠，其次是资源的充分利用，这里的资源包含着人力资源和物质资源。

管理有序，流线清晰，运行高效，基本上应当是经营性建筑在满足无形产权健康运行要求方面的目标。

2. 经营性建筑的安全性尤其重要

所有建筑都讲安全，但经营性建筑尤其注重安全。这是因为它的消费者，即他的顾客是建筑的客人，他们不熟悉这座建筑，生活在生疏的环境中，若遇到安全类事故会束手无策，若发生安全事故造成顾客的伤亡，经营者需要赔偿，这种赔偿会造成整个企业的声誉损失；即便无多少损失，但安全事故会导致顾客的流失，最终导致无形资产的严重贬值。

经营性建筑的安全包括消防安全、食物安全、生物安全和人的行为安全等各方面。在消防设计规范中，对旅馆、医院的管理也更加严格。医院建筑更加讲究避免不同科室

交叉感染的可能性，讲究不同流线的清晰明确。其实旅馆也是如此，高尔夫球场亦然，飞机场的航站楼也是，它们各自都有自己的要求和原因，根本目标就是一个:安全第一!

3. 关注经营性的运营成本超过关注建造成本

运营成本的控制比建造成本的控制更重要，因为它关系到建筑的整个生命周期，更因为它在整个经营全过程中占据总成本的比例更高。

经营性建筑的运行成本包含着能源及物质、资源的消耗量和消耗率（单位经营额的平均耗量），包含人力的消耗和人力资源的工作效率，包含建筑内装修和陈设配置（含设备）的服务年限，还有管理水平和管理成本，为经营发展推广所产生的经营成本（如广告宣传费等），等等。

运行成本的控制除去管理水平之外，就是策划和建筑设计所创造的物质空间是否有利于上述目标的执行。例如物资供应的路线是不是直接高效且路径短；又如服务中心所服务的范围是其能力所能承担的最佳规模，是不是处于服务范围中心位置，令其效率最高；再如经营性建筑的规模是否是该类行业的合理且经济运行的规模等。

4. 经营性建筑追求经营品牌与地域文化的结合

品牌力量与地域文化结合是经营品牌生命力的表现，投资人追求这一目标是赢得市场，促进品牌价值的提升，也是无形资产增值的手段。地域文化不能狭义理解为建筑文化符号，更表现在他们的生活方式、适应气候的策略、经济能力和经济水平。

4.5　租赁性建筑

4.5.1　租赁性建筑的概念

租赁性建筑的投资是建立了一批自持物业，再通过自持物业的出租或分割出租所获得的回报逐步实现资本增值的。这类建筑包括商场、写字楼、会展中心、商贸广场等。在房地产业发育初期的城市和地区，获得较大地块的投资者往往会投资成片的低层商用建筑分割出租，一方面以较低成本展开建设投资，分割出租回收获利增值，一方面培育区块价值，使土地增值。在房地产业发育成熟的城市或地段，地价昂贵时，物业也昂贵，土地不再新增的情况下，获得土地的投资人舍不得将土地作为一次性投资回报获利的基地让给别人，而是想依附在这片土地上长久而持续获利，从而做出租赁性建筑的投资决策。

公租房、廉价房虽也是出租经营，但它们不应属于租赁性建筑，因为它们是政府出于公益目的而投资的，或政府利用经济杠杆鼓励或限定开发商在投资商品性建筑的同时义务贡献而投资建设的。公租房、廉价房的建设投资不可能通过租赁经营得到资本增值的目的，所以投资者在这些项目的投资中不可能遵循租赁性建筑的规律。从建设投资角度，它们更趋向或部分趋向公益性建筑。

4.5.2 租赁性建筑的特性

1. 租赁性建筑有多重业主

租赁性建筑的建设投资人是建筑物业主人，但未来租赁使用者是建筑物的使用人，也是实质上的主人。如果出现整体租赁装修（二次投资）后再行分割出租，就会产生三重业主——产权业主、管物业主、使用业主。之所以称其业主，是因为在一定时段内，他们是真正能对建筑物掌管使用权的。

在此类建筑的策划、设计阶段，建设投资人（产权业主）不只是将自己的愿望和要求作为策划设计的原则，同时会真心了解多重业主的需求，并千方百计去满足他们的要求，甚至会牺牲自己的方便和部分愿望去满足后者的要求，这是由市场规律所决定的。

2. 租赁性建筑的空间在生命周期内是多变不定的

租赁性建筑的租赁使用是有时间段划分的，租用期满后会随使用业主的更替而改变空间组合，改变功能内容，改变装修风格。

出租单元规模的改变，会造成能源供应、能源划分的计量系统的重新组织，租赁性建筑在初始设计中应当充分研究并适应这种多变的可能。

3. 租赁性建筑的租赁者不是建筑的最终消费者，而是消费的服务者

为了这个服务的效果，他们努力追求尽可能贴近消费者，方便消费者。所以每一个租赁单元都希望有好的受众面，最怕处在死角位置。租赁性建筑十分重视消费者路径的布置及租赁单元临路径条件的均匀性。

4.5.3 租赁性建筑的建筑策划要点

1. 租赁性建筑的建筑空间应具有较强的分隔弹性

租赁市场需求是变化的，而租赁又是有期限的，所以在建设期间要预见未来租赁市场的需求不是件容易的事。策划和设计如能尽量强化建筑空间的分隔弹性和分隔灵活性，便会提高租赁性建筑的市场适应能力。

2. 供应保障体系清晰的分户计量

供电、供水、供能及污物排放都应当分户计量、界定清晰。但是，租赁单元的规模并不都是一样大小的，由于它们在不同租赁期的分隔变化，造成了分户计量界定清晰的复杂性。这应当采用模块式设计组合，创造出与不同城市不同市场发育程度相适应的模块规模的选择，这是策划工作中重要的一环。

3. 关注租赁单元的市场环境均好性

租赁者是为了经营，无论从事何种经营业务，都希望顾客盈门，生意兴隆，这就

需要一个良好的市场环境。在租赁性建筑的内部总是会存在不同楼层、不同区位的问题，而策划就应当弱化它们的差异，将市场环境资源尽可能均匀分布于每个单元模块。

策划中会采用中庭空间去淡化不同楼层的差异，采用内街去惠顾不同区位，区位尽端和角部位置增加垂直交通来引导人流等等。

4. 物业主人对租赁单位的有效管理

租赁性建筑由于租赁单元多，租赁期不同，经营门类千差万别，租赁人性格各不相同等因素，使这类建筑的管理变得非常复杂。而建设投资人希望未来的管理方便而有效，努力实现投资人（租赁性建筑的物业主人）的愿望是这类建筑策划的重点之一。

这里所说的管理包含建筑物的安全管理、市政保障管理、人流路线及物流路线的通畅、公共空间的清洁卫生，广告宣传品的规范化、法制化，租赁费、水电能源耗费、清洁卫生垃圾费等费用的有效收取，公共纪律及营业时间的管理，门禁安全等诸多方面。

策划案应当在有限管理和方便经营活动二者间找到合适的结合点。只有管理而失去经营活力的租赁性建筑是没有生命力的，当然也不是建设投资人的追求。

4.6　公益性建筑

4.6.1　公益性建筑的概念

公益性建筑的投资人以公益目的为核心价值而进行投资建设，建成的建筑物赠予公益性组织，或赠予别的机构用于公益活动。这类建筑如捐赠的学校、幼儿园，专业性、行业性博物馆，捐赠的文化设施、体育设施，国家出资的援外工程等。

公益性建筑由出资人建设，建成后捐献建筑物，也有的是在出资人监督或委托第三方监督下受捐者组织实施建设，还有的是出资人捐献资金由公益性组织机构实施建设等多种形式。

公益性建筑民间出资人的捐献行为主要出于社会责任感，出于慈善之心，但在客观上仍然是一种投资行为，即从扩大企业的社会影响力，扩大知名度，树立企业和企业家的公众信任度，或通过行业博物馆的展示宣传企业和产品等，从而获得税务优待、广告费消减、产品推广等方面的直接利益，以及社会地位、社会声誉等方面的间接利益。

4.6.2　公益性建筑的特性

1. 公益性建筑重视社会影响力

公益性建筑一般建设规模不大，但投资人力求引起社会关注。民营机构和个人捐建的项目都希望项目能真正解决某一方面的实际问题，同时又能引起社会的广泛关注。

那些真正想帮助解决实际问题而不求社会关注的捐献者一般不采用捐赠公益性建筑的形式，而是直接隐姓埋名捐献。

捐赠出资人关注资金是否真正直接用于建筑，关心建筑的功能是否适用，质量是否可靠，会亲自过问建设的主要过程，有时会委托信赖的建筑师监督整个建设过程。

公益性建筑的社会影响力是通过其功能发挥作用解决实际问题，获得社会舆论的称颂而获得的，当然它的外观让人记得住、印象深刻也起着一定的辅助作用。

2. 公益性建筑一般是定额设计定额建造的

它的建造资金是捐助出资机构通过慎重研究决定的，决定出资的同时已确定了建设规模和投资额。一般情况下，投资额与其建设规模是基本适应的，但一定不富裕，而且是仅够或稍偏紧的造价水平。

公益性建筑很难获得资金的追加，当实施过程中发现资金缺口时甚至会减小规模来完成建造，这会使公益性建筑的初始目标打折扣，是资助人和受援者及社会各界均不愿看到的。所以，计划的制定应严谨，实施执行应认真，才能达到预期的目标。

3. 受援者是公益性建筑的产权业主，同时是公益性建筑运行承担者

公益性建筑的投资人在出资、建设过程中有话语权，一旦建成捐赠后就不再是产权业主，也不应再有话语权和管理权。而建筑的日常运行也是需要成本的，这笔费用来自于受援者。

一般而言，公益性建筑的受助者在经济能力方面是较薄弱的，对公益性建筑的日常运行和维护成本，希望能降到很低，这一点是公益性建筑设计应认真对待的。援助或捐助建设的物业不能成为受助方的经济负担，在这类建筑的投资策划阶段应特别重视受助者维护建筑运行的费用额度及其来源。

在公益性建筑中有可以经营的建筑，有不可以经营的建筑。专业性博物馆、文化性活动场所可以用低廉的门票收入来维护建筑的运行；九年制义务教育设施不可经营，但可依靠政府的专项教育经费来维护建筑运行；还有些公益性建筑需要有关慈善机构年度资助来维护运行。但无论如何，从设计之初重视降低运营成本是非常重要的，因为维护运行的资金来源不容易、不富裕。

4.6.3 公益性建筑的类型细分

根据公益性建筑投资目的和资金来源的不同，又可分为下列几类。它们因目各异，资金来源和资金管理方法不同，而使投资的决策程序不同，投资决策程序的差异又导致了建筑策划的方法、文件成果和策划目标的差异，所以应当有所研究。

1. 中国政府援外工程项目

这是中国政府从国际主义精神出发，维护世界和平，促进人类进步事业，做出的贡献。每个五年计划都有国民经济发展成果一定比例的资金用于对世界欠发达地区的援建计划。这种援建计划是从世界大局、战略高度和外交需要各方面综合确定的，它与地域的灾情和突发事件没有关系，那是另一种公益性捐助，不可等同。

中国政府的对外援助不以私利和政治目的为出发点，从真正帮助受援国社会发展和经济发展的长远目标出发，向强化两国长远友谊和维护中国国家形象有利的方向努力。

这类项目的主项是受援国急需的项目，是对国家长远发展有举足轻重意义的项目，是促进受援国稳定、发展和有利于全国团结的项目。

这类项目的投资策划要点是：

（1）适用。切实解决受援国急需解决的问题。曾经一度在援外工程中议会会堂较多，那时是受援国民主化进程的需要；一段时间里医院工程较多，是受援国改善公民医疗条件的需要。

（2）经济。在援助总资金控制下要解决问题。这就需要确定适宜的建设标准，不能追求高标准，过高标准会因资金不足而压缩功能，影响效果；也不能过低标准而影响建筑的品质。建筑体形的简洁、交通流线的清晰简化是控制投资又不伤害建筑品质的最重要方法。

（3）美观。受当地人民喜爱，社会关注，反映两国人民友谊。

这方面把握很重要也很难，要有中国形象的展示，表达中国人民的情谊，但不能有中国文化入侵的倾向，要重视当地人民的生活习惯，文化喜好，才有亲切感，才会受当地人喜爱。同时，也不能为了美观形象而浪费资金提高建造成本。

虽然中国援外工程有许多具体设计要求，但归结起来仍是上述三条原则。

2. 突发灾情的后援工程

随着社会文明程度的提高、国家经济能力的增强、和谐社会理念的深入人心，当一方遭受突发灾害后，国家及社会各界除及时抢险救灾外，还应同时展开灾后重建的援建工作，从根本上改善当地居民的生活环境条件。一方有难，八方支援，援建项目的资金来源，有国家及各地政府投入，有社会慈善机构的投入，有企业的爱心投入，有民众捐款的集中使用……

这类建设的投资决策机制还处在探索之中。各类资金来源不同，仍在采用各自认为有效的方式。

国家及地方政府的援建项目，沿用了全民资本投资的决策方式。社会慈善机构的援建项目，采用各自认为妥善的决策机制。例如，在四川汶川地震后，澳门红十字会聘请澳门社会信誉好的建筑师为首的相关专家组成专门顾问委员会来监督援建工程的进度、质量和资金运用，包含项目的投资决策。来自企业的援建也是各不相同，多采用企业派代表参与决策，但项目由当时援建机构统一决策。民间的捐款纳入援建工程统一使用。由于资金的使用情况不够透明，援建出资人无法了解到资金的运用情况而引起一些质疑，这种建设的投资决策还有待探索一种科学的方式。

无论未来寻找到哪一种投资决策机制，笔者都认为决策的原则应包括以下几点：

（1）项目的功能、规模是当地急需的，是雪中送炭，而不是锦上添花。

（2）建设标准适宜。满足现代生活要求，但不必过分超前；满足安全需求，但不能追求过度坚固。

（3）适应当地气候（广义的气候，包含地形、水文等），利用当地材料，尊重当地习惯。

（4）便于管理维护和运行，不能成为当地的经济负担和人力负担。

（5）重视环境保护与生态平衡，不能造成当地环境污染、损害生态平衡。尽可能少占用土地，不占用良田。

（6）适当表达捐助投资人的形象。既可以表彰捐助人的爱心，鼓励他们继续关注社会公益，又可以让当地受助者感受到社会的温暖，让他们能感恩与关爱别人。促进社会的和谐发展。

4.7 自持自用建筑的设计前期工作

4.7.1 自持自用建筑的概念

自持自用建筑是指建设单位自己持有物权自己使用的建筑类型。

对于国有企业、国家机构、政府机关等为社会服务的单位，他们的工作场所建筑都是由上级主管部门确认需求，由国家建设投资主管部门审批，并投资建设，建成后其代表国有资本，拥有物权并可以自己使用；民营企业依据其资本的属性不同，有不同的投资决策体系来确定企业自用建筑的产权权属关系和使用者。

自持自用建筑依其功能类别可分为公共事业类建筑、社会管理机构办公建筑、企业事业单位办公及作业场所、社会公共服务设施及社会安全保障设施等。

公共事业类建筑，如飞机场、火车站、医院、学校等；社会管理机构办公建筑，如政府机构、人大政协办公楼、法院、检察院等办公及所属的机构办公和作业空间；社会公共服务设施，如体育场馆、电影院、文化馆、图书馆、公园等非商业盈利的设施；社会安全保障设施，如供电、供水、电信、网络、供热、燃气供应及消防、排污、防炭等设施。这些建筑和设施都属于全民资本投资用于为民众服务的建筑设施。近些年来，国家正研究和推行民营资本参与社会公共服务和公共保障设施的试点，出台一定的鼓励性政策，将会引起这类建筑投资决策方法的变化。

自持自用建筑的投资主体可以是国有资本，也可以是民营资本，还可以是合资型的股份制资本形式。从目前社会存在现实看，自持自用建筑中，国有资本占据了大部分比例。正因为如此，这类建筑的建设投资决策大多数是沿用国有资本基本建设程序，即项目建议书—可行性研究等一系列决策体系。

自持自用建筑的民营资本投资，采用各自企业的决策方式，因而需要建筑策划工作的支持和帮助。民营资本参与公共事业投资目前采用项目股份制企业的方式较多，采用的投资决策方法是：既要进行可行性研究，并通过相关职能部门、管理机构的评审和批准，还要经过民营出资企业的董事会投资决策，各自通过相应的投资决策程序。至于投资决策的相关技术文件编制并不需要两套，多数只进行可行性研究报告即可。个别有涉及民营企业单方利益而可研未曾涵盖的内容也有进行专项研究的个例。

4.7.2　自持自用建筑投资的目的和意义

自持自用建筑的投资目的是保证社会和国家机构及相应企业事业机构的高效健康运行，满足公民对社会活动和生活的公共需求，保障社会安定和安全。如果永不改变自持自用的性质，这类建筑的投资并不直接产生投资的经济效益，应更加重视这类建筑所发挥的社会效益。

在国有资本投资的自持自用建筑的投资决策中，其经济分析评价不是以投入产出的方法评定，而是以达到某种社会目标所花费的代价来评定。这里讲的代价不单纯指投资，还包含着能源、资源、社会的其他付出等综合代价，俗称的"少花钱、多办事、办好事"就是一个形象表述。

随着我国市场经济的发育发展，自持自用建筑的投资也由过去国有资本发展为多元化，早期的民企办公楼到后来的民企总部基地，再发展到现在的自持自用自主经营类型的城市综合体，发生了很大变化。加入自主经营模式的自持自用建筑就不再是单纯的自用性建设投资了，它产生了投资的直接经济效益，应分别纳入经营性或租赁性建筑予以研究。这里仍然是谈论包含民营资本投资的自持自用建筑。

说其不产生投资的直接经济效益不等于没有经济效益，它的经济效益反映在自持物业的增值。由于不动产基本概念所决定，附着于土地上的建筑物依其土地一同构成能持续增值的不动产业，所以自持自用建筑的投资具有满足自用空间需求的实用意义和自持物业持续增值的长远经济意义。

4.7.3　自持自用建筑的设计前期工作

国有资本投资的自持自用建筑的建设应严格遵循我国国有资本基本建设程序进行。目前我国国有资本管理是与国有资本的投资决策分开的，国资委行使国有资本管理职能，发展与改革委员会行使国有资本投资决策的职能。此外，还有与其职能相配合的监督、审核、咨询、评估等机构和相应机制。这一系列的投资保障系统是完善而科学的，它们是在长期的社会主义建设中随着改革开放和国民经济发展的变化与时俱进地改进而形成的。

国有资本投资的自持自用建筑的建设投资决策按项目建议书—可行性研究的决策体系进行，本书第二章已有讲述。

民营资本投资的自持自用建筑的投资决策依据各企业自己的机制不尽相同，但大多会借助建筑策划工作提供一个进行决策的基础文件，由企业资本的掌控机构集体决定。这时的建筑策划工作甚至比企业进行的其他类型建设投资更加具体，更加深入，策划工作的反复修改次数也会更多。有以下特点：

1. 因为自用，所以更关注功能

民营企业的投资决策也是一个机构，由若干人员组成。在其他类型项目投资决策中，项目责任人的意见更为重要，其他人多半处在协助判断的角色；自持自用项目则不同，人人都是责任人甚至使用人，意见变得更加具体，更加细微，建筑功能成为评判的首要因素。

2. 因为是眼下的投资，更加关注内在品质

品质此时已不是单纯的观感，也不是单纯的质量，而是包含质量、观感、品位、科技含量、时尚情趣乃至节能、维护等方方面面的综合建筑品质。策划时能想到的，决策会上一定会关注，策划时未想到的，决策会上还会提出很多。

3. 因为是自己的企业场所，策划过程是反复而漫长的

谨慎是反复漫长的原因，策划人应当有耐心。这类项目建筑策划应该由资深的有丰富经验的建筑策划师担纲，能从初始阶段就全面统筹，不致遗漏某些方面的问题造成大的改动，这将会影响投资人的信心。

4. 因为是企业的脸面，更重视形象完美

民营企业没有特别的社会背景或者说没有强大的政治和经济的后盾，企业基地的空间形象至少会展示企业的方向和追求。不同的企业会有不同的形象追求。有的需要展示其强大的经济实力，有的要显示其社会影响力，有的需表达它的科技能力和科技含量，有的要展示其社会亲和力和社会爱心等。所以建筑策划之初首先要了解投资的企业，了解它的宗旨、历史、远景计划，了解其核心人物的性格、志向、情趣，才能把握好形象策划的方向。

形象有很多不同的趋向，适当的兼容是可能的，一旦过多就会杂乱无章，有些民营企业希望能反映其更多的诉求，此时定要静心听取他的希望，从中梳理出主次，梳理出相互矛盾和可以兼容的主从关系，最终确定形象主题，突出主题，方能树立表达企业核心精神的形象。

5. 因为是自己投资自己的产权，更重视经济效益分析

项目投资计划在建筑策划之初一定有一个目标并且会告诉建筑策划师，最后也一定会再回到这个现实的问题上。

这个问题在整个建筑策划的过程中不会经常提起，甚至一直无人提起，但都是所有参与决策的人心中始终会在盘算着的事情，在最终定案之时此问题会明朗地提到会议桌上，若此经济效益分析成果与计划相当，则此成果能很快被确认。如果与原计划相差甚远，则计划书中应进行分项比较，对于过程中投资方提出的诸项建议的增加成本应逐项分列，以利于决策研究。

由于自持自用建筑的经济分析不涉及投入产出的财务性分析内容，仅涉及建设成本和建成后维护成本，或可预设不动产增值预测，这些应当在建筑策划工作范畴内，建筑策划在每轮修改时均宜对估算的变化做到心中有数，最终结果才不至于失控。

第5章 商品住宅的建筑策划

商品住宅是商品性建筑中最具代表性、最普遍的建筑类型，它也最能体现商品性建筑的概念和特性。本章从作为住宅的功能性和作为商品的市场经济角度分别对它的特性进行了研究，从中认识商品性住宅的建筑策划。

从住宅的功能性角度，讨论居家行为与户内空间布局设计，第一、第二、第三居所的户内空间差异，住宅品质与户外空间关系，住宅的户外环境价值等问题，对住宅以人为本的理念作较深入的分析。

从商品的经济性和市场属性角度，讨论商品住宅市场、市场细分、商品住宅市场的特性、住宅消费者行为、市场调查和市场预测知识。

本章还将对住宅的无形空间进行初步探讨，就住宅内空间的形态布局给人的心理影响和由心理感受到人的气运及健康关系作初步分析，从而对商品住宅的建筑策划提供心理因素的提示。

本章选了3个商品住宅策划实例和1个土地整治策划实例，辅助说明商品性住宅策划的程序和研究重点，其中有的实例选用了原始文件，让读者能完整地了解策划当时的思维过程;选择1个商品性写字楼开发策划，辅助说明土地利用研究在策划中的作用。

5.1　商品住宅的概念

5.1.1　商品住宅的概念本质

商品住宅是投资人利用住宅作为资本运营的物化载体。住宅在这种资本运营过程中，同其他商品在资本运营中的处境、地位、作用是一样的，从投资商人的眼光看，这时的住宅就是商品。

在居住者眼中，商品住宅是住人的房子，是家人共享天伦之乐的场所，是全家人的财产。

对城市管理者而言，商品住宅是城市空间最小的组成单元，是社会空间系统中的细胞，是城市服务体系的终端。

在物业中介商眼中，它们是业务的资源，是中介服务的对象，是有可能获得利润的潜在资源。

把所有社会人对它的认识和理解全部综合起来，就是建筑师对商品住宅完整的认识。在市场经济还未形成的时代，建筑师们只意识到住宅的居住功能和它的社会角色、社会性作用，因而在建筑设计中着重于功能性、社会性乃至艺术美感方面的研究。当进入市场经济时代，住宅成为商品之后，建筑设计的观念如果不发生改变，就不能适应时代和商品住宅自身规律。

商品住宅除去住宅的功能外，作为商品属性的一面，应当讲究商品的性价比，讲究商品外观的美感，讲究商品可以具有的文化附加值等。商品住宅相对于其他商品而言，是不可移动的商品，它依附于所在的环境，因而商品住宅还讲究环境品质，讲究环境为它所提供的功能运行的各类保障系统的可靠性。商品住宅不是简单的住人机器，它应满足居住者的社会活动需求，因而还会有别于其他商品，更讲究社会环境体系。

全面完整地认识商品住宅，才能把握商品住宅的设计和策划目标。

5.1.2 商品住宅的户内空间

1. 市场需求与商品住宅的户内空间规模

作为商品的住宅建筑产品最终要向市场销售，因而市场需求是确定商品住宅户内空间规模的唯一依据。

住宅市场在不同地区不同城市，由于经济发展水平的不同、城市规模不同、生活习惯不同、气候环境不同、人口组成不同等诸多因素，住宅市场的发育水平是千差万别的。因而住宅市场不是走马观花地调查就能掌握的，必须做深入细致的调查研究才能清晰了解。

商品住宅的户内空间规模在市场调研成果的基础上确定，最重要的是明确这个城市购房家庭的支付能力。所谓市场，就是消费者，是有三个条件的消费者。这3个条件是：有购买商品住宅的欲望；有支付能力；有在商品住宅建造区域内购房并成交的消费者。3个条件中的"有支付能力"这一条件与商品住宅的户内空间规模有密切关系，规模确定得适当，很多有欲望的人就可能成为市场；如果定得不适当，超过了他们的支付能力，就会将很大一批有购房欲望的消费者排除出市场。所以，许多地产商在开发投资决策时，反复研究住宅产品的套型总价，由此反过来确定户内空间规模。

新中国成立初期，城市住宅户型规模受当时苏联影响，普遍确定得偏大，一直影响着中国城市居民的居住观念。在市场经济发育初期，商品住宅的户型规模一直都定得偏大，这不符合中国人多地少的国情。人多地少的日本和我国香港户型普遍较小，但都做得很精细。因为土地昂贵，用地成本加入到住宅总价后迫使住宅的空间规模降低。这一现象在政府为遏制过高房价的政策引导及市场引导下，逐步趋于了理性。一度推行的"7090"政策，即城市住宅开发中，总量70%的户型应控制在90m²/户以内，已逐步被市场和开发者、投资者所接受。这一政策反映了城市居民的购房消费能力，适应了中国人多地少背景下城市化进程的客观条件，在今后相当长一段时间里这一政策会继续执行，也是大城市居民住宅开发投资决策的重要依据。今后政策导向会逐步转化为市场导向。

权衡市场能力和政策引导，今后相当长一段时间里，我国大部分大中城市商品住宅的户型规模会是90m²、70m²和50m²左右的三档基本户型组合，但它们各自所占比例仍然应根据市场的需求研究确定。100m²以上的大户型，甚至几百平方米的超大户型也会出现，但它们在总量中一定是少数。

2. 居家行为与住宅的户内空间基本要求

居家生活包括睡眠、餐食、家务、清洁、育儿、休息、阅读等事务，户内空间应满足这些活动的展开，并且能舒适地展开。会客可不列为主要活动，它是偶发的，不是居家常态行为，不必为其而损失其他的方便。卧室、厨房、卫生间及贮藏空间是住宅里最基本的空间，缺了就不能称其为住宅了。少了贮藏，可能是旅行公寓；少了厨房，那是酒店客房。基本空间的缺失，就不能完整地满足居家生活。

卧室是睡眠空间，应能放置床、衣柜、床头柜和休息椅，解决更衣、睡眠、起卧行为所需。双人卧室的双人床应为1.8m×2.0m，双侧上下，使共眠的二人能得到安静、互不干扰的睡眠条件。如有小于5岁的孩童，则应增加儿童床位置；如无其他供阅读的书桌空间，则卧室内应增书桌和椅凳位置。卧室内不宜设电视机。

儿童房是5～17岁少年儿童睡眠、学习和活动的空间，除床、书桌书架、单门衣柜外，宜留给儿童一个直径不小于1.7m的地面空间，满足他（她）自由活动的需要。孩子在自己的房间里要度过13年的成长期，他们会躺着、趴着、滚着，看书、玩玩具、写字、画画、唱歌，无拘无束，自由自在。过于窄小的空间不利于孩子的健康成长，甚至会造成不良性格。

厨房，尤其中国家庭的厨房，宜独立设置。除冰箱外，厨房操作台长度应能满足灶台、案台、洗池和餐品摆放的长度要求，我国住宅设计规范规定的大于等于2.10m的要求是最起码的长度。操作台宜一字摆开或呈L形布置，对面摆放的台柜只作为2.10m外的补充。

卫生间最少设3件卫生器，即坐便器、洗脸盆和浴器，另应考虑洗衣机位置。当洗衣机不设在卫生间时，三件卫生器各自合理的使用空间是850mm×1200mm，合计是3.0m²。只有在特定布置的平面才能实现2012年新住宅设计规范提出的最低2.5m²的面积值。

贮藏空间宜分类设置，不宜混杂，即分衣被、食品、书报、杂物等。空间的容量与居家人职业、人口数有关，也与气候和生活习惯有关。从未有过认为贮藏空间过大的意见。

阳台也是不可缺少的，衣物的晾晒，阳光及风的引入等对家居相当重要。在小面积户型中可在起居室或卧室外墙设落地帘，窗外设栏杆，打开窗即是凹入的阳台性质的空间。

对于人口少的小家庭，如两口之家和育儿期的三口之家，全家人的生活节奏是相同的，家庭内空间划分有可能改为时间划分，即将起居与卧室用推拉隔断隔开，白天拉开成开阔的起居空间，晚上隔成两个空间，容三人寝卧，适用于小套型住宅。

住宅的户内空间宜简忌繁，尽可能方整。在面宽有限时，也宜成长方形。户型空间的几何中心点宜处在开阔的空间中，不要在中心布置墙或窄小空间，几何中心的南北中线、东西中线上不宜布置户门、灶台、便器、洗池等设施。南北中线的外墙上最好有明亮的外窗。这些布局的要求有利于宅内的采光和自然通风，有利于户内视觉的舒展，人的心理也会愉悦。

3. 商品住宅的类型差别与户内空间的变化

同样是商品住宅，但有第一居所、第二居所甚至度假居所的不同。它们由于主人生活方式的不同而引起户内空间的很大变化，这一点又往往未引起大家的重视。

第一居所是家庭周一至周五的住宅，第二居所是家庭周末的住所，度假居所是家庭假期时的偶尔住所。它们虽都是家庭的产权又是住所，但因为居住行为、生活方式的不同，户内空间布局就发生了变化。

第一居所是家庭日常住所，家庭成员依据自己的工作、学习、社交需要安排各人的时间。回家的时间不同，回家后各忙各的，女主人下厨，男主人也许在书房，孩子在自己房间做作业，所以空间分隔清晰有利于提高效率。吃饭时要叫一声才能一家人聚会在饭桌旁。卫生间是清身之处，布置要求方便而高效。

第二居所则不同，一家人来此是休息，虽会有点工作中遗留的事，但总的来说是放松的。全家人同进同出，厨房、客厅、餐厅最好是相通的大空间，在休闲的气氛中备餐，一起动手一起用餐，轻松欢乐。卫生间不仅是清身之处，还是休闲之处，泡个澡也许在阳台上，也许在日光下。此外，可能有家庭影院，可能有健身房。

即使是小套的第二居所，也会将户内空间尽可能敞开，适应团聚；将卫生间与阳台相通，适应休闲；将户内与自然敞开，享受阳光与清风。

5.1.3　商品住宅的品质及与户外空间的关系

1. 商品住宅的品质概念

品质是两个方面的问题，一是品位，二是质量，品位讲高低，质量讲好坏。

商品住宅的质量与建筑工程的材料、设备的品牌、施工的精细程度和施工过程的监管相关，与住宅套型的面积规模无关，与住宅和户外空间的关系也无关。

商品住宅的品位则是与住宅的套型规模、空间组织和户外空间的关系相关。而在这些因素中最关键的是住宅空间与自然空间界面的多少。

独立式别墅与自然空间有6个界面，品相最好；并联式别墅有5个界面，品相次之；以下依次是联排式别墅、花园洋房、板式住宅中间户型；最后是塔式住宅的中间户型，仅一面开敞，品相最差。

品位品相与其价值相关，当然价格也不相同。

依据这一规律，策划和设计就应努力创造与自然界面尽可能多的户型。在集合式住宅中，短板住宅建筑效果较好。过分追求容积率多建房子也许会比少建一点得到的投资回报还少。

品位与质量应当匹配，所以人们才常将品与质放在一起，讲品质。

重视品质是建筑策划的原则，由此带来的是投资回报率的提升，使投资决策更加有信心，更加顺利。

2. 商品住宅户外环境的价值

住宅的户外环境有大环境、中环境和小环境之分，这里仍然是以研究空间环境为主。住宅建设基地内的空间环境是小环境，基地周边区域的空间环境为中环境，基地空中远眺范围的空间环境为大环境。

大环境可能为我们提供远眺的山岭、湖河水系、森林，这些都是远景观，朝日晚霞、草原沙漠、城市远景、晴空万里、白云涌动都可能成为远景观，当这些空间环境因素和当地气候结合并被总体布局有意识利用后，这些远景观因素就有可能构成商品住宅的建筑策划亮点而助升住宅的价值。在高层的公共空间里有意识地设置远眺平台，在尽端户型添加尽端外露台，在屋顶增加望远露台等方法都是挖掘利用远环境景观资源的方法。

大环境还可能为我们提供清风、和日、春雨、星月，这些也是远景观，虽不是每天、每季如此，但大自然景观从来就是季节性的，如钱塘潮亦仅几日，春雨扬州亦仅月余，海市蜃楼只有夏日可能发生。所以大自然的远景景观资源在于发掘，在深入调查研究的基础上创意性发掘利用，提升产品价值。

基地周边的空间环境为中环境，研究它们可能会发现这样一些景观资源：如校园空间的绿荫与青春脉动、旧城区的居民坡顶与市景、街边树丛与游园、幼儿园的童音、寺庙的宁静等等，在俯视之下都可能成为景观资源。

中环境在季节变化中可能产生别样的景致，冬季的雪中屋顶、秋季的金黄落叶、春天的绿芽萌发……许多旧时的某某八景，某某十景，其实并无绝色之艳，只不过有人发现、归纳、传颂，所以我们应当调研、发掘，加以利用。

基地内的小环境在于策划者的设计。建设基地内的总平面布局中最重要的是要设法留出可供创造小环境特色景观的土地，不要将基地全用于建筑，应当控制总开发量，切记不是容积率越高经济效益越好。在适宜的开发强度下，还应重视疏密有序的布置方法，疏密相间，像书法艺术那样，以密求疏。

密处满足日照通风前提下尽可能密，这样可以减少道路和管线工程量，又能获得尽可能开阔的集中绿地，足够大的集中绿地才可能做出更高品质的绿地，才可能创造出具有特色的小环境景观。

小环境景观不宜面面俱到，而应有特色、有个性。在对周边社区调研后，确定与众不同的景观主题，突出主题，强化主题，塑造出有价值的环境景观。

3. 住宅品质与住宅自然界面的关系

住宅与外界大自然的界面是天、地及外围四周空间，这些界面越多越宽，住宅的品质则越高。别墅的外界面有6个面：天、地及东、南、西、北，故其品质最高。并联住宅，俗称双拼，有5个外界面：天、地及南、北，加东或西，品质次之。联排式住宅，有4个外界面：天、地及南、北，品质再次之。低层洋房住宅，有3个外界面：南、北及天或地，品质再次。板楼中部住宅仅南、北两个界面。而塔楼高层住宅会出现部分仅一个外界面的住宅，品质最差。在联排住宅、板楼住宅中，人们竞相争取获得尽端户和顶层、底层，是想多获得一个外自然界面，四合院式的住宅比别墅价值更高，也是因为它除了拥有天、地、东、南、西、北6个界面外，还拥有内庭的自然界面。

住宅追求自然界面反映的是对阳光、通风和视野的追求，是人的生理需求和心理需求的表现。

5.2 商品住宅的市场

5.2.1 市场的概念及商品住宅的市场

市场就是人或人组成的群体。市场营销是人们为满足需求而进行的商品交易过程。

作为构成市场的人，应具备3个条件，即对商品有需要的人，有经济支付能力的人，并且有商品交易愿望的人。这3个条件缺一不可。只有3个条件皆具备的人，达到一定数量才能构成某种商品的市场。

在寻求商品住宅投资机会的过程中，不能仅看到某个地区的人口数量，更重要的是要看清楚能成为商品住宅市场的人群的人口数量。近些年来出现的三、四线城市开发的住宅新区成为所谓"鬼城"的事例，就是没有认清城市人口与住宅市场的区别而造成的。

在三、四线城市，相当数量的居民是有居所的，他们没有对新的商品住宅的需求；还有相当多流动的新的城市人，在这里打工，有较好的稳定收入，但没有打算长期落户于此，也就没有商品住宅成交愿望，当然也不是市场的构成者。内蒙古鄂尔多斯"鬼城"

现象正是缺乏对商品住宅市场正确的判断而盲目投资的后果。一个以煤矿资源开发而兴起的新兴城市，暂时集聚的人口是许多消费品的市场，但不太可能成为不动产商品住宅的市场，许多人因煤矿兴旺而聚，也会因煤的枯竭而散，不会成为永久居民。

三、四线城市居民与一、二线城市居民不同，他们的住宅基地来源有多种渠道，居所不一定完全依靠商品住宅。所以不能简单地用一、二线城市的人口数量判断商品住宅市场的方式来判断三、四线城市的商品住宅市场，还是要通过仔细的市场调查、分析研究来探求投资的机会。

5.2.2　市场的细分

市场细分是市场营销中一个重要概念。

对于商品住宅的市场细分，可以把构成市场的人的 3 个要素分等级组合，就会形成细分的市场。对商品住宅有需求，但需求的住宅品质、规模、户型是不同的；有经济支付能力，但支付能力的大小是有区分的；有成交的愿望，但成交的时机、成交的驱动因素也不相同。通过市场的深入调查，研究分析可以形成有针对性的商品住宅的市场细分，从而选择某种或某些细分市场，设计和建设有市场的商品住宅。

在商品住宅市场细分研究的基础上，选定商品住宅的产品方向时，可以有至少 3 种选择：

（1）针对各种细分市场提供单一产品，这叫作无差别市场营销。针对无差别市场营销的产品一般应有较强的市场适应性。

（2）选择某个或几个细分市场提供单一产品，这叫作集中的市场营销，或称特色市场营销。这样的产品应具有独特的特色和明显的优势，如特小面积而设施完善的小户型、可灵活分隔的适应性强的独特户型、能自住又能委托经营的适合旅行生活的户型等。

（3）针对不同细分市场提供分类型产品，这叫作市场细分化营销。一般较大规模的开发建设项目会选择这种方法。

5.2.3　商品住宅的市场特性及消费者行为

1. 商品住宅是家庭消费中最重要的消费

商品住宅总价格高，是家庭中最大支出；商品住宅是家庭中使用期最长的商品，使用期长达 70 年或以上；购买商品住宅是家庭的重大事件，所以购买商品住宅的交易决策是全家庭成员集体的意志，共同的选择。因而，商品住宅的产品性能及性价比应能让家庭成员中人人接受，而不仅仅是个别有决定权者。

2. 商品住宅的成交过程是消费者对产品反复认识到认可的漫长过程

绝不同于一般商品的交易过程那么简单，认识商品住宅的过程也是不断学习的过程，商品住宅的设计及策划应当建立在对住宅及居住的科学认识和知识积累上，只有科学的产品才能引起消费者不断地反复认识该产品的兴趣和激情，逐步达到认可。

3. 商品住宅是不动产，具有不动产的特质

消费者在关注住宅内部空间的功能舒适和健康条件外，同样关注着住宅的区位条件、环境条件、自然条件，关注内部与外界的关系和界面。

商品住宅的品质不是单一的建筑物品质，应当是包含区位、环境及与大自然空间关系在内的综合品质。基于不同的区位、环境和大自然空间，孤立地确定商品住宅的品质定位是欠妥的，在建筑策划中应慎重行事。

4. 服务是商品住宅的商品价值组成部分

从商品营销的角度看，实物可以成为商品，服务也可以成为商品。商品住宅的价值（用价格体现）包含着住宅及其服务。

当今时代，商品营销广泛地进入到实物＋服务的综合商品营销时代，商品住宅更是如此。商品住宅会相应附加很多非物质因素，除区位、环境和大自然等外界条件外，在住区内部仍有交通服务、安保服务、医疗服务、生活服务、能源保障、水气供应、健康环境等服务性条件，它们也应当是住宅商品性的组成部分。因而，住区的配套与住宅本身的品质定位应当匹配，综合筹划。适度的服务系统与配套设施的配置是完善商品住宅品质定位的组成内容，而非额外负担。提倡适度的服务系统也就是不主张过度，因为过度会造成开发成本的提升，也会涉及住宅销售价提升和未来住户居住成本的增加，使商品住宅品质定位脱离消费者支付能力。

5. 商品住宅的消费交易是相对隐蔽的个体交易

商品住宅交易是大宗巨额消费，涉及消费者财产隐私及心理隐情，不易在大庭广众间进行。从消费者心理而言，总希望自己购入的住宅在同等价位的产品中不是被边缘化的弱势位置，甚至希望与同质者相比有某种优势或某种优惠之处，至少不能被弱化。因而，在建筑设计和策划中，同质产品的位置及环境的均好尤为重要。而且，产品品质的阶梯等级与位置、环境的阶梯等级应当相匹配，最终与交易价格相匹配。

5.2.4 市场调查与市场预测

商品住宅建筑策划前，建设投资方一般都已进行市场调查，并相当可能进行过投资机会研究，初步确定了建设目标。为什么这里还要进行市场调查呢？因为在建筑策划前应当理解建设投资方提出的建设目标内容，审视其定位的准确程度，同时建筑策划展开后当客观条件对目标实现的制约和矛盾难于化解无法调和时，修正建设目标是一条出路。若没有市场调查的基础，这些工作是无法展开的。

1. 市场调查的内容

根据城市人口及住宅量，在建同质商品住宅量，研究判断城市商品住宅需求量。市场调查的内容包括：同质商品住宅的市场信息，如销售量、销售价、品质定位，消费者评价意见；城市商品住宅消费人群信息，如职业、家庭人口组成、家庭收入或消费能力等；当地居民的生活习惯，气候对家居生活的影响，对住宅的喜好趋向等；城市及地区经济发展趋势，城市中活跃的职业人群、城市的主导产业和产业导向。调查内容还包括建设投资方推荐的调查对象和调查内容，尤其是建设投资方认定的同质在建项目和建成使用的项目，这是策划项目的市场竞争对象。

2. 市场调查原则

1）真实性

调查最重要的原则是真实性，失去了真实性就失去了调查的意义和作用。要做到真实性就应避免在调查中的诱导，要让被调查者主动自愿地反映本意。在口头调查中忌用诱导性语言询问；在问卷调查中，问卷的设计不应使若干答案处于不平等的位置，以防诱导。更不能对调查的答案、结果进行带主观意识的整理加工。要做到保证真实性，最重要的是对调查员的培训，树立客观求真的态度。

2）代表性

调查的第二个原则是代表性。因为任何调查都不可能真正做到全市场调查，而仅仅是取样性调查。因而确定调查的面应当具有一定的调查量，偏小的调查量其代表性较弱；调查取点应当在地域方面，被调查者职业、年龄等方面有较广的幅度；调查的方法宜选取两三种方式，并将各类方式的调查结果进行比较。

3）时效性

调查要讲究时效性，过去年度、季度的调查结论可以作为参数，在调查结论的比较研究中很有价值，但不能直接用作决策依据。

4）针对性

由于建筑产品、建筑商品存在着细分的市场，为建筑策划而作的市场调查，应当与策划和营销决策确定的细分市场相对应。我们不可能将老年社区建筑产品的市场调查结论用于面向青年人的小户型项目的建筑策划之中，也不可能将租赁性建筑的市场调查结论用于商品性建筑的建筑策划之中。

这4项原则的核心是真实性。不具代表性也就是片面而不真实的，过时的信息难于反映今天的真实，别的范畴的实情不能代表我们将要研究的范畴的真实，真实了解现状是建筑策划研究的基础。调查是真实了解现状最重要的方法，可能是唯一的方法，这里讲的是市场调查、用地现状和环境调查、建设项目的社会背景调查，三者合一才构成建筑策划的基础性工作。无论哪项调查，其原则的核心都是"真实"。

3. 市场调查方法

关于市场调查的方法,很多书都讲过,本书没有阐述。随着时代的进步,社会的发展,科技的创新,市场调查方法不会再局限于传统的方法。在信息时代的信息时时处处都可获取,但要能将这些信息梳理成有价值的资讯成果。

4. 调查资料的梳理与编辑

对已获得的信息资料等原始素材要进行梳理和编辑,这是调查工作的最后环节。第一步,汇集、梳理、编辑,而不是整理。第一步,梳理,按问题类别梳理,同时将其中不可靠、有疑问、不准确、无意义的信息提出来,但先不剔除;第二步,编辑,按建设项目的具体情况和需要分类、分问题组合;第三步,研究分析,针对其中相互矛盾的信息、不准确有疑问的信息、无意义的信息进行研究分析,去伪存真;第四步整理成调查成果报告,作为建筑策划和营销决策的基础性资料。对于在第三步梳理研究时剔除的调查信息不是简单地删除,而是作为附件存于资料之后,以便需要时参阅。

5. 市场预测知识

预测是根据事物的历史与现状中的规律性发展趋势,对事物的未来过程和发展结果的推测。

预测的过程首先是对事物的历史和现状的了解及分析,从中找到它的发展规律,依据这个规律,因数据处理或理性的推断而获得预测结果,整个过程是一个渐进和反馈的综合运转过程(图5-1)。

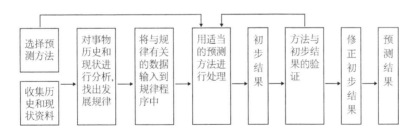

图 5-1　市场预测过程

在市场调查基础上所获得的产品市场供应量、市场需求量、同质产品生产及供应量等数据是市场预测的基础,它们应当是系统的、全面的,表现出动态变化的。孤立的、单个的数据对于预测工作意义不大。

供应量的系统性与需求量的系统性的平衡分析,可以发现投资机会。

预测方法分定性预测和定量预测两类,有时两种方法都用,以相互验证。定性预测是一种经验方法,依靠有经验的专家或专家群的经验和判断力,针对掌握的历史和现状资料对事物发展趋势及发展结果作出推断。常用的方法有专家会议法、专家推断法(互不见面的独立判断，又称特尔菲法）、类推预测法（有经验的专家利用资料进行对比性分析，得出推测结论）。定量分析方法由于寻找变量规律的不同而分为因果分析预测法和延伸性预测法，还有其他方法。它们又各自细分为若干方法。

这里只是介绍预测方法的一些知识，了解预测工作的程序和预测方法的多样，毕竟是推断未来的事，不是一两种方法就能判断得准确的，所以要视项目的重要程度和预测在项目决策中的重要性程度，选择几种方法展开并验证，而且要依靠这方面的专家进行预测工作（表5-1）。

几种预测方法在建筑商品市场预测中的适用性　　　　表5-1

	定性方法			定量方法					
	专家会议法	专家推断法	类推预测法	因果预测法			延伸性预测法		
				回归模型	弹性系数法	消费系数法	移动平均法	指数平滑法	趋势外推法
方法特点	组织有相关经验的专家，研究掌握的资料，依据经验和判断能力，通过会议形式研究讨论，得出结论	组织有经验专家各自独立地分析资料，独立判断，提出预测意见，再多轮反馈综合，整理出结论性意见	由有经验者，对已发生的类似时间发展过程和预测的事件发展进行对比性分析，形成推测性结论	分析事物历史变化规律，寻找变量之间的因果关系，建立回归的函数模型，输入预测事物变化的自变量，得到结果。分一元回归、多元回归和非线性回归等	特定的两个变量之间存在着相互依存的变化关系，建立这两者的系数关系，而求得预测结果	根据产品在若干分类市场中的消费量的统计分析，预测未来该产品的消费总量	假定两变量的关系与其他条件不变，假定变量的变化是渐进而不是跳跃的，这种将过去渐进发展规律的平均变化延伸开以后而测算出未来的结果	与移动平均法相似，只是将事物发展平均变化改为递减或递加的指数变化，以指数变化规律去预测未来	当变量随时间的变化关系不是平均发展又不是指数发展而是一种曲线模型关系时，即初期缓慢，后增快而后又趋于平稳最后下滑的情况
适用范围	适用于产品趋势、产品品质、科技成果运用等长期预测。适用于市场需求的近期预测			可用于商品性建筑的市场需求量预测。适用于产品价格预测	可用于产品价格与销售量关系的预测	可用于建筑材料耗量市场的预测	从统计数据上看，历史上变化的规律是渐进式变化而非跳跃式变化，历史上的变化规律可以顺延至将来。可用于经营性建筑的市场需求量预测，如旅馆等		
所需资料	所调查资料提供给专家们参考。所聘专家也有各自所掌握的资料，依据自己的经验和掌握的资料作出判断			应有5~7年的统计资料，连续不间断的定量数据资料			统计数据越多越好，最少应有过去连续3年的数据		历史数据统计最少5年，越长越好
精确程度	只是定性判断，不适宜定量分析			具有定量性参考价值			历史数据越长，定量判断的参考价值越高		
预测时段	今年预算明年，再长期精确度差			中长期预测			历史数据越长，其预测时段也越长		

5.3 无形空间观念对建筑策划的影响

中国古代哲学《易经》是先人认识世界解释世界的经验结晶，是伟大的文化遗产。《易经》认为我们生活的世界是由有形的世界和无形的世界综合组成的。当我们将易经原理运用在认识人体的时候，就有了中医理论和实践。中医认为人体有经络系统，当我们将人体解剖后能看到血液系统、神经系统、消化系统等有形的人体，却看不到经络系统，但它的确存在，人们依据经络的原理，发明了针灸学，寻找到互无表象联系的穴位，并有效地通过针灸或按摩穴位祛病养身，调节身体。因为人体是有形的人体与无形的人体共同组成的。

人类生存的自然世界也是由有形世界与无形的世界共同组成的。有形的世界是我们看得见摸得着的山、水、地形，感受到的阳光、风、雨等；无形的世界是看不见摸不着甚至感受不到的气场。在一个空间中，人们喜欢寻找靠边的边或角坐下用餐用茶，因为感到宁静和安全；在宏大空间中，当进行少数人活动时，希望有一定的空间界定；当人在开阔场所安坐时，喜欢背靠有遮挡的物体，心里才有安宁感。这些都是气场的作用。

在中国无论东西南北，传统的住宅几乎都是院落，虽然它们各不相同，但都表现在其中心是开阔的公共空间；在一座宅内、屋内，其中心也是开阔的空间。人们不喜欢正门大开着直对中心；不喜欢住宅凹凸错位，认为方整的房屋让人心安；也不喜欢住宅空间中心的南北东西的纵横轴线上有卫生间、厨房的灶台等器具；不喜欢北向的门窗洞大过南向的门窗洞；不喜欢通过式的客厅等等。总之，是寻求住宅空间的安宁感、和谐感、安全感。好的气场营造的是人心里舒坦的场所。

由于中国人受到古代哲学思想的影响，或多或少对无形空间观有所意识，而住宅作为商品时，消费者对它就会十分苛刻地审视，会用无形空间观念去要求它。商品住宅的建筑策划不应当无视这种现象的存在，而应当正视它，研究它。

无形空间观念的主要要点是：空间的完整性、布局的均衡性、卧室区的私密性、人的静态场所的安宁感、水火用具的安全性、杂乱物品的隐蔽性等。

（1）空间的完整性

主张住宅外形平面完整，不喜欢奇奇怪怪的平面外形，不喜欢缺角的平面。宅内的空间分隔最好是横平竖直，切忌斜向隔墙，因为它造成大小头空间。空间的完整性还表现在室内空间分隔不要太零碎，在满足功能分隔的前提下，分隔宜少不宜多。

（2）布局的均衡性

宅内功能分区应合理，里外分区，动静分区；寝卧区在里，起居餐室在外；用水空间（厨、卫等）相对集中。全家起居的大空间宜完整，不宜一头宽大一头窄，呈方形、矩形为好，并应有较完整的墙面。

（3）寝卧区的私密性

寝卧区宜在住宅的里侧，与家庭的厅堂有一定的限定感，使寝卧区有安静、安宁的感觉；各卧室的门处于适当位置，门开时也不宜让厅内一览无余地看透卧室。

（4）人的静态场所的安宁感

人在客厅沙发上就座休息，人在床上寝卧睡眠，人在书房阅读写画等行为都要感到安宁，而安宁的条件是人的身后没有门窗，人的侧后向没有门，外界的状况均在人的前方或斜前方能及时观察到的范围内。

（5）水火用具的安全保障

水、电、火、燃气等用具均应有妥善的位置，不宜在住宅中部或中心的纵横轴线位置，用水、用火点有适当距离。因为纵横轴线位置上有水、火必然造成左右或前后会与其他功能空间相邻，涉及面过大，引起主人心理的担心。

除住宅空间设计外，住区的总体空间布局也存在无形空间观念问题。住区空间布局应中心开阔，面向阳光，避免寒风侵袭、避免阴暗角落空间的产生，垃圾、公共卫生间要避开公共活动场所等；主次入口不宜过于直接通向住区中心空间，应有一定的遮掩；住区理想的空间布局是背有依靠，面南开阔，但与城市空间有间接隔离。

《黄帝内经》上说："百病生于气也，怒则气上，喜则气缓，悲则气结，惊则气乱，劳则气耗……"住宅的空间应努力创造使人气和、喜、悦的氛围，避免引人怒、悲、惊、劳的气场环境。

无形的空间观所说的气场是营造一种让人感到安宁、舒坦、无忧无虑的居住环境，让人长寿、健康。

以上讨论的内容是关于建筑空间气场环境问题，直观上说气场环境看不见摸不着，但是人能够感受到，这种感觉会引起人的生理反应，如心跳加快、血压升高、血流加快等等。气场环境的构成元素、气场环境的规律都是可以认知的，可以表达的，不是虚无的，但是要从头说起就非一时之事，本章只讨论商品住宅，这里也仅对与住宅的人居空间直接相关的进行简单表述，让建筑策划师在工作时重视这方面的问题。

在商品住宅的市场营销中，这方面的问题已被消费者重视，相当一部分消费者重视住宅的内空间和外空间的气场环境问题，更多的是关注内空间的气场环境，所以建筑师和建筑策划师应当予以重视。

本章以商品住宅为例研究商品性建筑的同时，也收录了商品办公建筑的实例。

商品办公建筑与商品住宅同属商品性建筑，在建设投资行为和收益模式上是相同的，它们作为商品的一面与商品的特性也是一致的，一切在其他商品中采用的让商品增值的策略均适用于商品办公建筑。从建筑功能角度而言，办公建筑与住宅则完全不同，各自有自身的规律，从建筑策划的角度，除认真研究建筑满足功能的细微要求外，应当依据办公建筑的市场需求进行办公建筑的策划与设计。

办公建筑的物业销售是针对企业的，与住宅销售针对家庭是不同的。企业希望自己的办公环境具有独立完整性，希望能展示自己的个性与行业能力，在集合式办公建筑中如果能实现这一点将会受到市场的欢迎。

5.4　贵阳新太乙花园（在水一方）建筑策划（1999 年）❶

5.4.1　建设背景

贵阳市城市中心地段的造纸厂影响了城市发展，污染了南明河环境，城市规划决定将其迁出，并规划为居住用地。贵阳新太乙房地产开发公司获得了这块土地的开发权。由于这块土地位置极其重要，位于城市中心省委办公区的南明河对面，周边有甲秀楼、南岳庙等重要景园，城市规划并不要求这里成为城市标志，但要求在环境、交通及南明河保护等方面为城市有所贡献。

新太乙房地产开发公司获得这样优势的土地资源，自然付出了昂贵的代价，因而立志做成贵阳迄今最好的楼盘，想成为最有影响力、品质最好、最受欢迎的品牌建筑产品，同时企业也能从中获得较好的经济效益。

5.4.2　开发商的建设目标

新太乙房地产开发公司是贵阳本土开发商，他们对贵阳的环境、市场、城市消费水平、居民喜好、气候等非常熟悉，对这块土地的优劣条件也非常清楚，经过反复交流，明确地提出了以下建设目标，要求通过策划研究予以实现。

建设目标要点如下：

（1）总销售面积应达到 8 万 m^2 以上，争取更多一些。

（2）住宅应控制在 18 层或以下。

（3）以 130m^2/ 户以上大户型为主，可分为 5 类：135 ~ 140m^2、150 ~ 160m^2、170 ~ 180m^2、190 ~ 200m^2、200m^2 以上。

（4）根据市场信息，希望以跃层式户型为主，但要解决好跃层式户型的管线竖向走管带来的诸多问题。

（5）利用好河景，让每一户均有良好景观，不宜有景观死角和销售死角。

---

❶　前期建筑策划参与人：曹亮功。

（6）宜有完善的配套设施，达到高品质社区的配套要求，如泳池、网球、健身、商场和花园。

5.4.3 用地条件的优劣势分析

1.优势

位置好，位于城市中心；有南明河流过，景观条件好；道路条件较好。有2个不同标高的城市道路经过用地东侧和西侧，有利于利用高差创造人、车分流的交通体系。

2.劣势

用地规模太小，周边均已限定。在限定高度、限定地界的条件下，要创造高品质住区有较大困难，是一次挑战。

5.4.4 总平面布局与户型设计

总平面布局经过了反复研究，先后提出过8个布置方案。

所有总平面方案均建立在大进深板楼的基础上，而大进深板楼单体方案是建立在大户型基础上的。

总平面布局研究不可能避开户型研究而独立进行，那是没有意义的。

基于业主对户型规模和户型类型的认定，策划研究认为大进深板楼有下列优势：

（1）两个方向与外界相通，有利于获得自然通风、采光和景观条件；

（2）大进深有利于获得较高容积率，能较好地满足业主的销售面积需求；

（3）体形系数相对较好，有利于控制建造成本；

（4）在大进深户型单体基础上提出的总平面布置方案有4种，如图5-2所示。

上述4个总平面方案均有良好的采光、通风和完整而览阔的中心花园，有良好的河景景观，住宅总面积能满足或基本满足业主确定的建设目标。其中有2个方案未考虑泳池和网球场，配套设施尚有不足，其中2个方案长板楼过长，切断了本小区空间内部联系或与周边空间的联系，形态上也会有不舒服感，尺度与城市尺度不相协调。

经过反复研究，结合业主方与城市规划管理部门协商，拟将基地扩展至3hm^{2}左右，并探索增设12～18班小学的可能性。

最终建筑策划提出的总平面布局具有以下特点：

（1）用地分配为住宅:小学=2:1，地下空间为住宅小区配套之用；

（2）小学校舍采用内庭式集约校舍，占地小内容全，能满足小学功能空间的配套要求；

（3）住宅采用3栋L形大进深板楼围合布置，体形简洁，空间开敞；

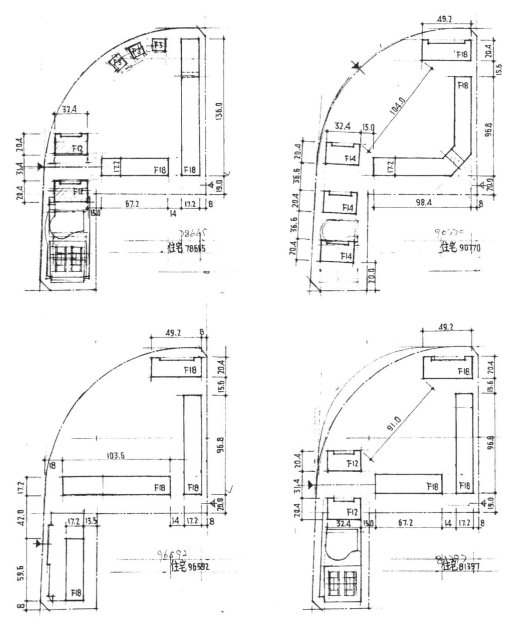

图 5-2　新太乙花园总平面布置方案

（4）住宅组团拥有 1.17hm² 的宏大庭园，并有宽大开口面向南明河，使内庭与城市景观带融于一体；

（5）住宅户型均好性突出，均具有良好通风、日照和景观条件；

（6）适应贵阳的气候特征——"贵阳"，为每户都争取更长的日照条件。

5.4.5　异位跃层户型的创造性

根据业主和市场的需求，本策划的全部户型采用跃层户型。

由于跃层户型上下层功能的差异，造成内隔墙错位、卫生间难于上下对位，管线竖向非常复杂等问题，并会因此引发未来住户之间的矛盾。加上大进深大户型当分为上、下两层后，每层面宽就减少了一半，18层住宅楼从底至顶仅9户，每个疏散梯和电梯仅服务18户，楼梯和电梯比平层住宅增加了一倍，相比之下，住宅的公共推销面积增加，利用率降低。由上述因素带来的还有建造的复杂性和建设成本的提高。

本策划提出了异位跃层户型方案，保留了跃层户型的家庭生活内外分区、动静隔离、隐私保障等优点，而避免了因跃层而带来的诸多矛盾问题。

异位跃层户型的底层包含门厅、客厅、餐厅、厨房、书房（或兼作客人房）卫生间及工人房，有前、后两个出入口。后门位于辅助阳台通往楼梯间，作为杂物、垃圾出入；底层拥有2个阳台；楼层包含家庭厅、主次卧室、儿童房及2~3个卫生间，2~3个阳台。

跃层住宅的宅内楼梯的细节往往被设计师忽视，它的宽度太宽会浪费，太窄了不便使用，尤其是搬家具时很困难。本策划采用了L形户内梯，避免U形楼梯不方便搬物件上下，也避免直梯缺少隐私性和安全感。L梯上段长，宽度900mm，下段短，宽度1000mm，这样方便物件上下。

5.4.6　其他主要策划要点

1. 充分利用地势高差，实现小区人、车分流

地下停车库从南明河河滨路进入，地面层不设车行系统，仅有应急和消防车道，地面是一个行人自由、安全的共享花园。

2. 下沉式网球场解决了网球噪声问题

作为高品质住区，需要网球场，但对这么小用地的住区，网球的噪声又令人烦躁，本策划提出的下沉式网球场方案，妥善地解决了这个难题，场地在地下室标高，而上部开口通天，有防护网，安全、舒适、无干扰。

3. 室内享有天景的泳池

结合贵阳气候条件，本策划设置了地面层室内游泳馆，泳池及设备用房置于地下室，游泳池设于地面层，上顶开设天窗，可享有天景和外景，气温适宜季节可享受自然通风。

4. 户型规模的可置换性

本策划设计了130m²至200m²以上各种规模的户型，它们的进深统一为17.2m，而户型面宽分别为7.2、8.4m、9.3m、10.0m、11.2m等，所有户型的楼电梯、管线箱、出入前后门位置都是统一的，这样有利于户型的互换。

设计开始后，第一栋楼建设时，发现市场需求的变化，可及时调整以适应变化的市场。

贵阳新太乙花园于2003年建成，改称"在水一方"。创造了当时贵阳历史上最高销售价，比以往住宅平均售价提升了一倍，荣获该年度"全国十佳楼盘"称号，成为贵阳知名标志。

也许因为小学用地偏小而未实施。原策划位于地下层的敞开式网球场改建在地面层，地下层增加了停车位，但因网球噪声影响，很少使用。

图5-3 新太乙花园建筑与地形关系图

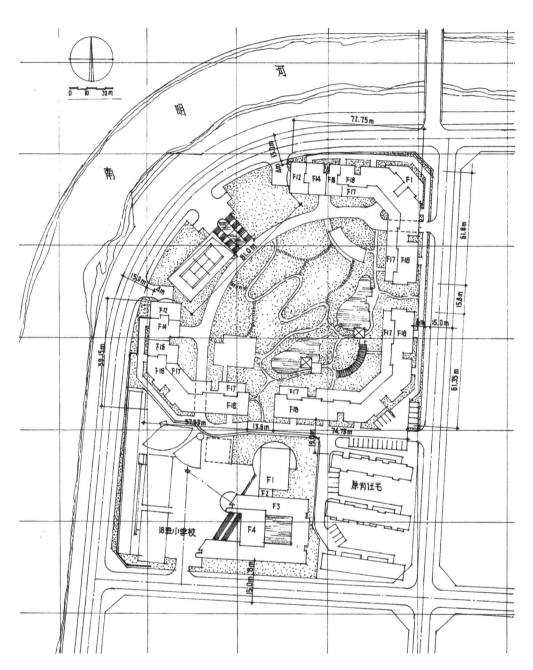

图 5-4　新太乙花园总平面图

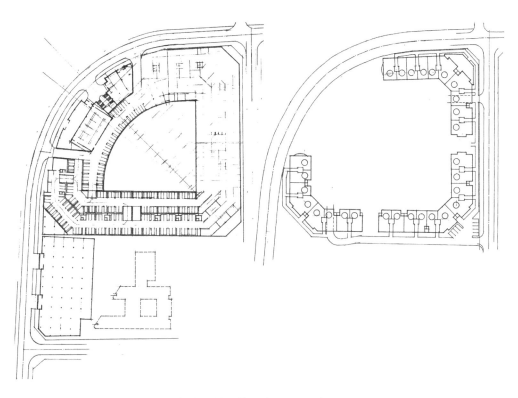

图 5-5 新太乙花园住宅地下平面图与屋顶平面图

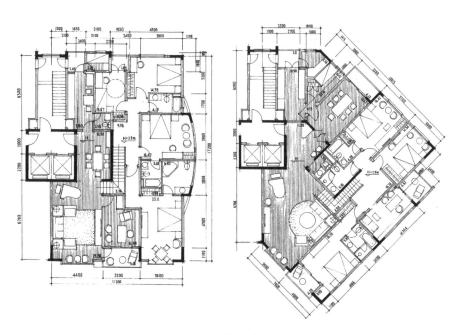

图 5-6 新太乙花园户型平面图

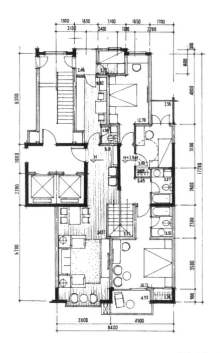
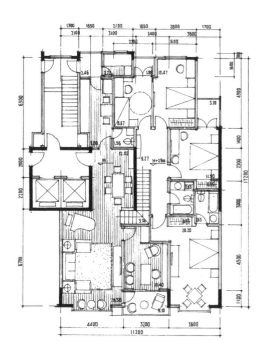

图 5-7　新太乙花园户型平面图

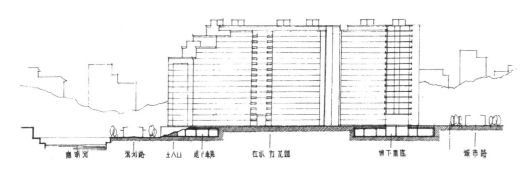

图 5-8　新太乙花园立面图

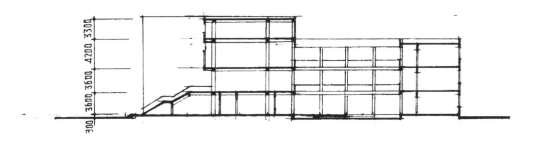

图 5-9　新太乙花园学校剖面图

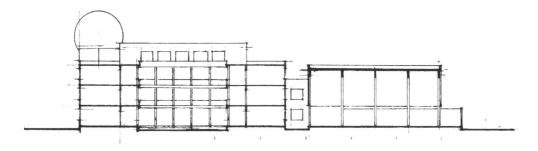

图 5-10　新太乙花园学校立面图

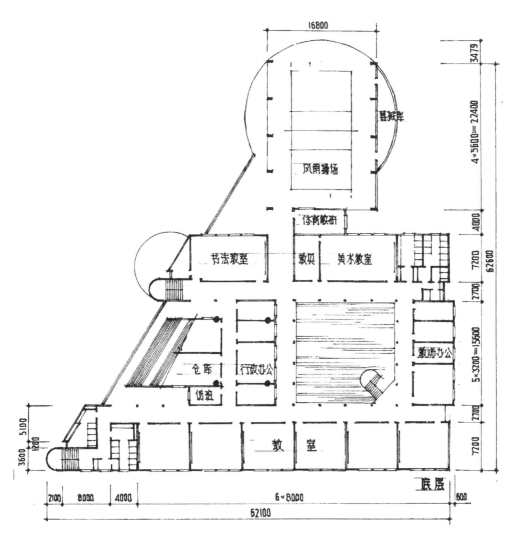

图 5-11　新太乙花园学校平面图

5.5 北京朝阳区来广营乡立水桥周边土地整治建筑策划（2003年）❶

5.5.1 项目背景

2003年，根据北京市政府办公厅《关于研究安立路整治工程有关问题的会议纪要》，朝阳区及来广营乡立即落实，依据《来广营乡立水桥用地控规》，根据市场经济规律，引入中联亚房地产开发公司合作进行立水桥周边地区整治。

立水桥地段是北京市区东北部城市交通道路交会地段，有轨道交通、铁路、城市快速干道立汤路、河流及城市干道，将土地分隔成大大小小十几个地段，控规确定可供给的建设用地仅占27.58%左右，其他均作为公共绿地，绝大部分属隔离绿地。

引入的房地产开发公司是以经济利益（开发效益）来考虑问题的，而引入他们的乡政府则重点在于土地整治的效果。城市交通建设占用了大批农民的宅地宅院，他们需要安置，附近的集体企业要搬迁，杂乱的环境要治理，一切经费从向开发商出让土地中获得解决。因而，城市公共利益、客体利益、开发商主体利益交织在一起，经济效益、社会效益、环境效益也汇聚在一处。

建筑策划显然成为详细规划的核心。

5.5.2 建设目标

（1）在整体上维护交通顺畅、绿地舒展、开发强度适度等城市公共利益，以达到整治的目标；

（2）亲和自然，在绿地和水系的优越条件下，希望能以亲和自然的姿态吸引更多的购房者；

（3）贴近市场，政府引入开发商参与安立路整治工程，双方均十分重视开发的产品要贴近市场，市场的目标不仅有附近原住民的回迁，更有广大购房的市民；

（4）在"十六大"创建全面小康社会的时代精神指引下，乡政府及开发商希望在此新建的小区里努力创建文明、健康、居民共享互助的社区，为未来创建典范社区打好基础。

5.5.3 基地分析

（1）基地总面积53.92hm²，其中建设用地14.87hm²，占总用地的27.58%；建设用地被道路、河网分隔为10块，最小用地仅有0.28hm²；不少用地被道路切割成异形，很不规整，不好利用。

（2）轨道交通、快速道路纵横交错穿过基地，带给未来社区噪声影响。

---

❶ 前期建筑策划参与人：曹亮功、陈跃东、王永辉。

（3）城铁、地铁5号线及南北主干道立安路为本社区带来了出行的方便。

（4）地块的分散现状，给社区的生活组织带来不便。

（5）绿地中有高压线走廊绿带，会造成不利的景观感觉。

（6）基地位于奥林匹克公园的东北，相距不远，2008年奥林匹克公园建成对本基地有积极影响。

5.5.4　建筑策划的思考

1. 土地的适宜性利用

基地范围内地块分散，被隔离绿地、道路、河系隔开，不利于组织社区生活。

策划研究认为，应深入研究各地块的方位、环境、用地规模等特性，结合周边城市和本社区的功能需求，确定它适宜的用途，发挥各地块土地的最大利用价值（图5-3）。

（1）基地北端3块用地（A-01、A-02、C-01）与主体地块相距较远，并有河道、轨道交通和城市干道隔离。研究决定这些地块不作为住宅用地利用，应选作与住区相关又是城市区域所需的功能。

（2）北端最东头用地C-01地块。该用地1.72hm²。靠近城铁、地铁和城市干道交会处，均有车站设置，交通方便，便于人流、车流集散；地块周边有宽阔的公共隔离绿地围绕，周边干扰较少，相对独立；由于它处于本基地北端喉口处，宜建设有标志性的公共性建筑。经调研了解，乡政府确认本策划的建议，在此建一座人才交流中心。

（3）北端最西头用地A-01地块。用地面积0.83hm²。地块形状怪异（呈三角形，南北长边250m，最宽处75m），很不好用。考虑该地块靠近地铁站，面对东侧公园绿地，拟作为酒店建设用地。既能与人才市场交流中心相配套，又借助公园绿地相辅衬；既能成为居住小区的配套设施，又能较好地利用这块很不规则的土地。

（4）北端中间地块A-02。用地面积4.72hm²，控规确定为公园绿地。

本策划研究认为这块被围绕在道路隔离绿地中的公园绿地，不缺乏绿色植被，而应强化引人入胜的内容，聚集更多人流入内享受大自然。要让公园有一个更加积极的主题。结合周边城市功能的分析和本基地临近2008年奥运会会址的现状，建议设立体育健身公园。

体育健身公园的确立，弥补了北苑建成区域缺乏群众性体育设施的现状，也适应了2008年展开群众性体育活动的需要，使A-02地块的土地价值体现得更大，对城市的贡献更大，使环境整治的效果更加突出。

（5）最南端B-08地块。用地面积0.82hm²。是一块极不规则的边角用地，又相对孤立。

策划研究确定作为公用及管理设施用地。将医疗所、居委会、环卫站、市政管理、工商所、房屋维修、路灯变电所集中于此，控规允许的容积率除上述功能外，可安排小户型公寓（图5-12）。

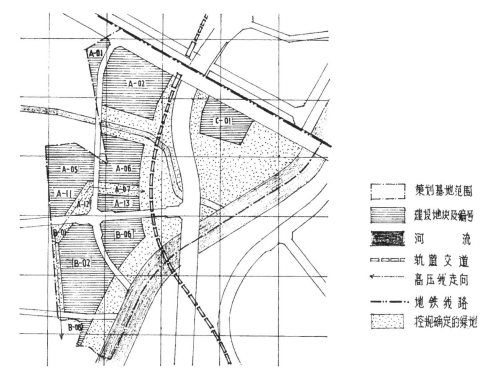

	策划基地范围
	建设地块及编号
	河　流
	轨道交道
	高压线走向
	地铁线路
	控规确定的绿地

图 5-12　立水桥周边土地整治规划示意图

2. 用地的优化调整

建设用地内有高压线走廊通过，控规保留了高压线现状，使原本不太完整的用地更加零碎，很难组织起合理的居住社区生活。

策划研究认为有必要对建设用地作优化调整，与开发商讨论后决定以较小的代价改变高压线局部一段的走向，或改为地下电缆（需视高压线电压而定），让 A-07、A-12 和 B-01 地块用于住宅建设，使住宅用地地块趋于完整，并能形成以十字形道路为中心的镇区生活空间。

3. 土地的集约化利用

基于本项目基地内有大部分空间的公共绿地和开阔空间，除体育公园外，其他建设用地不再考虑过大过宽的公共绿地和开阔空间，而只从日照、通风等卫生要求出发满足必要的建筑间距，采用比较经济的楼房层数，使生活更加方便。

在开阔宏大的城市空间中，适宜采用集中一体的建筑或密布的建筑群，既有利于土地的充分利用，也有利于建筑与城市空间的形态对比。

（1）C-01 地块的人才市场交流中心采用体形简洁的双塔、矩形基座，在周边开阔绿地映衬下，会更加完整突出，更显标志性。而建设成本相对比多体块组合要更加经济，使用效率更高，形象更加完整。

（2）A-01 地块的酒店采用了简洁的一字板楼，依地形做了一个转折。在异形地块中取得了最适宜的位置和适宜的形体。平面的转折不再需要里面形体的过多变化，于是获得了经济性、完整性和高效率的空间。

（3）A-05、A-11、A-12 和 B-01、B-02 住宅用地采用了密排行列式多层住宅，在满足日照、通风等卫生间距前提下，是最适于组织居住生活的形态。在本基地条件下，西侧相对封闭而东侧相对开放的空间是面向河流绿地、面向东方的居住组团空间。

如此布局的住宅组团建筑密度相对较高，平均层数相对较低，建筑形体相对规整，建造成本易于控制。这是基地可以借助周边开阔绿地条件而选择的策略。

4. 面向普通市民的住宅设计

根据乡政府地段环境整治计划，城市建设产生的原住居民是新小区的主要住户，多余住宅面向市场即面向普通市民。故本策划着眼于普通市民的住宅户型研究和设计。

依据当前北京市普通市民的住房消费水平，策划研究确定 99m²/户的三室两厅两卫一厨双阳台和 70m²/户的两室两厅一卫一厨单阳台为主要户型，配少量顶层跃层大户型及 60m²/户以下的一室户型。

（1）普通市民住宅要提高社区综合服务水平，完善配套设施（表 5-2）。

配套设施指标表 表5-2

序号	项目	建筑面积（m²）	落地位置	序号	项目	建筑面积（m²）	落地位置
1	18 班小学	4500	A-05	17	集贸市场	1000	
2	幼托两处	1200x2	A-06 及 B-02	18	综合修理	300	1600m² B-06 商业楼内
3	门诊所	2000	B-08 F2～4	19	物资回收	100	
4	文化站	结合市场定	A-07 商业楼 F3	20	自行车修理	100	
5	粮油店	200		21	工商所	100	
6	菜场	300		22	煤气调压	50	
7	副食店	150		23	开闭所	300	B-08 南端
8	早点店、餐馆	900		24	综合管理	200	
9	百货店	2000	5800m² A-07 商业楼内	25	居委会	50	
10	乳品店	400		26	房管、物业	300	750m² B-08 底层
11	服装店	200		27	环卫	100	
12	日杂店	300		28	市政管理	100	
13	理发、美容	300		29	体育馆	4000	A-02
14	洗染店	100		30	游泳馆	5400	A-02
15	银行	800		31	垃圾站	60	B-08 西端
16	邮政	150					

（2）普通市民住宅应适应生活水平提高的趋势。

市民住宅面积较小但不是简单化生活，应在适宜的面积中安排好家庭生活，适应现代生活方式、生活水平提高的要求，尤其北京市民在经历了SARS疫情后对住宅的健康极为重视，住宅的日照、自然通风更被市民看重，以往住宅内设无自然通风的卫生间会让人担忧，所以，创造健康舒适的市民新住宅是本策划的追求。

策划提出多层板式住宅3种类型：6层、9层和东西向小进深。

主力户型建筑面积98.8m²/户，两厅三室两卫一厨两阳台，开间7.3m，进深14.6m，一梯两户。所有房间包括卫生间均自然采光通风，所有房间均有与其功能相适应的开间宽度。

5. 遵循控规指标，维护公共利益的基础上，努力提高土地利用率

控规及其确定的各项指标是城市公共利益的反映，建筑策划应遵循。

本策划局部调整高压线走向，有利于土地整治大目标外，也相应增加了土地供应量。

政府和开发商都希望土地能得到充分利用，在现有土地供应量条件下多盖住宅，多解决些市民入住，使土地整治的效果更加显著。但本策划认为控规已获批准，它所表达的控制指标体现了对交通、环境和公共空间的维护，应当严格遵循。

在建筑密度、建筑高度、绿地率、建设用地范围等指标上严格遵循的前提下，策划研究，努力创造更多的建筑面积，容纳更多住户，提高土地和资源的利用率。这正是建筑策划的价值所在。

本策划主要经济技术指标见表5-3所列。

经济技术指标表 表5-3

总用地面积	500000.0m²	建筑密度	9.7%
基底面积	52430.9m²	住宅总户数	3195 户
总建筑面积	451829.6m²	居住总人数	10224 人
公建面积	187116.6m²	人口毛密度	190 人/hm²
住宅面积	264713.0m²	总停车位	2231 辆
容积率	0.838	地面停车	655 辆
绿化率	57.8%	地下停车	1576 辆

本策划案建议取消B-02与B-06地块间的道路，使十字道路分隔的4块住宅用地改为丁字道路分隔的3块住宅用地，使道路更简洁，绿地更多，投资更省。

本策划案被区、乡政府和引入的中联亚房地产开发公司接受并予以实施，委托中元国际工程公司进行了修建性规划获得主管部门批准，后开始了设计和建设。

2008年奥运前，本地段已完成了周边土地整治工作。历时5年时间，将一片零乱

的城市复杂环境治理成绿树成荫、道路纵横、交通便捷、居民妥善安置的地段，为北京城市建设做出了贡献。

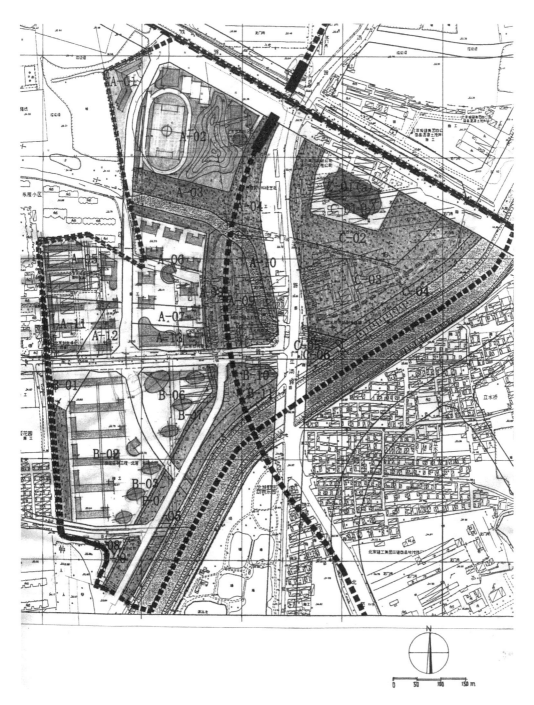

图 5-13　立水桥土地整治建筑策划总平面图

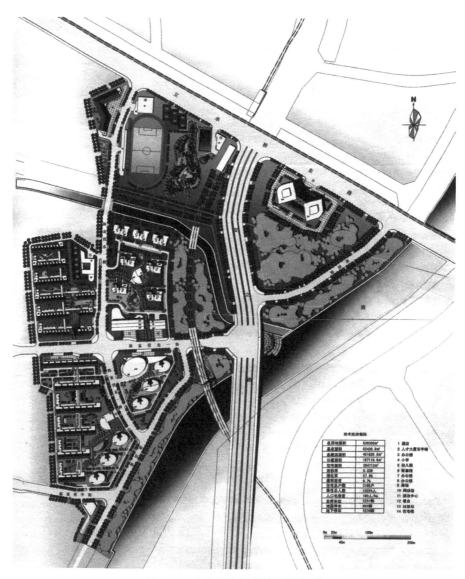

图 5-14　立水桥土地整治规划总图

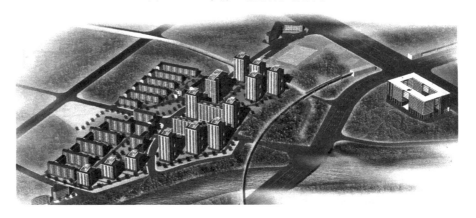

图 5-15　立水桥土地整治规划鸟瞰图

图 5-16　立水桥土地整治规划透视图

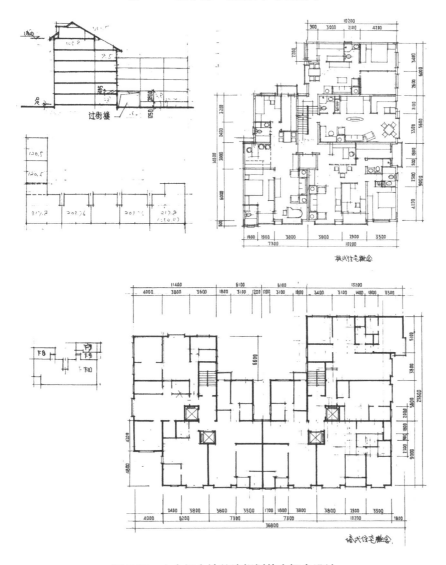

图 5-17　立水桥土地整治规划住宅概念设计

5.6　北京西三旗北陶厂项目土地开发工作研讨（2012年）❶

5.6.1　项目背景及基地环境

2012年7月，国有地产企业J公司计划将位于西三旗地段的转产的北陶工厂厂区土地变性用于开发，就此项目的前景有过一些设想，但是否可行，开发容量、可面向的市场需求、建设成本、可能的经营收益，均无法回答，故委托淡士伦建筑师事务所（DSL）进行北陶项目土地开发研究。

北陶厂区土地共计7.41hm²，被城市道路分隔为东区（1.92hm²）和西区（5.49hm²）两部分。在东区用地中，现有蓝岛商场一座，既有建筑面积16900m²，3层，框架结构，无地下室。西区用地的南侧是现状工厂，使用中的工厂对西区有2个不利因素：不雅的厂房屋面形态和不太严重的噪声。

东西区用地北侧和东侧紧临城市道路（安宁庄路及安宁庄东路），城市道路两侧过去均为工厂和工业设施，近年来随城市的发展和退二进三的城市产业结构变化，道路两侧已多改为办公、居住和商业，东区用地中的蓝岛商场也是在此情况下产生的。西区用地的西侧邻地已建起10层办公建筑，上第MOMA，距本地块向西700m处就是繁华的中关村新发展区域，有中关村创业大厦、联想大厦、方正大厦、清华同方、中关村科技发展大厦和留学创业园。

北侧安宁路北面是一块三角形土地，长约500m，宽约110～360m，规划确定为城市绿化，可成为本地块的景观资源。

5.6.2　拟建设目标

基于用地位于中关村高新区的空间范围，J公司高层根据所了解的市场需求，初步定位于IT产业研发、经营及企业办公，面向外地IT企业聚集北京、聚集中关村的需求。

开发商希望充分利用土地价值，想能多建一些房，从而有更好的开发效益；希望有优美的社区环境，虽不可能是别墅般的社区环境，但总想追求一个近似的条件；希望创造像总部基地似的独栋办公条件，但深知过大规模的独栋很少有这样实力的企业，而小型独栋是不可能实现适当高的开发量目标的。

开发商在犹豫中始终没有能拿出量化的目标，这也是他们委托这项研究的初衷。

5.6.3　建筑策划思维

1. 关于市场

针对外地IT产业聚集北京的物业需求市场，应当遵循这些企业的需求实况，而不

---

❶　前期建筑策划人：曹亮功、曹雨佳等。

是主观地为他们提供物业产品。根据调查，企业的需求非常多样，物业产品的规模从一两百平方米至一两万平方米都有，在这个区段内又很分散。

要想使开发的产品能贴合市场、经营顺利，就应当采用多类型规模、多档次策略。尽可能扩大本项目的市场受众面，而不宜只针对其中某些市场放弃其他市场机会。

外地企业聚集，除去研发、经营、办公外，尚有居住、生活配套服务的需求，也有一个安定、成熟环境的要求，而不能仅是临时性寄生状的工作场所，这样是难以吸引人入住落户的。

2. 关于土地利用和开发强度

结合城市周边用地的开发强度，考虑开发商的目标希望意向，本研究认为采用适度较高的开发强度较为合适。本研究基于土地差异强度开发策略，"高的高上去，低的低下来"，以密求疏，在这种策略实施中，有可能兼顾开发商希望的良好社区环境和较高开发强度的矛盾目标的实施。

土地差异强度开发策略的提出，是基于对多样类型、多样规模市场需求的分析而提出的。较小面积规模必然会采用集合式建筑空间布局，较大面积规模有可能采用叠拼组合式建筑空间布局，它们分别会有不同的建筑结构体系，不同的空间环境、不同的自然界面，当然会是不同的物业产品价值、不同的销售或租赁价格，所以可以也应该采用不同的开发强度，这是符合市场原则和经济规律的。

本研究结果，在占总用地 1/4 的东区地块上实施近一半的建筑量，容积率达 6.36；在占总用地 3/4 的西区地块实施稍多一半的建筑量，容积率为 1.91。总的容积率为 3.07。

这个 3.07 容积率的确定是基于对周边城市环境分析研究后确定的。本基地西侧已有若干高开发强度项目开始建设，个别高达 5.0 容积率，但均为长板式沿街高层，也因为它们用地较小，高容积率有可能性，如大片用地的高容积率是不堪设想的。还因为本基地北侧安宁路北面是城市公共绿地，基地南面是低层建筑的工厂厂区，也造就了在这片基地上采纳适度较高容积率的可能性。

之所以采纳适度较高，而非更高，是因为想在上地片区创造最具品位的区域地标亮点。

3. 关于空间策略

通过对 IT 产业特性和本基地条件的研究，提出了科学严谨的工作空间＋活泼烂漫的户外空间的策略，在自由起伏的双层流动的地景式公共服务基座上建起 11 座研发工作楼，而这 11 座楼的组合又依循着柱网的秩序但又适当的灵动组合，11 座楼的户外空间关系同样表达了与基座相同的活泼烂漫氛围。

东区基地由于 6.36 的高容积率和现状商场基座，不可能重复延续相同的空间策略，但仍将高层产业研发办公楼合理布置，让所有建筑内空间能共享西区地景花园空间，同时也创造东区商业裙房屋顶的花园，并在空间上与西区地景花园空间呼应。

西区绿地率38.81%，东区绿地率12.72%，总绿地率32.96%。

东区用地双面临城市道路，由于既有商场（3层）已紧临安宁庄东路，故将新建3座高层后退，留出开阔的街道上空空间。西区用地呈东西向窄长梯形，在基底上部的建筑布局上，采用东西两组围合，相拥中段开阔空间的布局，化解狭长基地的无中心感，使园区空间能形成一个有机的整体。

4. 关于建筑策略

1）高低错落的组合与模数体系的结合

总平面、单体平面、剖面、立面都建立在8.4m、4.2m、2.1m、1.05m的模数体系上。在8.4m×8.4m柱网基础上创造一个有秩序、有韵律的建筑体。由于高低错落组合使模数柱网不再刻板，由于模数规律使高低错落不感到零乱。

2）公共空间与个体建筑的均衡融合

个体建筑坐落在公共空间基底上，各自的垂直交通系统能直接连接，能使各楼座均衡而直接地享受到公共服务，也均衡而直接地享受到自然和景观，体现了建筑产品的环境均好性，在产品营销上会避免销售死角的产生。

3）既有建筑与新增建筑的结合

东区既有3层商业建筑，面积16900m²，不宜拆除，应充分而有效地利用。本研究认为应让既有建筑真正融到新建筑之中，成为有机的组成部分，而不宜勉强的拼用。

4）公共内街与地景景观的结合

地景建筑策略的运用，使景观与建筑融为一体，起伏变化的建筑的顶即是形态多变的园林景观，而地景顶盖的开口就是内街建筑的庭院，而顶盖下穿过若干庭院的水系成为下一层空间的景观元素，空间变化而丰富，建筑被水系联系成整体。

5.6.4 主要经济技术指标

经济技术指标表见表5-4所列。

经济技术指标　　　　　　　　　　　　　　　　　　表5-4

		东区用地	西区用地	总用地
建筑用地（hm²）		1.92	5.49	7.41
建筑面积（m²）		153405.65	165768.18	319173.83
其中	地上建筑面积（m²）	122264.95	104908.36	227173.31
	办公面积（m²）	81591.02	78521.76	160112.78
	商业面积（m²）	12041.86	26386.60	38428.46
	蓝岛扩建面积（m²）	28632.07	0	28632.07

其中			东区用地	西区用地	总用地
		地下建筑面积（m²）	31140.70	60859.82	92000.52
	其中	地下车库面积（m²）	22923.75	33069.54	55993.29
		商业及办公配套（m²）	979.03	27790.28	28769.31
		蓝岛扩建面积（m²）	7237.92	0	7237.92
建筑高度（m）			14.70 ~ 99.20	9.20 ~ 33.20	9.20 ~ 99.20
建筑层数（层）			3 ~ 24	2 ~ 8	2 ~ 24
容积率			6.36	1.91	3.07
建筑密度（%）			55.43	35.21	40.45
绿地率（%）			12.72	38.81	32.96
停车位（辆）			655	1058	1713
原蓝岛建筑面积（m²）			16900		

5.6.5 概念设计理念

1. 为区域增添新的亮点

北京城内空间资源日益紧张，北京的总体规划确定了以主轴带动，辐射周边新城、新镇的未来城市发展原则。西三旗北陶项目也是在这样的大趋势下而产生。

西三旗北陶地块毗邻北京西北上地片区，该片区是北京近年迅速成长起来的以 IT 等新兴产业为主导的信息产业园区，知名度高，城市形象也随之急速提升。但在北陶及周边地块、项目中，能够成为城市新地标、成片提升城市形象的项目不多。北陶地块项目的开发，由于地理、机缘的优势，具备条件呼应这一城市需求，成为区域内一大地标亮点。

2. 项目定位

基于本项目的地缘特色，应与城市中心、高密度区域的金融办公商务等设施具有明显的不同，突出"城郊、高科技、现代化、以人为本"的特色，探索一种体现郊区特质的绿色、宽松、流畅、和谐氛围的新型办公集群。

3. 挖掘资源价值，充分利用

对建设用地周边条件进行研究分析后，认为周边环境所形成的开阔空间是重要资源。北侧隔路相望的是规划中的绿地，南侧现状工厂均为低层建筑，它的上空留给我们开阔的空间，这种左右开阔的条件是附近许多建设用地无法相比的优越条件，应该加以充分利用，不要打破这种空间的连续性，不宜用墙式建筑去割裂这种空间，应当设法让建筑融于空间之中。

用地范围的树林和已有道路是资源，它们不仅带来绿野，也带来历史的痕迹，会让人们去体味历史滋味，诱发想象。不妨将拆除的旧建筑的某些构件、砖石沿这条道路构筑若干小品，加强这种历史感。

4. 确定恰当的开发强度

本地块周边已有若干高强度开发的项目。但是西侧已开始建设的长板式沿街建筑群和西北侧容积率达到5.0的强度会造成周边街道空间稍显围合、封闭，北陶用地上不宜再沿用这样的建筑模式，否则连成片状的围墙一样的街区会造成城市形象的沉闷、拥堵，也不利该片区微环境、微气候的自我更新与可持续发展。

本概念设计提倡符合该地区总体发展趋势的、恰当的开发强度，推进快速建设，快速销售，赢得市场，以利于该地区人气的聚集、商圈的成熟、城市形象的提升。本方案推荐平均容积率约为3，能够直接建立地段标志性、提升片区现代化形象。东地块（临安宁庄东路）加大开发强度，建筑高度提高到100m；西地块适当降低开发强度，创造较好的园区空间，以品质优势获得成功。

5. 疏密有致，以密求疏的总体布局

本研究方案依据两区不同区位条件和功能，将以东地块的"密"求得西地块的"疏"。东地块以已有商场为基础扩建百货商场，利用两区主干道路的条件，形成密布但又方便而合理的布局，并加设2幢长方形和1栋L形写字楼，形成人气聚集的繁华氛围的商务区。

西区采用较舒展的布局方式，创造了适宜IT企业入驻的情景式办公园区。西区的舒展空间和特色园景也成为北区高层办公楼的景观，提升了它们的环境品质。

6. 严谨的建筑，活泼动态的地景

IT行业是一个充满创意但又理性十足的行业，苹果产品的成功止在于将这二者结合于一身。严谨合理性体现了它的科学性，建筑空间的理性有利于提高空间利用率，提高工作效率，保证工作秩序，减少资源浪费。

活泼动感的地景促进了底层公共空间流动性，提升了地景空间的品质，使园林景观与公共空间有机结合，更具创意，诱发激情，是IT行业理想的公共空间。

本方案尽可能挖掘地下空间。把地下一层和一层统一成一体，布置高低错落的公共空间。用动感、起伏的绿坡把绿化、景观带入地下空间，还可以把人们的户外活动场所延伸到一层的屋顶，模糊地下、地面、屋面的区别，既拓展了公共活动、商业空间的多重功能，也丰富了使用者的景观、空间体验。

严谨、理想富有韵律的建筑的纵向构图与活泼、动感富有变化的地景的水平构图在空间上形成强烈的对比，具有鲜明的个性、有益于传颂的形象条件，但这种设计理念具有开发企业自身风格的基础，同时也在成本控制的合理范围内。

7. 高低错落的形象与模数体系的结合

总平面、平面乃至剖面、立面设计均建立在一个模数体系的基础上。

建筑平面采用 8.4m×8.4m 柱网或半柱网，形成了 8.4m、4.2m、2.1m 和 1.05m 的模数体系。但建筑物在高度上采用了高低错落的形体，构成不同高度的屋面花园空间，为办公室提供了直接的户外空间，这也是适宜于 IT 行业的空间尺度。在周边一片厚重体和长墙板体的建筑旁边，出现高低错落群，打破了刻板，突破了垂直，活跃了空间，是对这一城市节点的贡献。

8. 办公楼室内空间的灵活性

由于本项目面向 IT 行业中小型企业，而中小企业对办公空间大小的需求差异很大，在确定办公地址时对办公室平面利用系数和面积的任意选择的可能性十分重视。针对这种情况本方案在东地块设计的两栋长方塔楼采用了框筒结构体系核心筒解决了交通、设备、卫生间等公共空间，占该层总面积的 14%，能保证各入驻企业平面利用率达 85%，同时可以将租售面积按级差予以增减，这样极方便楼宇的销售。

东地块南侧的 L 形平面办公楼，适用于更小规模、创业初期的孵化型企业，面积可以分割得更小。

东地块的办公楼更具有城市形象标志，立面形象尤为重要，因此以简洁大方为要。这样的办公建筑有助于在项目初期少投入资本、快回笼资金，快速吸引企业入驻，聚集人气。

在西地块的办公楼群，办公楼可以平层分售、平层并售、跨层并售，从 100m² 到 1000m²，甚至更大单元，灵活选择。考虑 IT 或中小企业的企业特性，每单元除容纳日常工作、生产、业务的需求外，还考虑了帮助中小企业从空间上"以小搏大"的接待、推广、展示场所，以及加班加点时部分生活需求。

办公楼竖向设有空中户外活动平台，可加强室内外沟通，改善办公空间品质，同时为加强企业之间的交流、互动提供场所。

9. 景观绿地的多重使用价值

保留用地南侧现有高大树木，据此形成大片实土中心绿地，建筑布局与中心绿地呈自由围合之势。公共商业服务区的主入口及大厅正对中心绿地和保留树木。这样的景观中心与建筑的配置产生了通透、开阔的户内、户外空间，可容纳 IT 或中小企业的宣传、展览、团体活动、业务拓展的需求。户内、户外空间可分可合，适应不同季节和气候条件下的使用。户内空间大小也可根据需求多样选择，方便本区域中小企业展开公共活动。由于特殊户外景观展示场所的营造和户内建筑空间特色，也可形成项目自身特色和品牌效应，吸引其他地方的企业或个人来此举办小型展览、集会、洽谈。因此，景观绿地成为具有经营价值、环境美化价值、研发创意孵化等多重意义的户外空间。

绿化系统在表现形式上由一片起伏连续的绿坡"统领",连接地下一层到一层的屋顶,由实土绿地、覆土绿地、屋面绿化等组成,并将小规模的水系、连续的步行道、上下错落的休息平台等穿插其中,使人在不经意间行走于地下、地面、屋面,既延展了绿化面积,也提升了地下空间使用品质、商业价值。

10. 商业公共空间

商业公共空间结合绿化景观空间布置,分布在地面一层、地下一层,功能分为中小企业办公服务的接待、展览、集会、餐厅、食堂、咖啡厅、茶座、商务中心、中介、银行、邮政等,面积规模多样化。曲线造型使得商业空间形态丰富。

11. 产业中小企业的空间需求特性

IT 行业是以计算机研发和推广为主的企业,研发与推广是无法分割的两项工作,不了解研发的核心价值就无法推广,而没有成功的推广研发就失去了动力和方向。

但是,研发和推广是完全不同状态的两项工作,因而需要各不相同的建筑空间。推广需要有一定商业氛围的空间,有会展、演示、洽谈、会议等并有金融、法律、工商、测试等支撑系统,而研发工作需要的是静谧、令人沉思的环境。

对于大型软件企业汇聚的园区,可以分别规划成城市型商务空间和园林型研发空间,以满足两项工作的不同需求。对于中小企业而言,如果采用中国传统技能企业的空间模式(即前店后厂、下店上坊的形式)是较为适宜的。IT 企业无论规模大小,离不开研发与推广,而且这样研发仍具有自己的自主创新优势,自我的特长,否则是没有生命力的。而这一特长或优势在研发时段是企业机密,不能外泄,所以再小的企业也需要内外有别的空间。

IT 是一个日新月异的行业,技术更新速度快得让人应接不暇。因而研发工作的跨度越短越好,越短越有生命力。所以 IT 企业的空间内应当方便,又具舒适性,才能让工作者省时间、高效率出成果。单有方便的空间功能,而无舒适的空间质量,也许不足以激发创造激情,软件研发需要激情、灵感、变化的空间,流动的空间有利于调动人的创造性,与自然界密切接触的空间有利于调动人的激情。

中小企业的企业空间有限,难以达到上述理想的追求。但是可以在公共空间创造个性和特质,让这些空间尽可能为大家所共享。世界上很多优秀成果是创造者们在咖啡厅交谈中培育的,在野外踱步中萌生的,在厅堂闲坐沉思时诱发的。

12. 现有商场改造

现有商场位于东北地块的中央,16900m²,3 层,框架结构,无地下室。

根据周边商业布局的情况及周边办公建筑建设发展的趋向分析,此商场宜改造为以百货为主的中型商业。研究分析确定商业改造的概念要点是:

原商场结构体系不变,装修全部拆除,恢复最原始的结构体,这样就减轻了原结构的荷载和负重。采用轻装修，暴露结构。

向北和西侧扩建商场。扩建部分与原商场间留中庭空间，设置垂直交通（自动扶梯与电梯），满足现代商业的空间和交通要求。

新扩建部分为地上4层地下2层建筑。地下一层部分为商业空间（含下沉式中庭），地下二层作停车库。四层的局部屋顶为设备用房，四层的中庭附近为商业空间，且对原有三层商场的屋面开门，利用原商场的屋顶做户外空间，将原商场屋顶开发为上人屋面，作为新扩建部分第四层商业空间的户外补充，提升四层的商业价值。屋顶空间可有轻质棚顶，原商场屋顶外围加设广告围栏，增加商场体量高度。原商场屋顶新加的这些构件荷载来自于拆装修卸荷留出的余量。

新商场设有3处入口。北端城市道路交叉口处，设有户外广场；东北方向原商场临街面，设车行出入口；西南方向新扩建部分设有入口。

扩建商场上部设2座100m高办公楼，长方形塔式建筑平面，作为最小单元的IT企业办公楼。

这座塔楼的下部作为商场空间，仅交通核例外；塔楼的商场屋面层和塔楼顶层作为办公楼公共空间，办公楼入驻各企业共享，并可享用商场建筑屋顶的花园空间。办公楼底层为入口和服务性空间。

新建商场和原商场外围护面除少量开窗和进风窗外，均少开窗，多设广告墙面，底层门窗和多入口，中庭顶部采光。尽显现代商业建筑氛围。

13. 原有工厂的景观和降噪的设想

用地南侧原有厂房对新建区域有2个不利因素，即屋面的形态不雅和不太严重的噪声。

原厂房分东西两段，西段为钢筋混凝土厂房，1～2层不等，东端为轻质3层厂房，屋顶为轻质屋顶。厂房分为两个围合的院式群。根据现状实况，本方案提出下列措施解决上述两个问题：

（1）西南侧钢筋混凝土厂房屋顶采用覆土屋顶，在屋面防火层上加保护层，覆土40cm，种植草和花卉，采用自动喷洒系统，建设成自然状的屋顶花园；

（2）东北轻型屋面，加设隔热层，形成通风夹层屋面，上层夹层面可设计成有观赏价值的形态，形成景观式形态因素；

（3）分析该厂房的噪声，是以空气传声为主的，主要是通过厂房门窗传出的。据此，本方案提出在原厂房门外加设门斗，在门外2.5～3.0m处设隔声墙，并加设隔声雨棚，雨棚可以是玻璃的，隔声墙的内侧设吸声材料达到隔声作用。对所有窗建议核定其开启的必要性：可闭的窗采用固定玻璃墙，可采光；必须开启的窗，在窗外设隔声罩，在窗外1.5m处设隔声墙，墙内面设吸声材料，并可设罩顶。

图 5-18　北陶厂项目土地开发全区鸟瞰图

图 5-19　北陶厂项目土地开发沿街商业效果图

图 5-20　北陶厂项目土地开发沿街效果图

图 5-21　北陶厂项目土地开发景观公共空间效果图

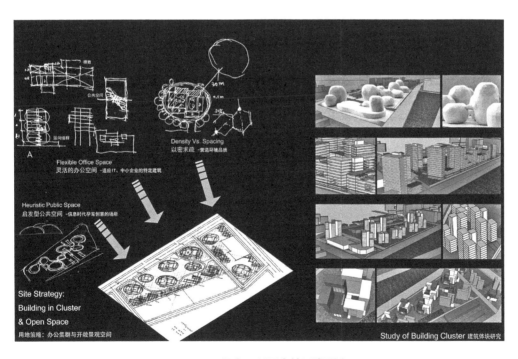

图 5-22　北陶厂项目土地开发研究

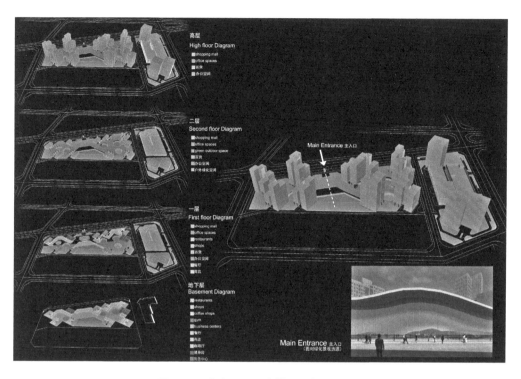

图 5-23　北陶厂项目土地开发概念建立

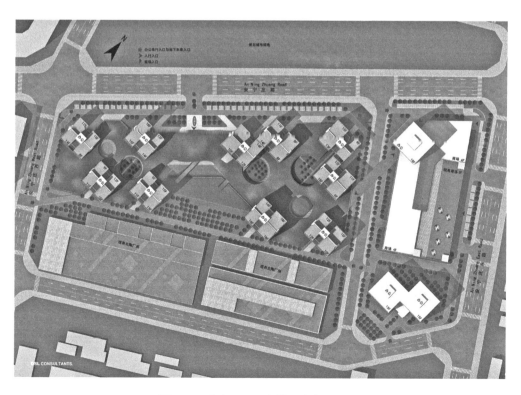

图 5-24　北陶厂项目土地开发总平面图

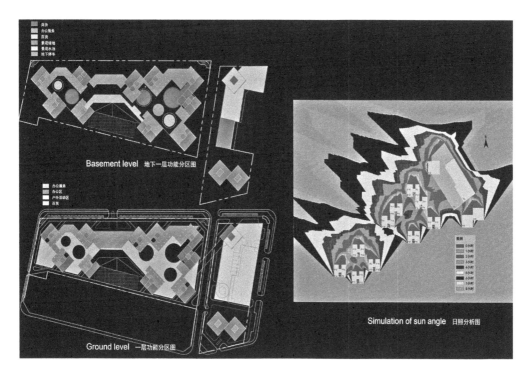

图 5-25　北陶厂项目土地开发分析图

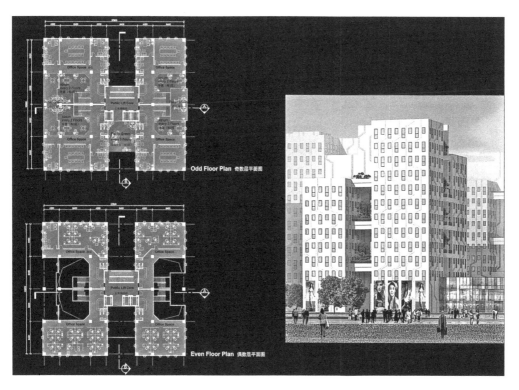

图 5-26　北陶厂项目灵活的办公空间

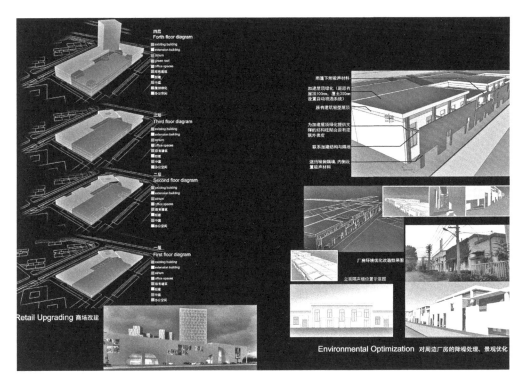

图 5-27 北陶厂项目土地开发现有建筑改造、更新

5.7 北京紫竹雅苑（中海紫金苑）建筑策划（1999 年）[1]

5.7.1 项目背景

1999 年，中海发展（北京）有限公司获得北京西三环路东侧紧贴紫竹院公园的土地开发权，邀请 3 家设计机构各做两个方案进行评标优选。本策划案是赠送给业主的额外建议，改变了招标书中的某些限定，不参加评标也不获得标底费用。业主方在评标后研究本建议时发现其价值上报香港中海总部，中海总部董事会研究决定采纳本策划并予以实施，中海紫金苑于 2002 年建成。

应中海发展（北京）有限公司邀请，参加《紫竹雅苑》建筑方案设计，我们在多次实地踏勘中，认识到这是一块非常难得的建设基地，应当做出十分典雅高尚的居住精品住宅。由于设计任务书作了具体的限定，使某些想法难于在建筑方案中实现，建筑师们在多次研究方案的同时，又对一些带有创意性的构思舍不得丢弃。于是决定在按设计任务书完成方案设计的同时，提出本建筑策划书送交业主，希望能对建设开发有所帮助。

---

[1] 前期建筑策划参与人：曹亮功。

5.7.2 建设基地分析

紫竹雅苑建设基地位于北京西三环北路与规划中的五塔寺路的东南方。基地南向是视野开阔的紫竹院公园，南长河流经基地南侧；基地北侧隔规划中的五塔寺路与几座研究所、舞蹈学院相望，西北方向不远处是万寿寺名胜。基地呈长矩形，东西长约289m，南北宽仅 40～50m，基地面积约 17150m^2。

多次实地踏勘和对周边环境研究分析，认为基地具有以下优势与劣势，策划的任务就是要扬长而避短。

1. 基地优势

（1）基地四周开阔，没有任何临靠的建筑物、构筑物，有条件充分利用开阔空间达到开发商的目的。

（2）东西狭长的基地带来了良好通风和充足日照的客观条件。

（3）临三环路而又临靠公园的地理位置获得了闹中取静的佳境。

（4）周边设施多为文化、教育、科研机构，使本基地有条件成为文化气氛浓厚的高尚居住区（附近拥有全国最大图书馆，全市重点公园，著名的中国剧院及民族学院、舞蹈学院和 3 所国家级研究所等）。

（5）优美的景观、清新的空气，贴靠 50hm^2 的紫竹院公园。

（6）交通方便，入城顺畅，道路条件及城市公共交通线均靠近基地。

归结起来可谓：周边开阔、闹中取静、充足日照、良好通风、优美景观、清新空气、文化氛围、高尚区位、交通方便、入城顺畅。

2. 基地劣势

世上任何事物都没有十全十美的，本基地也有其劣势之处。

（1）基地过窄，南北纵深仅 40～50m，布置建筑物只能排排坐，容易造成呆板外观；而且在考虑了建筑物合理间距条件下，很难赢得广阔而优美的中心绿地，而绿地是居住环境极为重要的元素。

（2）本基地南北两侧长向临路，建设基地过窄，使代征地比例过高，这将造成建设成本的提高，所以总销售面积如不能达到预期目标，将会使业主陷入被动。

（3）从城市环境而言，这组建筑将成为此区域显著的标志建筑，基地北面无高大建筑，南侧是广阔的公园，因而很远处就能看到这组建筑，如体形不佳将会影响城市景观，所以城市规划管理部门将对此有较严格的要求。

（4）基地北的五塔寺路仍属规划之中，在本苑建成之时，它仍处于建设过程，会对本苑近期入住交通有相当影响。

归结起来认为：应特别重视绿地、体形、交通和销售面积总额。

5.7.3 营销市场分析

北京房地产市场早已进入买方市场，已不是 20 世纪 90 年代初设计"万通新世界"那时的状况，购房者是开发商的客户，是开发商的"衣食父母"，重视客体利益的满足，是建设项目开发成功的先决条件，所以这种分析是策划的前提。

根据我们所掌握的购房客户的需求信息和近几年北京房地产项目营销情况，分析研究提出下列重点认识：

（1）住宅作为商品，绝不可能针对所有购房者，而应作市场细分研究，有针对性地满足所面向的客户市场。

（2）业主在分析研究后提出了"精品住宅"的目标定位，建筑设计首先应把"精品住宅"的特性搞清楚，它与一般住宅的区别不是简单的房间增多、面积加大，应研究其功能、空间、环境等各方面的区别，才能把握真正的要点。

（3）近几年，人们越加追求环境，首先看重绿地。郊区住宅有相当市场，不仅是价格低，很重要的是绿地大、绿地质量高、环境好；万通天竺新新家园销售好，是它坚持了"纯多层、低密度"，创造了较多绿地环境；现代城是高密度，但由于绿地及空中花园的创造，满足了人的追求。

环境包含着景观、绿地、空气质量、文化氛围等诸多因素，景观不能代替绿地，那是"可望而不可即"，本基地在环境上已有很多优势，因而在绿地问题多下功夫，即可把握住环境的全方位优势。

（4）户型规模：任务书已很明确，相信它是业主充分研究得出的结论。

北京近几年房地产销售中，一种小规模户型供不应求，这种户型的需求者是：

国外回来的一时不打算成家的学子，作为过渡期用房，以后成家再售出；

北京市已有房而又有一定积蓄，在银行利息下降中寻求投资者，购房为了出租；

国外商社或企业驻京办事处高级职员住所，认为住酒店不如住小型公寓方便自如，又有固定资产；

近些年发达成功的人士寻求第二住所，又不需太大；

儿女对老人孝敬，购买高品质小居所，供养老人；

外省市私企老板在北京的临时居所；

在外企就业的年轻夫妇等。

考虑这种户型的灵活性，可以设计成大户型与小户型套用的"两代居"，可分可合。对于目前某些人士寻求周末郊区居所者，本项目利用区位、环境优势也许可以成为城中之周末居所。

（5）居家环境问题。居家要讲究柴米油盐的方便，这块基地周边虽有较大商场，但对于柴米油盐而言，远了些，大了些，未必能满足日常需要，而这附近缺少这种设施，所以本策划认为本苑应设置日常的小型生活超市，补充周边的需求，同时也是一种出售或出租的物业。正因为周边缺少，它才是有市场的。

（6）住户对户型设施要求越来越苛刻。人民生活水平越来越高，国际上许多居住概念引进国内，房地产开发商不断创造具有新意的住宅以吸引购买者，这些因素导致了现代居民对住宅的要求越来越苛刻。从布局上动静分区、污洁分区到卧室、卫生间、厨房设施的合理性，到门窗设置的细节都非常讲究，甚至连空调机冷凝水的流向及水管是否被隐蔽都要挑选，使得房地产商越来越难做，建筑师们也越加严格，在这种情况下，没有生活的建筑师就很难适应今天时代的要求了。

（7）"以人为本"的内涵。目前，似乎所有房地产商都在讲"以人为本"，但真正去做的却不多。以人为本应当是以人的行为规律作为建筑设计依据，真正任人自如而舒适地生活；以人亲善自然的本性作为环境设计的依据，真正实现人的本性满足。

我们在研究人的居住行为的基础上，认识到许多当前住宅设计中的误区，应当科学地修正。这里仅举几例：

例一：厨房不应以面积大小来衡量是否够用，而应以操作台长度来衡量是否满足需要。现代住宅厨房操作台长度应达到4m。这种情况下，窄长的厨房并不比方形厨房差，它避免了操作者反复转身的麻烦。

例二：儿童卧室并不是用色彩来表现少儿心理，而应满足少儿随意活动的要求，少儿卧室应有直径1.7m的地面空间，满足他们在地面上转身和玩耍活动，不应让空间限制了他们的健康成长。

例三：客厅不宜盲目的大，也不是宽而无为，关键应明亮和不被交通行走干扰，休息的沙发布置有围合感，以使围坐时有亲切感，便于人际间交流。

例四：主卧室除有专用卫生间、衣帽间（最好是走入式壁柜）外，能放下1.8m长2m宽的双人卧床是非常重要的。双人床不能因一人翻身而影响另一人的睡眠。

诸如上述细节都是以人的行为为依据而决定的，这才是以人为本。

人是喜爱大地的。设想如果市区里能建成5层带电梯的住宅，将会很快销售一空，只是价格不是令买者却步就是让卖者为难。现代城搞了空中花园，这并不是现代城的发明，1992年我们在南方就设计过，只是在北京有气候问题，应当是空中四季厅，让居民们在这里享受自然交往，邻里间的互相帮助也是人在高层次阶段的心理需求之一。自然和大地也是可以走进高层、走近家庭的。

北京的气候决定了北京居民十分讲究朝向，南向是上者，东向次之，西向可能比北向稍好一点。北京城市规划部门对日照要求很严格，不允许遮挡别人的日照，当然自身的日照条件是由购房者来评价。

上述分析不同于营销的数字统计，而是从人的需求作理性分析，同时提出了建筑设计的方向，在这个基础上进行建筑设计，可以产生符合市场需求的建筑产品。

国际上房地产开发利润一般在 6% ~ 8%，高者可达 12% ~ 15%；目前国内一般利润为 10% ~ 15%，过去不正常的暴利时代已一去不复返了。我们假设一切操作比较理想，利润能达 20%，在这种情况下设计的各种户型和整体布局出现优劣相差较大时，就会出现大部分户型销售顺利，而仅有 1/6 不好销售造成积压，这时的结果仍然是利润积压在房子中，很难兑现，还要继续用人力、资金再去进行销售，时间长了，潜在的利润不断消耗，陷入困境。所以，建筑设计方案不应造成反差过大的户型条件，不能造成销售死角。

5.7.4 解析"精品住宅"

业主方珍惜这片京城难寻的建设基地，决定建设"精品住宅"。本策划着意去认识"精品住宅"的含义。它不是简单的面积增大、房间增多，也不是单纯的装修材料和设备的档次问题。首要是满足现代高层次生活需求和环境品位问题。将精品住宅与一般住宅作比较分析，便会明确目标表 5-5。

精品住宅与一般住宅功能需求对照分析　　　　表5-5

		精品住宅	一般住宅
建筑规模与空间配置		户型面积较大； 空间品种多，空间功能分工更为细分； 卧室数量不一定很多	户型面积相对较小； 空间品种满足基本要求； 空间的多种功能合并使用； 卧室数量视套型大小而定
空间分区及门户设置		活动区、寝卧区、服务区三个区分区明确，服务区相对独立； 主入口及服务区门分设（即双户门），小户型不分设	一般只分动静两个区（静即是寝卧区，而动区含活动及服务功能）； 服务区一般不很独立； 只需一个户门
朝向与视野		强调视野，讲究通风与日照。讲究景观条件	强调日照，讲究朝向
服务区	厨房	厨房面积较大，满足至少 4m 长操作台，双洗池； 厨房内设早餐桌	厨房面积适宜，能满足至少 2.5m 长操作台；最少一个洗池； 不设早餐桌
	服务间	要求设独立的多功能服务间； 服务间内要求能放下 1.9m × 0.8m 单人床； 一般应设辅助阳台，但因有服务间，不一定都设辅助阳台	不要求设服务间； 但应设辅助阳台
	卫生间	要求设专用卫生间，兼作洗衣房	不设卫生间

		精品住宅	一般住宅
寝卧区	主卧室	要求设专用卫生间和走入式衣帽间； 专用卫生间设三件或四件卫生器，高要求者设按摩浴缸； 双人床为1.8m×2.0m或2.0m×2.0m； 设有化妆台	要求设壁柜，不一定专用卫生间； 双人床一般为1.5×2.0m； 一般利用其他台桌兼化妆台
	卧室	带有专用衣柜； 单人床1.2m×2.0m	最好带专用衣柜； 单人床0.9m×2.0m
	卫生间	浴缸、洗面台、坐便器三件； 有时增设沐浴器； 不考虑洗衣机位置，洗衣机设于服务区； 要求高的卫生间设外间（洗面台）和内间（浴缸和便器）	浴缸或淋浴、洗面台、坐便器三件； 考虑洗衣机位置
	家庭起居室	大套住宅和跃层宅应设置家庭起居厅	无要求
	餐厅	餐厅与客厅应有所界定； 餐桌四周离墙； 早餐桌与正餐桌分设	餐厅、客厅可合设； 餐桌可一端靠墙； 不单设早餐桌
	客厅	考虑户内、户外活动条件； 阳台宜设休闲椅； 宜设绿色植物，客厅一般不宜用转角沙发	户外活动条件不强调； 设阳台时不强调设休闲椅； 可用转角沙发
	书房	宜单设，并兼作客人房	一般不单设
配套设施		解决生活所需和对生活质量的追求	配套设施应满足生活基本要求； 要求完善配套
环境条件		满足2.0m²/人集中绿地； 重视环境品位	满足1.0m²/人集中绿地； 重视环境配套
停车泊位		机动车位1.1个/每户； 不过多强求自行车停车	建设部标准车位1个/5户； 强调自行车停车
其他		除服务设施外，要求设健身、桑拿、网球、游泳等设施，提供多种邻里交往空间	要求户外少儿活动场，老人活动场和生活服务设施及户外交往空间

5.7.5 土地资源的利用

本项目基地面积17150m²，居住人口约1750人，人均占地9.8m²，这是相对较紧的。按期望的总销售面积来考虑，按板式楼允许的13层计算，本项目建筑密度高达34%～35%。对于狭长地形，地面道路交通占地一般较大，仅300m长6m宽的一条道也有1800m²，考虑连接到城市道路的小区出入口和到各楼栋入口道路，再考虑按建设规定要求的地面停车泊位所占用的土地，预计占总用地的18%～20%，如果再考虑户外活动场所（儿童游戏场、老人活动场），考虑会所占用地面，要保证30%～35%的绿地是相当困难的。

在狭长用地条件下，屋前屋后绿地能达到指标，而集中绿地很难创造。目前房地产开发项目均十分重视集中绿地的创造，应保证每个居民能拥有 $2m^2$ 集中绿地，才能产生吸引力。所以土地资源利用在本项目中是一个重要问题。

分析各种客观环境条件后，本策划提出:占天占地下，留出地面层。即将房子架起，楼幢底层成为户外环境空间，使地面得到充分利用。

（1）本基地有条件做到。架空底层、抬高后的住宅不影响五塔寺路北原有建筑的日照（图5-28）；

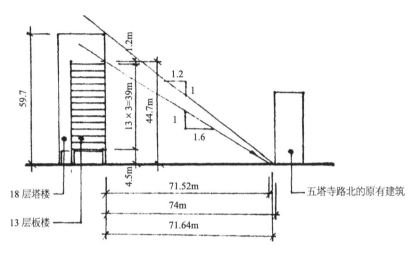

图 5-28　紫竹雅苑日照分析图

（2）上述分析图能保证底部架空层层高达到 4.5m，这将能满足消防车和搬家车通过，以及一般户外活动要求，证明这种架空层有很大价值；

（3）鉴于当前一般底层住宅在没有私家花园的条件下，很难销售，所以架起来的住宅避免了地面层住宅的难销售问题；

（4）这种架空对城市而言，有利于五塔寺路街道空间与紫竹院公园空间的通透。

上述分析确定底层架空设想的可行性、可批性和有效价值。

在用地紧张时，建筑师们会想出许多办法来解决这个矛盾，比如将地面停车位减少或不设地面停车位；压缩地面道路面积，改 6m 宽车道为 4.2m 宽车道；将会所放到地下去；不设老人活动、儿童活动的户外空间或将它们改到裙房屋顶上去等等。这些都是一些办法，但这些办法是以损失一些使用方便为代价的，总会造成某些缺憾。

本策划提出的架空方案，将保证地面车道满足 6m 宽，满足地面停车泊位达到建设部地面机动车停车泊位是居住户数 1/5 ~ 1/3 的要求，这些都充分利用了住宅底层空间，而留出住宅不遮盖的露天空间作绿地，以创造尽可能大的户外花园。

5.7.6 户型研究

房地产开发中充满了城市公共利益、开发商本体利益和客体利益的交叉，建筑策划的任务就是要协调好三者利益关系，达到让建设项目顺利进行的目的。

住宅户型的确定涉及上述三者利益关系，特别是客体与本体的利益关系。

针对本基地条件，塔楼按18层、板楼按13层设计，是规划管理部门维护城市公共利益的要求，允许建筑物纵深最大不超过28m，也是这种要求的体现，我们认为应当遵守。如果为了本体利益再去突破它，势必要作长期研究探讨而延误建设时机，最终是发展商本体利益的损失。

在这种条件下，住宅必然是最大进深、超大进深的板式或塔式。

从北京当前房地产销售市场看，塔式没有板式容易销售，原因是塔式住宅总有日照不好，景观不好和通风不好的户型，老式塔式住宅这个问题更严重。从这个角度看，应努力做好板式住宅户型。

在超大进深板式住宅户型中，建筑师们无可奈何的情况下，会用一梯三户或一梯四户单元拼接成板式，以获得高容积率。但这种形式造成相当户数的景观条件极差，在本项目景观环境这么好的情况下实不可取，而且它也不是真正的板式（图5-29）。

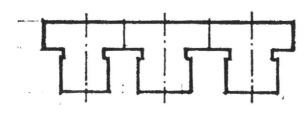

图 5-29　拼接板式概念图，景观差

本策划认为：本项目板式住宅户型应当具有以下特点：

（1）住宅进深应达到20m，方可能满足在13层条件下的总销售面积要求；

（2）户型应有120m²、150m²、180m²、200m²多种类型，并可以互换，在获得市场需求信息后，便于调整户型比例；

（3）对于"精品住宅"应具有双户门、双入口，使洁污、主入口及服务入口的功能分开；

（4）除卫生间、贮藏间外，所有房间均应有直接采光；

（5）除卫生间、贮藏间外，所有房间均应处在窗—门—窗或窗—门—门—窗的穿堂风路径上；

（6）客厅和主卧室均应有良好的景观条件和充足的日照；

（7）每户入口应有玄关；

（8）每户有宽敞的阳台，以满足享受良好景观环境的需求；

（9）户内具有明确的功能分区。

由于用地原因，要满足总销售面积要求，板式住宅在尽端必须设计成多户共梯形式，所以尽端单元比较难于满足上述要求，也应尽可能给予满足（图5-30）。

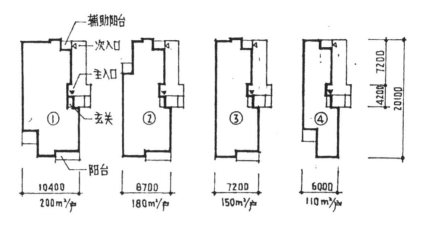

图5-30　本策划板式户型概念图

本策划提出的尽端单元有两种，分别是一梯四户和一梯五户，均可与中间户型拼接。一梯四户单元由一个四室两厅户和三个三室两厅户组成，均为双入口户型；一梯五户单元由一个四室两厅户、两个三室两厅户、一个两室两厅户、一个一室两厅户组成，其中一室两厅户可与一个三室两厅户组成两代居户型。

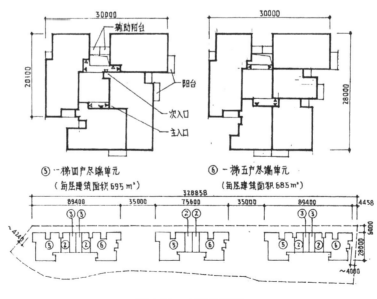

图5-31　户型单元图

按照上述户型单元，拼接成西座、中座、东座三幢板式住宅图 5-31 户型单元图布置在基地上，其与红线的关系均符合任务书要求。

西座、东座建筑面积分别为 2011.36m²/ 层。

中座建筑面积为 1732.10m²/ 层。

按任务书规定的板式建筑定为 13 层计，总建筑面积合计为：75098.66m²。如按销售面积摊销的设备用房、机器房等相当于住宅建筑总面积的 2% 多一点，即可达到任务书提出的销售总面积的指标要求，说明户型设计方案是可行的。

这种条件下建筑密度达到 32.8%，超过 30% 的要求，如果要降低建筑密度到 30% 以下，必定会减少建筑总面积和销售总面积。这就反映了任务书本身的矛盾，任务书的容积率、建筑密度与层数限定是不吻合的。建筑密度乘以平均层数应等于容积率（在建筑各层均一般大小时是这样的），30%×13=3.9，而任务书要求容积率为 4.43. 所以必须修改其中某一数值。

5.7.7 关于住宅层数的研究

在户型研究中，我们看到了任务书中关于设计条件的问题。对于容积率 4.43，建筑密度 30% 和板式住宅层数限定 13 层，三者都是有根据而确定的，但三者又不能吻合，修改哪个数能使其成立呢。

容积率保证了销售总面积，本策划前面已作了分析，基地代征地比例大，土地出让金使开发成本较大幅度地增高，降低容积率看来是不可能的。

建筑密度 30% 已不算太严格，尤其是在公园旁边。再说，提高建筑密度会造成本园区环境质量下降，特别是对于狭长地形，过高的建筑密度无法达到"精品住宅"的目标，并可能影响销售，也是不可取的。

住宅层数限定这个问题上有没有可能修订呢？

我们注意到塔式住宅限定层数为 18 层，板式住宅限定层数为 13 层。按北京日照控制间距的要求，18 层高建筑的 1.2 倍与 13 层建筑的 1.6 倍是吻合的，这的确是经过反复研究而确定的。

我们同时注意到发展商提供的五塔寺路北边需重点保证日照的 2 幢建筑物与我们这个园区拟定建筑位置相距分别为 74m 和 94m。我们研究住宅层数时应以 74m 这座距离较近的建筑为依据。

设想采用塔式与板式相结合的总平面布置方式，有可能使建筑密度控制在 30% 左右，同时也可以避免 6 座塔式住宅那样的过于规律呆板的形象，更重要的是避免塔式住宅在景观、日照、通风方面远不如板式住宅好销售的问题。

塔式住宅与板式住宅组合后，其住宅层数是否可以分别按 18 和 13 层来拼接呢？

这样拼接后是否会影响相距74m远的那幢建筑的日照呢？

北京市位于北纬39°57′，在冬至日中午12时，太阳高度角为26°36′。如果要达到冬至日满窗日照达1小时，那么它南侧的建筑如果能满足太阳正午从它屋顶上方直射到后排建筑窗台时，则不会有任何影响。南侧建筑为塔式时，按1.2H距离，或板式建筑按1.6H距离，已考虑了太阳方位角度变动条件下，可以满足日照条件。如果塔式与板式组合后仍按18层和13层组合，将会遮挡北面建筑的日照。

如果将板式住宅降到太阳高度角26°36′斜射线以下，那么塔式住宅按1.2H距离控制将不会影响北面建筑的日照（图5-32）。

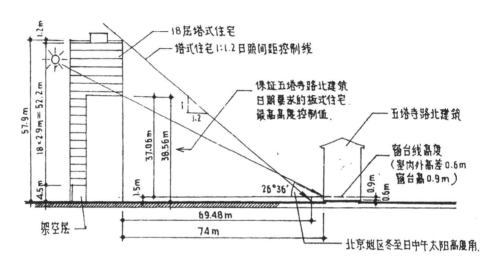

图5-32　日照分析图

根据上述分析图和日照计算得出：在塔、板组合布置时，板式住宅高度控制值为38.56m（室外地坪至女儿墙顶高）。此值指住宅北墙。

当底层架空4.5m高度,层高选择2.9m,女儿墙高为1.2m时,板式住宅可设计为11层。

根据高层建筑防火规范规定，单元式住宅的疏散要求，11层和11层以下住宅可不设封闭式楼梯间，不必设消防电梯，也不需要将两单元并联；12层至18层住宅设封闭楼梯间，但可不设防烟楼梯间。这种由18层塔式住宅和11层板式住宅的组合是充分利用了规范的允许条件，因而对建造成本的降低起到了很好的作用。

5.7.8　地下车库设置研究

按每户1.1个车位考虑，本园区近500户，500余辆车的停泊是很大的问题，常见的是在花园下设地下车库，车库上覆土种植。按客观规律，花草覆土600mm，灌木覆土需1.2～1.5m，乔木覆土需2.0～3.0m，既是花园不可能只种草不种树，所以一般按

2.0m 覆土设计。这么高的覆土对地下室而言是很重的，自然要花很高造价。而 2m 覆土并不理想，不少树种还不能活，园林局还未必能同意。

充分利用建筑物的基础范围做深一些，而尽可能减少在花园底下做车库，这是本策划的动意。车库向下深做，最重要的是车道。利用错层的车库设置错层间的坡道，这个坡道原应是回转车道，无需另占空间（图 5-33）。

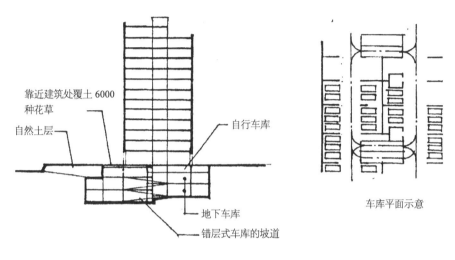

图 5-33 车库示意图

错层车库理论上可以无限地向下，直到满足停车数量要求，不存在停车数量不足的问题。

对于北京市区而言，大部分地区在 -11.0m 左右便见基岩，充分利用建筑下的土层空间，高层住宅不打桩，利用天然地基是最经济最可靠的建设方案。北京地区地下水水位较深，有利于上述方案的实施。

5.7.9 环境资源的充分利用

建设基地的资源应当充分发挥作用，让它们为创造利润而尽力，但我们应当认真研究哪些是这个基地的资源。土地是资源，但不是唯一的资源，景观、环境、区位条件都是资源。

景观、环境、区位条件作为资源要充分利用，要像对待土地那样认真地研究。提高容积率和千方百计地增加销售总面积都是在充分利用土地资源，而对于其他资源是否也是这样千方百计呢？

要千方百计地让尽可能多的居住户能获得良好景观、日照和方位，这就是充分利用景观环境资源。

在容积率较高的条件下，有时很难做到有均衡的景观条件，充分利用土地资源，有时会损失景观、环境资源。本策划提出的塔板组合方案，在获得较高容积率的前提下，让各幢楼的每一户均有向南及向东的良好观景方向，避免了西向户型，而且各户型趋于均衡的条件，避免了销售的死角，避免了将来的沉积现象。

周边处于文化、科技大环境之中，将来追寻这种环境的购房者，文化素质一般较高，同时会追求文化和科技的家庭生活内容，本策划提供的房型内均设有钢琴、书房等设施，以满足住户的需求，发挥区位环境条件的优势。

本策划提出底层架空和构造园区内部环境，是将紫竹院公园引申到园区内部，使"位于紫竹院公园旁"改变为"位于紫竹院公园中"的概念，园区内大片绿地成为大公园的园中之园，充分发挥环境条件优势。

本策划提出第12层空中花园，第19层屋顶花园，以及在立面上台阶式错层布置私家空中花园，又将地面绿化引向空中，引向立体方位，又是景观和环境条件的充分利用，它们将从销售价格、销售速度和市场占有方面来体现价值。

项目的运转速度快，使资金占用时段短，有时会比销售面积加大对利润率起的作用还重要。

时代不同了，不仅实体的建筑可以卖钱，景观、环境、文化、思想都可以卖钱。花钱去看电影、听音乐就不是买东西，而是买文化、买享受，买书不是在买书本纸张，而是在买思想，书只是思想的载体。同样道理，建筑在这种背景下，要作为景观环境的载体来看待，可以卖出更好的价钱，创造更辉煌的销售业绩。

5.7.10　本策划方案的要点

通过前面的研究和分析，本策划也就比较明朗了。这里归纳一卜，着重阐述以下主要的特点：

底层架空措施使狭窄的用地变得空间舒展，这种方法充分利用了基地两侧的城市空间，视野宽广。有利于将公园景色借来园区，成为一体，构成空间的延伸。如果说"领导潮流"，这应是一条，目前北京住宅中，像这样做的还没有。

底层架空成就了地面各种设施齐全而且能妥善合理地布局。

空中四季花园。第12层塔楼与板楼结合处，设置有3户面积的室内空中花园，面积约400m²；第19层塔楼顶层南侧半边设有约400m²的室内空中花园。空中花园缓解了高层建筑与自然界的疏远感、与邻里交往少的孤独感，创造了良好而舒适的休闲空间。不能说"领导潮流"，因为北京已经有了，但仍是在潮流的前端上，在这个公园大环境中如此做仍是第一家。

2层高度的私家空中花园，又错层设置，使建筑立面更加丰富而有生气和新意，也创造了非常舒适的豪华跃层套。跃层和空中花园都不太新鲜了，但是把它们系统地组织起来，不仅丰富自己也同时丰富整体，又能与公共空中四季花园成为一个整体，可能也是独家优势。

第11层入户的板楼充分利用了消防规范的技术条件，既无需设单元之间的联系走廊造成使用不便、立面不佳，又省去了防烟封闭楼梯带来的麻烦，创造出平面利用率达到85%的户型平面。

除个别小户型外，所有户型均做到精品住宅的水平。户内功能分区清晰；双户门，使洁污路线分开，户内设施齐全，且各种设施的位置适宜；在超大进深条件下，通风条件、日照条件均达到较好水平。避免了超大进深户型设计中最易产生的长内廊和功能分区混杂交叉的问题。

地下车库的错层设置解决了车道占地过大和交通组织不顺畅的问题，充分利用了北京城区天然地基较深的条件，尽量避免在集中绿地下设置高覆土车库带来的高造价问题。同时又利用错半层的空间巧妙地解决了车库空间，使车库贴近地面，贴近住户。

利用地形和地下空间组织会所，既减少占用地面空间，又获得了自然采光的条件，在地面入口，没有钻入地下室的感觉，并创造了临水餐厅、临水休息厅等优雅的环境。同时增设网球场等高档娱乐设施，使这座会所成为有档次的高级俱乐部。

一梯两户的住宅，无论在日照、通风、景观等条件方面都具有优势。但它带来了楼电梯分散、口部多、难于管理的问题。本策划方案采用的是板楼一梯两户，楼梯不直接通往底层，而是在满足紧急疏散要求的前提下，另设底层至一层的转换梯，电梯采用磁卡管理，既保证了居民的方便又有利于管理。

本策划提出的方案建立在"努力降低成本"和"钱花在有价值之处"的原则下，体现于下列措施上：

（1）板式住宅采用第11层入户，按消防规范可省去封闭式楼梯和不设消防电梯，仅设普通电梯和开放楼梯，节省了无效的面积；同时省去了两单元之间的联系走廊以及因设走廊带来的若干技术措施的费用；

（2）建筑外形比较整齐，设有许多凹凸，使外墙和围护体比较少，建筑物造价组成中，外围护占去较大比例，此措施减少了昂贵的外墙材料的用量；

（3）本策划方案采用外保温技术，在超大进深和宽厚塔式住宅条件下，外墙又较平整，非常适用外保温技术，使保温材料用量较大幅度减少；

（4）各户型平面均将用水用气房间相对集中，尽可能避免分散，使上下水管长度减少，防水措施简单一些；

（5）尽可能减少花园下地下室的设置，利于降低地下室造价；

（6）错层的地下车库省去了专用的换层车行坡道；

（7）本方案采用了合理的结构体系，并使梁板跨度能处在正常而较经济的跨度范围内；

（8）利用地下空间和架空空间设置的会所能做到所有房间自然采光和通风，这对降低经常性管理运行的费用是十分有利的。

需要花钱的，如空中四季厅、架空底层、水池和溪流等，但这些设施所带来的销售利益及由此产生的企业品牌未来潜在效益是难于估价的。

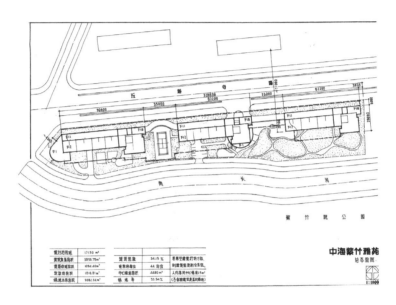

图 5-34 紫竹雅苑总平面图

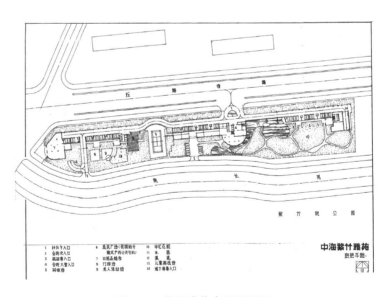

图 5-35 紫竹雅苑底层平面图

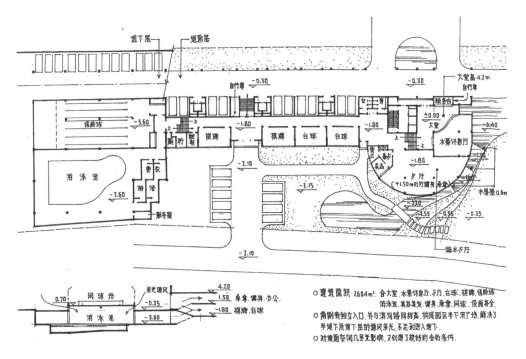

图 5-36 紫竹雅苑会所平面图

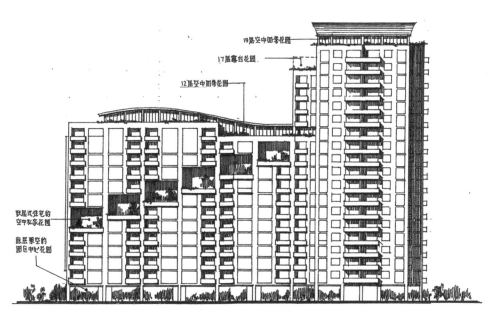

住在公园里 置身绿丛中 心语伴鸟鸣 持境随清风

图 5-37 紫竹雅苑立面构思图

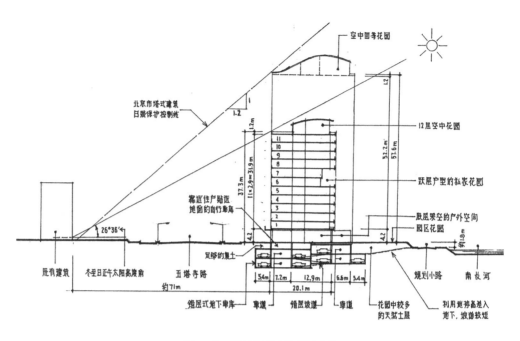

图 5-38　紫竹雅苑剖面构思图

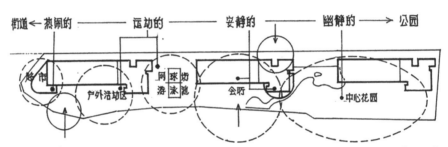

图 5-39　紫竹雅苑总体布局分析图

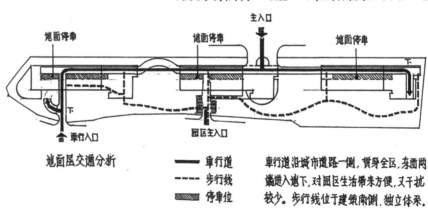

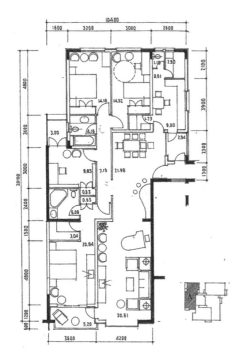

图 5-40　紫竹雅苑塔式 A 户型

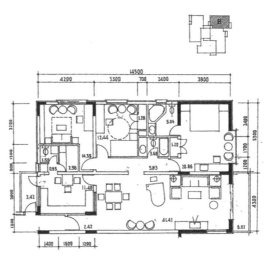

图 5-41　紫竹雅苑塔式 B 户型

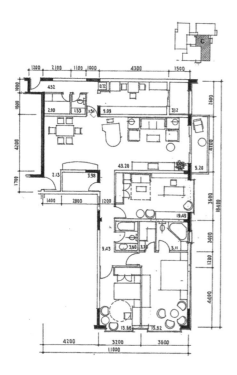

图 5-42　紫竹雅苑塔式 C 户型

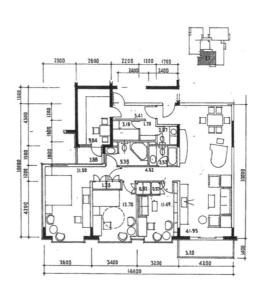

图 5-43　紫竹雅苑塔式 D 户型

5.7　北京紫竹雅苑（中海紫金苑）建筑策划（1999年）

5.8　北京望京天平苑建筑策划（2003年）●

5.8.1　项目的建筑策划背景

这是一项特别的建筑策划项目，它不是发生在建设投资决策前期阶段，而是发生在建筑设计报批之后、施工图设计之前，投资商在项目进入实施前进行经济测算时发现了市场销售、户型匹配、土地资源利用、地下空间利用、实土绿地不足等问题，并影响了销售和效益，从而决定在规划报批成果限定下做一次实施前的建筑策划。

这项建筑策划在社区理念、地下空间布局、户型改进、空间价值提升、建设成本控制、地下空间从消极转化为积极空间等方面进行了策划和创造，提出了现实而有效的措施。由于项目已进入实施阶段，时间紧迫，投资商急迫开工建设，所以对建筑策划给予的时间较紧，几乎每两三天就要看一次策划进展，并边做策划边进行成本计算和销售分析。建筑策划完稿后立即予以实施。

望京天平苑已有建筑方案，并已获批准。本次策划研究着重在户型的市场适应能力研究和用地潜能的发挥及空间的充分利用方向。由于业主方要求维护已获批准的方案成果，故本策划应在已有外形和确定的指标下来研究探讨，在限定的条件下要比在无限定条件下的策划困难，且时间紧迫，所以这是在非常规状态下的工作，一切以实际能取得较好效果为目标，讲实效，破程序。每个阶段的成果都与业主进行中间研究，并与相关部门共同研究，几方互动，推动进程，所获得的成果应当说是有相当的基础。

5.8.2　关于社区的主题

望京地区是居住社区云集之地，任何社区都会推出自己的理念或品牌，不重视这一点而甘为一般居住社区者将在市场竞争中困难重重。本策划在了解用地环境特点和当前市民消费倾向后，结合本工程条件，提出创建"健康社区"的目标。

围绕"健康社区"，本策划提出和推行了如下措施：

（1）创造自然生态的中心绿地。中心绿地全为实地型绿地，将原方案覆土绿地下的车库取消，异地建设，车行出入口不进入中心绿地，以保证绿地植被有充足的营养，保证中心绿地的生态条件。中心绿地以乔木林为主，废弃一度盛行的草坪和人工铺装。乔木树林的光合作用能力是草坪的20余倍，树林供人们随意进入，是舒适而有遮阴的户外空间；

（2）改进总体布局的通风条件。原方案布局较有利于通风，但局部地段有些欠缺，现予以调整：将社区北入口正对的两建筑间距从12m调整为18m；原方案两端拟采用的三层高架停车设备取消，以减少对气流的阻挡，特别是减少对空气的污染；

（3）社区内设置全民健身相关设施，如羽毛球场、跑步环道、晨练健身场、泳池、儿童沙坑、儿童游戏场及室内健身房等，以满足现代居民广泛的健身需求；

（4）力争改善住户卫生间的自然采光与自然通风条件，特别重视主卧室卫生间，由于直接连通卧室，其直接采光和自然通风尤其重要，这是健康与舒适的需求，本策划提出连通卧室的卫生间应尽可能自然通风与采光；

（5）改进部分地下室的采光和通风条件。

5.8.3 关于户型的研究

原方案重视了户型规模，比较符合当前小户型的市场趋势，但深究后发现仍有诸多需要改进之处，本策划案研究改进了3种单体平面，主要改进点如下：

（1）更加明确按楼幢分类户型。C座为三室两厅；B、E座以两室两厅为主，三室两厅为辅；A、D座为一室一厅。按楼幢分类户型利于管理，利于居者类聚，利与销售。同时，由于楼幢环境条件的差异，按楼幢分类户型可使大户型获得较好的景观环境；

（2）归类户型规模。原方案中，最小的两室户87m²，最大的两室户106m²，最小的三室是最大两室的销售障碍，最小的两室是最大一室的销售障碍。在一个项目中，自身形成相互障碍是不适宜的。本策划重视这一问题，使一室户控制在60m²以内，两室户在75～95m²，三室户在115～130m²，三室半在130m²以上；

（3）三室、两室与一室相比，不仅是多一间居室，而是整个居住条件的改善：环境、景观条件改善，客厅、厨房开间加大，主卫生间条件改进，增设生活阳台。这种方式将会促进销售；

（4）改进户型布局。户内动静区域分开，寝卧区私密性好；三室户户内构成环形交通，使空间灵活，使用方便；厨房分成里外间，即中、西厨分开，西厨可打开为开敞式，为家庭增加趣味和舒适感；客厅一律不设阳台，采用落地窗，让厅堂与户外庭院增加融合；较大的三室两厅套，增设半间个性化空间，可隔开也可不隔开，随主人职业、兴趣来安排功能；

（5）一室一厅户，在管道井、排烟井定位的情况下，可随主人职业、爱好的差异确定不同的户内布置；并可做成两户拼一户，改为两室两厅两卫，这为一室小户型在完成过渡期后的完善建立了良好的基础，也消除了一室户购买者对前景的顾虑。

5.8.4 土地的充分利用及空间价值的提升

原方案在这方面尚有欠缺，故本策划在这个问题上有较多研究，改进如下：

（1）建筑物单体设计与拼接设计，依据用地边界形状走势，使建筑外沿走势与用地边界走势吻合，外缘空间在满足行车、停车、入口空间下，没有再多的空间浪费；

（2）地下建筑尽可能沿用地外缘布置，留出中心地带作为深度开发之用；

（3）利用用地内不好利用的边角空间安排地下建筑出入口及羽毛球场、垃圾站等，将这些零星辅助设施安排在外缘，以保证内缘庭院的完整性；

（4）在内缘空间不再有地下室的条件下，设置临近住宅楼的下沉式庭院，将底层住户与其地下室连通成为拥有下沉庭院的跃层住宅，并采用玻璃顶覆盖的下沉庭院，构成具有生态性能的气层空间，创造有价值的跃层套住宅（共利用地下空间911m²，创造下沉庭院433m²）；

（5）北侧临街商铺是对住宅空间价值的提升，在商铺前脸加设玻璃廊，并在廊内设置沟通地下空间的庭院，将商铺地下室改进为具有商业价值的商铺，并具有情调的空间（共利用地下室作商铺435m²，创造地下庭院空间76m²）；

（6）在研究分析会所及交流中心建筑周边条件基础上，对该建筑空间利用作了挖潜研究。将与交流中心相邻的住宅空间划给交流中心，避免了因两建筑贴靠而带来的采光和通风不足的问题。因增加了交流中心面积，相应留出第四层建筑空间，创造了屋顶花园和游泳馆，从而强化了健康社区的主题，提升了整个社区的品质和文化价值；

（7）交流中心的地下空间进行了设置直接采光窗、下沉天井等手法，设置直通户外的楼梯等，使地下空间具备了商业价值，可以开发为超市或商业（其售租面积达到1088m²）；

（8）地面的户外空间、中心绿地由于生态条件的优化，空间的完整性整合，使这一空间成为充满阳光、环境优美、生态条件良好的中心花园。特别是西南方向社区外侧有100m宽的城市绿带，是本小区特有的景观资源，本策划将社区中心花园与其融合，引入社区中心，让各楼宅共享这一美景。

5.8.5　建设成本的控制和建设资金的有效利用

本策划在建设成本控制方面作了以下研究和考虑：

（1）将地下车库设置在外缘，上面不覆土，地下室顶板即为路面，减少了覆土成本，减少顶板荷载，减少了地面与顶板双重投资；

（2）取消了机械化3层停车设备和地下室2层停车设备，减少了设备投资（约800元/每车位），虽相应增加了地下车库面积，但日常耗电、管理、人力都相应减少，仍应属节约措施；

（3）住宅单体外形简洁，外墙凹凸减少，剪力墙纵横对齐，剪力墙间隔距离合理，围合空间方整，这些措施将有利于发挥结构受力作用，减薄混凝土厚度，减少钢筋混凝土总体积，从而降低建设成本；

（4）室外管线从外缘改为在内缘设置后，管线总长度约减少了一半，故室外管线投资大大下降；

（5）住宅筒核的自然通风采光，减少了核心筒中排烟自动化设备的投资；

（6）其他：如地面铺装的减少、人工化小品的减少等；

（7）下沉庭院、屋顶绿地等虽会增加投资，但这一切将产生数倍于投资的效益。这些策划点产生的品牌和无形的效益，是更为可贵的。

5.8.6 技术经济指标

建筑面积统计见表5-6所列。

建筑面积统计表　　　　表5-6

	地上建筑面积				地下建筑面积	总建筑面积
			电梯机房	合计		
A	1～24层	25层			B1～B2	
	14977.20m²	416.29m²		15521.24m²	1234.02m²	
B	1～24层	25层			B1～B2	
	18091.20m²	418.66m²		18615.32m²	1503.88m²	
C	1～23层	24～25层			B1～B2	
	18259.93m²	865.78m²		19263.49m²	1582.96m²	
D	1～20层	21～22层			B1～B2	
	12384.10m²	832.58m²		13063.48m²	1234.02m²	
E	1～25层				B1～B2	
	19205.00m²			19195.17m²	1503.88m²	
F	1层	2～3层			B1～B2	
	817.00m²	1651.42m²		2468.42m²	1729.40m²	
其他	公厕36m²	垃圾站100m²	预留60m²	196.00m²		
地下车库					B1～B2	
					15422.00m²	
总计				88323.12m²	24210.34m²	112533.46m²

经济经济指标见表5-7所列。

经济经济指标表　　　　表5-7

规划用地面积	18519.00m²	总建筑面积	112533.46m²	
建筑基底面积	4609.00m²	其中地上建筑面积	84076.00m²	另有阳台等4247m²
建筑密度	24.89%	容积率	4.54	

绿地面积	6520.00m²	居住户数	947 户	
绿地率	35.20%	其中 100m² 以上户	241 户	
其中实地绿地	5450.00m²	机动车停车位	601 个	
实地绿地率	29.43%	其中地面停车位	149 个	

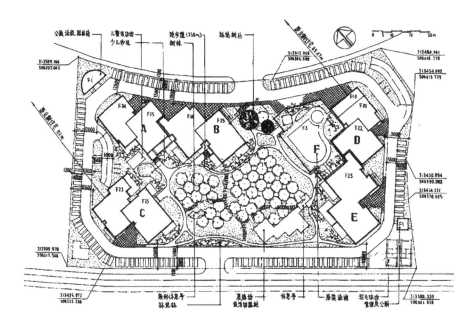

图 5-44　望京天平苑总平面

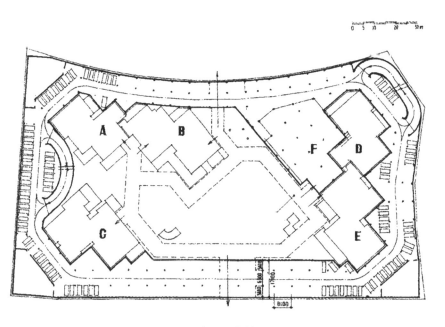

图 5-45　望京天平苑地下层平面

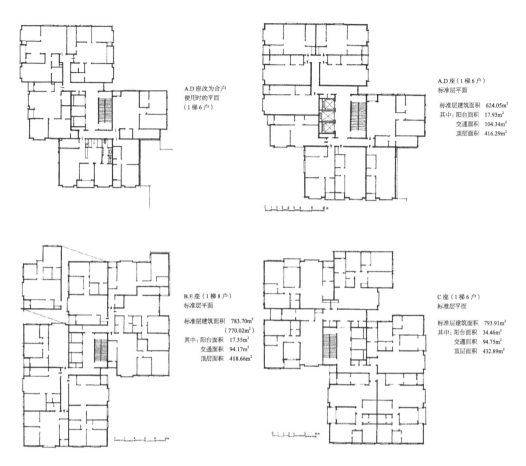

A.D 座改为合户
使用时的平面
（1 梯 6 户）

A.D 座（1 梯 6 户）
标准层平面

标准层建筑面积　624.05m²
其中：阳台面积　17.93m²
　　　交通面积　104.34m²
　　　顶层面积　416.29m²

B.E 座（1 梯 8 户）
标准层平面

标准层建筑面积　783.70m²
　　　　　　　（770.02m²）
其中：阳台面积　17.35m²
　　　交通面积　94.17m²
　　　顶层面积　418.66m²

C 座（1 梯 6 户）
标准层平面

标准层建筑面积　793.91m²
其中：阳台面积　34.46m²
　　　交通面积　94.75m²
　　　顶层面积　432.89m²

图 5-46　望京天平苑各座标准层平面

适用于白领阶层，有固定工作的社会交往较多的两口之家　　　　适用于艺术人士、个体创作者　　　　适用于两口自我奋斗者，从事家庭自由职业者

图 5-47　望京天平苑 A、D 小户型灵活布置平面

第6章 经营性酒店的建筑策划

经营性建筑在建设投资中属于自持物业的投资行为，是将建筑产品作为固定资产长期自持或永久自持，通过自我经营、合作经营、委托经营等方式，获得经营收益以实现投资回报的建筑类型。

在经营性建筑中依据其使用功能的不同，有酒店、餐饮业、影剧院、体育场馆、酒店式公寓等类型，其中酒店旅馆的经营性特征最为显著，广被大众享受使用，也为大众熟悉，本章以经营性酒店为对象讨论经营性建筑的建筑策划。

酒店旅馆是人类流动状态下的居所，除了满足居住的安全、舒适的生活需求外，还应满足人们离开原居住所外出的目的性要求，如会议、商务、旅游、度假、会友等种种要求。这些要求在酒店的建筑环境、建筑空间、建筑设施等各方面都会产生种种规律，本章将从经营性酒店的概念、经营方式及酒店建筑的特性、酒店的经营市场、酒店建筑的资源利用等方面来讨论经营性酒店的建筑策划。

酒店旅馆是从功能空间、建筑品质、管理运营、市场营销等各方面都较为复杂的建筑，而这些方面又与建筑策划相当紧密，本章力求较为深入地进行讨论，但不能涵盖所有旅馆建筑的问题，也仅就建筑策划会涉及的问题作讨论，并以几个实例辅以说明，其中两个属于特殊基地条件下的酒店策划，重点是资源匮乏的应对策略；一个属于旅游目的的特殊市场，重点是客源变化的应对策略；一个属于全面的酒店策划；最后一个实例是对极为复杂且有不利因素的场地研究，它是酒店建筑策划的基础性工作。

6.1 经营性酒店的概念

6.1.1 经营性酒店的投资回报

经营性建筑是建设投资中的中长期投资行为，以其投资建设的物业与专业管理公司合作经营，逐步获得利益，实现资本的增值。如酒店、旅馆、高尔夫球场、网球馆、游泳馆、健身馆、影视馆等，近些年涌现的体验馆、专业医院……均在此列。

经营性建筑在经营活动中所提供的是建筑空间和建筑环境，它必须与专业性服务紧密合作才能构成市场所需的经营品。"空间＋服务"中的空间是适应服务所需的空间，对服务的了解、熟悉和掌握其规律，是设计建设适应服务所需空间的前提。

经营性建筑门类很多，不可能全部展开讨论，这里以最具代表的经营性酒店为例展开讨论。

通常的酒店建设投资，从建成运营起 8～10 年能实现建设成本的回收，以后的运营即是投资的回报。

6.1.2 经营性酒店的类型

经营性酒店向顾客提供一定时间里的住宿空间和与之配套的饮食、娱乐、健身、会议、商务、购物等服务。最基本的"一定时间里的住宿空间"无论是怎样类型的酒店都应保证，而与之配套的服务内容视酒店类型的不同而有别。

酒店类型多样，主要分三大类：商务酒店、度假酒店和经济型酒店。

商务型酒店主要为出差进行商务、会议等经济活动的顾客服务，度假酒店主要为旅游、度假等休闲活动的顾客服务，经济型酒店是为上述两种活动的顾客中有低支出成本核算的顾客服务的。三类酒店在位置选择、入住目的、服务需求、经营季节等方面有众多差别（表 6-1）。

酒店类型概念　　　　　　　　　　　　表6-1

	酒店的位置					入住者目的					需要的服务							营业季节		
	城市里	郊区	风景区	机场	公铁路	商务	会议	度假	旅游	其他	客房	餐饮	商务	娱乐	健身	会议	其他	全天候	适时性	单季
商务型	●			●		●	●				●	●	●		●	●		●		
度假型	○	●	●			○		●	●	○	●	●	○	●	●	○	○		○	○
经济型	●				○	●	●		○	○	●	●				○				

●必须具有　○可具有

酒店类型在此三大类基础上还可再细分。如商务型酒店中有会议型、商务型、会展型、代表处型，度假型酒店中有度假村、旅游酒店、会所制酒店、登山俱乐部、房车营地等，经济型酒店中有青年旅社、驴友之家、品牌快捷酒店等。但这些细分只是局部问题上的差异，对酒店的建造、运营、管理和投资决策无根本性影响。

商务型酒店起源于商业交换时代，具体时间无从考证，应商人住宿之需而兴。度假型酒店起源于罗马帝国的权贵们在郊区浴池的娱乐休闲场所，从 14 世纪的欧洲起，瑞士的冰雪原野、英国的海滩、比利时的温泉逐步兴起度假场所，是权贵、上流社会的专享；18 世纪经过欧洲工业革命，中产阶级成了消费主体，度假酒店逐步发展起来；20 世纪 70 年代度假型酒店在欧洲发展成多元形态，20 世纪后期转入北美和亚洲。经济型酒店起源于 20 世纪初的美国，由于市场经济的发育，商务的发达，对商务方便的追求和对旅行成本的控制，使商务人士更讲究效率和效益，经济型酒店应运而生，20 世纪末进入中国并迅速发展起来。

6.1.3 酒店的经营

经营性酒店经营的是空间和服务两组密切相关的产品。

空间包含顾客专属的私密空间（客房）、顾客同享的休闲空间（健身、泳池、书吧……）、顾客有偿享受的专享空间（餐厅、咖啡厅、影视厅、棋牌、SPA……）和开放性空间。服务包含客房服务、餐饮服务、娱乐服务、康体服务、商务服务、休闲服务、会议服务等和个体的特殊需求服务（如轮椅、病人饮食、儿童陪护、导游……）。

所提供的空间包含了空间内的所有陈设配置、艺术修饰及为保证空间环境品质相关的温湿度、光线、噪声控制，以及水、电、空调、电信的保障，为实现这个空间品质的所有投资会纳入建造成本之中并分时段地分解销售给顾客。所提供的服务与为达到这一服务标准的所有物品及为保证服务品质的人与其培训等所有消耗的投资均会纳入运营成本之中。

在关注投资收益时，不仅要重视酒店建筑物的建造成本，更要关注酒店设计造成的经营成本的经济性。

空间的品质（硬品质）和服务品质（软品质）共同构成了酒店的综合品质。

酒店的综合品质和市场的需求决定了酒店的营销价格。

酒店空间建造的投资和提供服务、维护空间的运行成本构成的投资支出与营销收入的投入产出关系表达了酒店管理水平，同时也反映了酒店的设计水平及建筑策划水平。

6.2 经营性酒店的建筑特性

6.2.1 地理位置的重要性

经营性酒店的位置选择十分重要，位置与它服务的客源有十分密切的关系。商务型酒店的位置一般在城市中心、商务繁华地区或机场，是为了商务客人的方便；度假型酒店一般坐落在旅游目的地的旅游区、风景区，面向城市内市民的周末休闲酒店会选择城市的特色郊区；经济型酒店依据其客源方向选择交通方便之处或城市繁华区的附近或风景区的边缘。

酒店的市场就是旅行和出差的人，他们希望的住宿地就是酒店的位置。

旅行的目的性和交通的方便性是旅行者期望住地的两个选项，当两个选项矛盾时，旅行的目的性会成为唯一选项。所以世界上有相当多的度假型酒店位于奇景深处而交通不甚方便或甚不方便，有些酒店的交通不便成了它的特色而被人向往。

商务型酒店的旅行目的性与交通的方便性一般容易统一。度假酒店则不然，相当多的景区、旅游区都在交通不甚方便的地方，而大多数景区的道路仅到达一般游人聚集之处，而度假酒店一般会避开人流聚集热点，很可能交通并不方便。酒店的建设会努力创造方便的交通。相当多的景区、奇特的休闲地处在地势复杂或山岭险峻之中，本身也不具有方便的交通条件，正因为这种不方便才引起旅行者在其中住宿的渴望，这也正是酒店投资人的冲动所在。这种情况下，交通的方便不再是选址条件，交通成了要解决的课题，最终的解决方案也一定称不上"方便"，"酒香不怕巷子深"就是答案。

经济型酒店的选址，一般不是项目选地，经常是基地吸引项目。在城市繁华的商务区边缘或小块用地的出现，会引起经济型酒店投资人的青睐。因为经济型酒店重视营销价格的管理，自然对土地的出让价和建议成本、运营成本斤斤计较，故在选址时重视繁华商务区的边角或异形的小块用地。

6.2.2　空间与流线的复杂性

为了给酒店的客人最好的感觉和最周到的服务，酒店就要向顾客展示舒适、美感、清洁而富有情趣的空间，同时又要能给予顾客最及时、温馨、休贴而适宜的服务，但不能让顾客看到服务后面复杂的装备，防止因服务而干扰顾客的心情，酒店应当严格地区分前场空间和后场空间，不因后场的繁忙影响到前场的宁静与舒心，也不因前场客人的行为而干扰后场的秩序和控制。

前场区域主要有接待区、客房区、餐饮区、康乐区、会议区、园林区等室内外空间；后场区域除所有前场各功能区的服务空间外，还有厨房区、洗衣房、卸货区、仓库区、动力设备区、员工生活区和管理及办公区等。

酒店的后场是一个清晰而有秩序的系统，它包含有服务系统、物品供应系统、能源保障系统、食品供应系统、安全监控系统和污物清理系统等，各自有自己的流线，并应相互分离不干扰。酒店的空间关系如同一个生命体，有神经、血液、消化和排泄等功能系统，才能保证这个生命健康地运行（图6-1）。

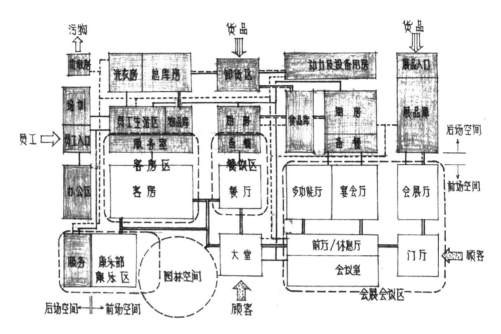

图 6-1　酒店的基本空间框架

6.2.3　酒店彰显个性

几乎没有相同的酒店，即使同一品牌采用同一技术标准设计的酒店也是不尽相同，各具特色的。因为旅行者或商务出差的人有着猎奇的心理，追求新鲜感，品牌酒店管理公司在发展会员旅客时也会向会员展示各地或一个城市中不同地段同一品牌的不同风采，吸引顾客的光临。

个性展示为的是市场知名度，引起人们的关注和传颂。

特别而举世无双的形态可以成为个性，度假酒店在个性特色方面更为重视，首先在功能内容方面寻求特色，如博彩业、体育休闲、高尔夫、水疗、登山、潜海、滑雪、主题演出……能寻找到很多类型特色，充分利用地域景观和自然条件资源，发挥资源的价值创造特色；其次在形态上创造特色，如新加坡金沙酒店高空巨大无边的泳池，形态的简洁和巨构给人视觉强烈的冲击，留下深刻的记忆；富有特色的内功能和内空间可以成为个性特色，如澳门的威尼斯人酒店；独特的环境资源与酒店位置的良好结合也可以成为个性，如台湾日月潭的涵碧楼酒店；气氛特性也可成为个性，如分布于世界各僻静地段的安缦系列酒店，幽静安详成了其个性。特色的功能、特色的餐饮、特色的内空间形态、特别的卫生间设计、特别的客房都有可能成为酒店的个性特色。

在同一地域、同一城市的市场环境中，树立在这一市场环境中的竞争优势地位创造酒店的个性特色，需要足够的"特"，足够的占位。个性彰显的点不在于多而在于特。

6.2.4　酒店管理的标准化

酒店营销的是空间＋服务，而衡量服务质量的尺度是标准。现在许多品牌酒店管理公司进入中国市场，开展了和投资者合作的大竞争，每一家管理品牌都推行着他们自己自信的标准，这就是酒店服务和建设的标准，成了酒店的典型特性。品牌标准是管理公司长期的建设经验和管理经验的积累，是在对顾客的生活需求、心理需求调查研究基础上衡量酒店满足能力的总结，也是与酒店管理成本相匹配的服务和建造的控制标准，是酒店管理公司无形资产的重要组成部分。

不同的品牌有其自己的标准，但大多数品牌标准在满足顾客需求的主要建设标准方面基本相近或相似，不会有太大的差异。

酒店的设计或建筑策划工作中，应首先明确未来的酒店管理公司，或明确酒店管理模式。相当多的建设投资人有意开拓酒店经营管理，甚至有自己的管理品牌，但管理标准不尽完善，也可在项目的开发建设中加强建设和完善，开发建设也能促进管理标准的建设，标准本来就是建筑与管理实践的总结，反过来指导建设与管理，相辅相成。

6.2.5　酒店的安全性

酒店建筑的安全性是所有类型建筑中最为突出的。因为酒店是人流聚集的建筑空间，人在其中待的时间很长并要过夜，过夜的人是睡眠状态，易失去警觉性，要依靠建筑物的安全性能来保障众多人的生命安全；又因为入住酒店的人群，有老有幼，甚至有体弱者；还因为酒店空间对于顾客而言是一个生疏的场所，在发生安全事件时，他们因环境生疏而不知所措，容易失去自救和自我逃生能力。因此，在酒店的建筑设计和建筑策划中会比其他很多建筑更重视安全性。

酒店的安全包含防火、防风灾、防海啸、防地震等自然灾害，还包含防盗、防人为伤害等安全隐患等。相比国际游客而言，中国旅游者的安全意识和警惕性较薄弱，所以接待中国游客的酒店更应加强安全的警示和安全设施的宣传。

1. 酒店的防火

酒店旅馆的火灾发生率比住宅高，发生火灾后造成的人员伤亡也比住宅严重。在1970～1980年间，世界上酒店旅馆业火灾发生较严重，后来在建设和管理上的重视和改进，火灾已有所减少。

20世纪70～80年代，世界酒店业发展很快，正是美、日等国经济发展期，酒店发展迅猛，而安全性尚未被充分认识，火灾损失很大，但同时巨大的损失让人们认识到酒店建筑防火设计的重要性。

1971～1981年，美国假日、喜来登、希尔顿等7家酒店集团共发生火灾55次，死亡47人，受伤567人，经济损失3400万美元。日本1972～1986年的15年间发生旅馆火灾322起，死亡人数高达4900多人。

当年旅馆火灾的起火原因主要是：客房内吸烟，尤其是酒后卧床吸烟导致，（占56.5%）；电器线路故障、发热引起；厨房、锅炉房等明火使用不当而起火。造成严重人员伤亡的主要原因为：避难线路被关闭，旅客迷失方向，自动报警失灵等。近些年来，人们对防火的重视，卧床吸烟行为的减少，设施的改进，人们意识的增强，酒店火灾情况真正达到减灾减损的效果。

从酒店火灾的实例分析中，人们认识到酒店火灾的特点：

（1）酒店火灾通常发生在后半夜，凌晨2～4点，人们熟睡，管理人员疲劳；

（2）火灾被发现太迟，多数火灾起源客房，而客房是私密场所，不易发现，等被发现时，已造成灾情；

（3）死亡者以老幼病弱者居多，一些语言不通的国外旅行者也是火灾受害者。

从酒店旅馆的火灾实例分析中，可以得到酒店建筑的防火设计要点：

（1）严格执行防火设计规范中的建筑物耐火等级，减少建筑的火荷载；建筑构件、墙体的燃烧性能和耐火极限应满足规范要求；内装修、内饰品的材料应非燃化和难燃化，不用易燃品；

（2）严格划分防火分区；

（3）加强预警和早期预报；

（4）安全疏散口设计应科学合规，防排烟系统应完善；

（5）完善的灭火设施。

2. 防风灾，防海啸

相当多的情况下，酒店会设置在海滨、高山山冈等风敏感地段，在这些地段，风和海潮有可能成为灾害。所以从酒店选址开始就应重视防风灾防海啸的意识。从选址开始就重视避开受灾的危害是最根本最科学的低成本防灾策略。

风灾的破坏主要是对建筑的巨大水平推力，导致结构受损破坏，另一方面是对建筑的围护体、门、窗的破坏，伤害旅客的安全。在中国大陆东南沿海地区和海岛，有台风的侵害袭击，这种风灾的破坏力是相当巨大的。当今，除龙卷风还无法预测外，其他强风均已有预测预报和防御的措施及能力。

酒店的抗风灾设计和策划要点：

（1）选址应避开风口和强台风登陆地段；

（2）重视风压荷载及高度变化系数的准确选用，并按规范设计抗风能力；

（3）重视强风、台风袭击规律的研究，有针对性地采取抗风构造措施及由风而雨的次生灾害的防御；

（4）重视建筑物背风面的负压破坏的防御措施。

3. 震灾防御

地震的破坏力有时是相当严重的，酒店的策划和设计时应有明确的避灾意识。

（1）选址应避开地势地形变化地段，避开断裂带，选择地基稳定的地段；

（2）严格执行抗震设计规范和设计规程；

（3）根据设防烈度的要求，适当地确定建筑体形的完整性和建筑物内外悬挂物的设置方案，避免震害；

（4）重视疏散系统和路线的顺畅和明确。

4. 其他安全性策划要点

酒店的安全性除上述减灾救灾能力外，还包含食品供应安全、顾客行为安全、卫生洗浴安全、泳池安全、运动安全、无障碍通行安全、电器用品安全等各个方面。

酒店的安全体现在各个方面，各个成熟有经验的管理公司都有自己的酒店服务及建设标准，其中许多条目和细节要求都体现了对安全性的重视。在酒店的建筑策划工作中，不仅要重视空间组成面积指标这些大局，同时不要忽视标准中的细节，其中很多是与酒店安全有关的内容。

如，食品运送流线的规定，儿童俱乐部地面的材质要求，浴室地面的材质，泳池的水深规定，露天步道的台阶设置，插座的位置，公共场所电器开关的设置方法和位置规定，后场运输走廊的防撞设施，门扇的防撞方法，玻璃隔断的警示标识，楼梯扶手防滑行方法等等均应予以理解和重视。

酒店是一个流线较复杂的建筑，各种功能流线与顾客行为流线组织得越清晰越简明，就越有利于安全。

在追求创意和标志性空间时，应重视安全性的要求，不应使创造性与安全性相矛盾，而应使二者统一。

6.3 度假酒店的市场

商务酒店的市场主要依据社会经济的发展和商务活跃程度，而度假酒店的市场除社会经济的发展水平之外，更与旅游业的开发程度相关。世界上很多著名旅游目的地的度假酒店都很发达，吸引了来自世界各地的旅行者，但它自身的社会经济发展水平并不繁荣。度假酒店的市场不局限于酒店所在地域，还在于整个世界的经济活跃程度。

经济全球化在度假酒店的市场方面表现得很明显，在世界经济危机时期，全球的旅游业都会萧条，度假酒店的市场自然会萎缩。

度假酒店的市场与经济大环境相关，与客源地经济发展水平相关，与目的地经济水平也有一定关系；与客源地居民的年平均可支配收入及他们的消费习惯（或称消费文化）相关，还与其旅行消费者的假期时间有关，与其所在国出行政策相关。

中国大陆这几年居民的年平均可支配收入逐年增长，且增长速度较快；公共假期及带薪假制度不断增加和完善；家庭消费观念正在发生变化，随着国家保障制度的完善，人们从重视储蓄逐步转向消费，旅游度假正成为国人的生活方式；中国政府积极鼓励出行旅游，各国也相应放开了对中国大陆居民的旅行限制。在未来十年左右的时间里，占世界人口 1/5 的中国人旅游度假的生活需求将会大大促进各旅游目的地度假酒店市场的发展（图 6-2、表 6-2）。

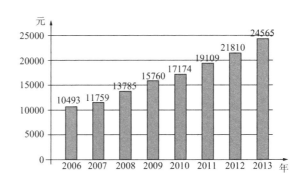

图 6-2　中国大陆居民可支配收入平均值

（资料来源：中国国家统计局）

各国及地区平均带薪假日　　　　　　　　　　　　　　表6-2

洲属	国家和地区	平均带薪假（天）	度假时间
北美洲	美国 加拿大	21 ~ 35 14 ~ 21	平均 3 夜
欧洲	英、德 法、西、丹 荷、比	18 ~ 21 30 ~ 35 24 ~ 25	平均 5 夜
大洋洲 亚洲 南美洲	澳、巴西 韩、泰 中国港、台	28 ~ 30 20 7 ~ 14、7 ~ 30	平均 3.5 夜
亚洲	中国大陆	9 ~ 20	

度假酒店的市场与其所在旅游目的地的知名度有极大关系。旅游目的地才是旅行者旅行生活的目的。而度假酒店仅是旅行生活的安身之处，度假是对繁忙工作的调剂，是现代生活方式中劳逸结合的一环，为了生活品质，人们追求度假的安逸、舒心和放松。

酒店的管理以其对度假生活的专业性理解和丰富的经验为旅行者提供了他们的所需。优质资源的旅游目的地与优秀酒店管理品牌的结合能够赢得度假酒店的市场。

在同一旅游目的地区域，会有众多度假酒店并客观地存在同质市场竞争。旅游度假产业存在淡旺季节，在市场引导下，度假酒店的配置正处在淡季充裕、旺季不足的供求状态下。同处一地的度假酒店淡季时存在游客市场的竞争，在旺季时存在价格上的竞争，这是自然的市场规律。

为了在市场竞争中占据优势，度假酒店努力营造自己的品牌优势，构建功能优势，提升服务优势，不断探索新的改造和完善功能，因而也涌现了许多新兴的功能因素。

例如，目的地度假酒店不断地增设更多的服务产品来丰富自己，为旅客提供更多留下的理由。尤其白天外出旅行归来后仍需丰富的夜生活，零售、娱乐、教育、康体、SPA 之外，涌现了"主题歌舞演出"，讲述与目的地相关的传说故事等。

又如，目的地度假酒店消费一单制，将客房、餐饮、酒饮、SPA 等纳入度假定制套餐的消费一单制，使旅客更加自如自在和随意。

再如，针对团队、家庭、企业的旅行团队，制定的庆典型、生日型、聚会型等各项晚间活动；创建巨大的商业夜市和免税店等等。

度假酒店在市场的竞争中，不断地发展、完善和拓展，已经走上再创造的道路，与传统的酒店有了很大的变化。当然也同时涌现出以宁静、安详氛围著称的休闲酒店和狂野、猎奇的帐篷酒店等。

遵循品牌标准的度假酒店和依据市场需求而探索的新型度假酒店不是矛盾的，而会同时存在，并且会共存于同一酒店之中。因为任何品牌标准都是过去顺应市场的经验总结，会适时地顺应市场并在市场竞争中修订、完善再充实。

部分目的地的旅游市场是具有明显季节性的。由于地理位置的原因，某些地区在每年夏季会迎来旅行高峰，而冬季则无人问津。旺季的游客也是逐步增加至峰值然后逐步减少至零。

2007 年在做新疆慕士塔格大酒店建筑策划时，起初不理解业主方提出的"吸取现状蒙古包客房"因素的真实含义，只理会其中的市场适应价值，提出眺望慕士塔格雪山的布局。后经调查市场方才认识到每年 5 月游客到来，逐月增加，9 月达到游客高峰，客房供不应求，然后又逐月减少，11 月底趋零。这时才想到蒙古包方案逐月增开再逐月减缩的适应市场的多院落组合方案，得到业主的肯定。

6.4 经营性酒店建筑策划中的资源观念

经营性酒店特别是经营性度假酒店当随市场需求而坐落在旅游目的地时，它与传统意义上的建筑选址概念是不相同的，或者可以说是很不相同的。

一般认为建设项目选址要考虑适建条件，如交通方便、市政兼备、能源可靠、资源充分等。而度假酒店或旅游目的地度假酒店是冲着旅游目的地而建的，适建条件未必好，甚至是很不好，根本谈不上适建，但市场需求也要建。这种情况下，一个正确的资源观念就显得十分重要。

归纳起来，可以认为在酒店的建筑策划中，资源观念有3个方面，即发现和发掘资源并充分利用来创造酒店的特色，有效地节约资源创造绿色酒店，解决缺乏资源的矛盾在资源奇缺的条件下建设酒店。

6.4.1　发掘资源创造特色

正常适建条件下建设酒店，应努力挖掘基地及环境条件，发现和发掘资源的能力，创造酒店的特色，提升酒店的价值。这就是建筑策划的价值体现。

2010年承接的海南文昌紫贝湾酒店及酒店公寓策划项目时，在研究文昌气候特征过程中逐步认识到文昌的气候优势，更努力完善对文昌气候的研究，充分发挥气候资源优势，逐步形成了"看天的紫贝湾"的策划理念。

文昌位于海南岛的东北角，东临宽阔无际的海洋，常年有海风自东向西拂过，文昌有最洁净的天空，造就了它西侧有最清洁空气的省会城市——海口。因为文昌位于海岛北部，又临海边，因而它没有三亚那样的酷热。夏日午后常有阵雨，雨后即有凉风拂过，清风爽身、晴空万里，傍晚更是美好时光。湛蓝色的天空中，满天星斗，明亮月光，偶尔飘过一片白云，方知为何航天发射场选址在文昌。

紫贝湾位于文昌清澜海湾内陆1.5km处，占地5hm^2，设有酒店、酒店式公寓和别墅，定位在中等偏高的档位。由于周边开发项目众多，存在同质竞争，为居优势，本项目策划中，依据"看天"的理念，创造了各类型的天台、露台、地台等赏天、享天的空间，并与酒店、公寓、别墅的室内外空间相融合，形成了独具特色的空间形态（图6-3～图6-8）。

2015年在帕劳度假酒店策划中，针对一块仅3000m^{2}的建设基地，进行了认真的分析研究。

帕劳是位于菲律宾东面太平洋中的岛国（北纬8°，东经135°），由若干大小不等的岛屿组成。这块基地是连接岛屿桥头的一座小岛，仅25m×100m大小，除去道路和泊车空间，仅有不足3000m^{2}基地，允许适度扩展。

由于四周环海的狭小基地，而创造了顶层的天际泳池；由于有限地扩展填海而建成了精致的水上别墅；由于涨落潮的海水位差，创造了落潮时为水上露台，涨潮时为私家泳池的滨水露台。有限基地，无限空间，如若实现将会成为帕劳的标志。

图 6-3　紫贝湾酒店鸟瞰图（一）

图 6-4　紫贝湾酒店鸟瞰图（二）

图 6-5　紫贝湾酒店全景

图 6-6 酒店顶层享天平台　　　　图 6-7 别墅屋顶效果图　　　　图 6-8 公寓顶层花园

6.4.2 因地制宜节约资源

酒店建设及运营都是非常消耗资源和能源的。全世界旅游业耗能约占总能耗 3.2%，二氧化碳排放约占总排放量的 5.3%，就行业而言已属较高耗能行业。相对于办公、商业、学校、医院、剧场等公共建筑而言，酒店旅馆在同等建筑规模时是耗能最高的，比医院多 25%，比办公多 80%，比学校多 200%。从行业和酒店业自身经营效益而言，也都非常重视能耗和资源的节约使用。在酒店的总运营成本中，建筑管理和行政管理费中，能源消耗费约占 35%，比员工工资总额还要高，所以在酒店管理中都会非常重视节约能源和节约资源。

酒店旅馆从建设之初就应注重节能节水节地，为日后的运营管理创造一个绿色运营的基础。2010 年进行的南宁五象山庄方案概念设计时，就运用建筑策划的思维，针对起伏变化的场地和南宁亚热带气候条件特征，采用了依坡就势的布局和适应气候的建筑策略，进行策划和设计，使整个酒店在建成后达到了二星绿色酒店标准，达到节能节地节水目标。

6.4.3 攻克主要矛盾，在资源奇缺地区进行酒店建设

旅游酒店有时会建在特别的地点，甚至是无人居住过的险境，但因为它的险、奇、特，而产生了旅游价值，但对于酒店建设而言，就有了意想不到的种种难题。

2005 年，某著名旅游产业开发商要在慕士塔格山上海拔 4300m 处建一座登山旅行酒店，在塔克拉玛干沙漠里的尼雅建一座考察旅行者的尼雅宾舍。这两处在资源条件上存在着无能源、无动力、缺水等问题，在交通运输上非常困难，建筑材料运不进去，能源动力如何解决，水从何而来，污水、污物如何处置等一系列问题。

在经过实地考察和对周边调查后，展开了建筑策划研究，几番反复并与开发商多次讨论获得了妥善的方案，特别是在两个特色酒店的后方分别建设两个基地酒店作为前端特色酒店的支撑后援，使问题得到解决（策划案收录在本章的实例中）。

6.5 酒店场地研究在酒店策划中的作用

在酒店旅游的建筑策划中，在建设基地确定后，对场地的分析研究非常重要。场地的环境条件包含了城市对建设的制约信息，也包含有支持的积极信息，基地的周边地貌、本身地貌、历史文化的遗迹等对布局的影响，树木、植被资源、水资源条件等都会引导策划者思考。

场地踏勘、场地调查越详尽越好，复杂的场地需要多次考察，在考察中思考，带着思考再考察。

场地的分析研究是在基地调查清楚的基础上，按照交通、规划、市政条件等外界条件，气候、日照、雨水、风向等气象条件，地形、坡度、坡向、汇水、土质等地质条件，树林、植被等自然条件；遗迹、房屋等人文条件……分类列出，再作分项研究，作支持积极度和制约消极度分析，再列出必须保护、避让、利用、改造等建议，还可以从中整理出对建设酒店特色点的支撑性资源，对策划起到推进的作用。

2005 年在南宁五象山庄概念设计中，经过对北区起伏地形和城市道路噪声环境的分析研究，获得了依坡就势，利用山岭作隔噪设施，利用洪沟的深坑解决高大室内空间建筑，利用汇水地形创造中心景观，依坡就势布置建筑，获得了适宜地势、适宜气候的具有地域建筑特征的酒店形象。

6.6 慕士塔格大本营建筑策划（2006 年）❶

6.6.1 项目背景与慕士塔格

慕士塔格峰位于新疆维吾尔自治区阿克陶县与塔什库尔干塔吉克自治县交界处，海拔 7500m，东帕米尔高原东南部，与公格尔峰、公格尔九别峰构成三山耸立的帕米尔高原的标志。"慕士""塔格"分别是冰和山峰的意思，常年积雪，冰川发育，地势高亢，姿态雄伟。

旅游者及朝圣者以虔诚之心来领略慕士塔格峰和喀拉库勒湖相映成辉的山湖雄姿美色及深深蕴藏于山湖之间的文化和诗意，吸引了各国登山健儿们反复登山，要征服这座蕴藏着许多传说的美景。

自 1670 年英国人登山考察以来，已有许多国家数以千计的登山爱好者登上了慕士塔格峰。这里已成为登山爱好者的天堂。旅游集团 H 公司计划在慕士塔格峰 4400m海拔处的大本营基地，投资建设登山大本营，以适应越来越多的登山旅行者的需求。

---

❶ 前期建筑策划参与人：曹亮功、李东梅等。

6.6.2 基地条件与建设目标

慕士塔格峰登山大本营位于 4400m 海拔的主峰西坡，自喀什出发的中巴公路 204km 处向上行进 8km。

基地无对外交通道路，登山者从山下公路旁的喀拉库勒湖徒步上山，经苏巴市村再登上大本营。喀拉库勒湖海拔 3600m，大本营海拔 4400m，高差 800m，路程 8km，完成这段不长的路并非易事，如有四轮驱动的吉普在颠簸中也需 2.5 小时方可到达。

大本营现状是一栋木板房和旅游者的自备帐篷，无任何市政设施条件，只是一个相对平坦的原野山坡。

四季有降雪，空气稀薄，缺氧；周边山坡上有积雪，山坡脚下积聚山上下落的石头；时有风，不定向且时强时弱。登山季节为每年 7、8 月最佳，近年来自 5 月底至 9 月底 10 月初均有旅行者进山。新建大本营于 5～9 月开放运行。

H 公司计划在山下喀拉库勒湖旁海拔 3600m 的位置兴建慕士塔格酒店，接待来此的朝圣者和登山旅行者，在那里进行登山前培训、休息和准备；在 4400m 海拔建大本营，供登山者途中休息，作为最后登顶前休息和准备的营地。

大本营要集中解决餐饮、洗浴、卫生间、医疗、行李存放、商店等登山人的生活保障问题，他们的居住仍是各自的休息帐篷，将围绕着大本营而搭支。大本营的餐饮分为提供餐食和自助烹饪两类；自助烹制由大本营提供厨具和烹制条件。

大本营需要一个大空间，容纳全体登山者聚会、用餐、看电视影像、交往等活动。夜间可以容纳部分登山人在室内搭帐篷，并能实施紧急事故的处治。

6.6.3 建筑策划要应对的问题和解决方案

1. 建筑材料、建筑配件

实地考察环节认识到从 3600m 海拔的公路到 4400m 海拔的基地是非常艰难的，仅有 4 轮驱动的吉普可以颠簸着行进两个半小时才能到达，而基地的缺氧环境让一般人无法行动，更不能有过多的劳作。

分析研究确定建筑材料上运量应尽可能少而轻；建筑配件应控制其尺寸，不宜过长；建筑配件应耐颠簸而不易碎；建筑配件的安装应简单可靠；钢构件连接宜采用螺栓连接，不宜焊接，因空气稀薄，焊接工艺无法保证质量。

2. 大本营大空间顶盖方案

这是本策划工作中的重点难题，要有足够开阔的空间，要求轻材料，短构件，耐颠簸运输，研究决定采用膜结构，但要确认其耐寒、保温，并能采光和适当承载雪荷载，通过调研考证，确认了它的适应性能。

3. 能源和资源方案

水：慕士塔格不缺水，就地取材，化雪为水。

热水：太阳能热水器。

电能：风力，光伏发电及柴油机（备用）发电。

排污：污水设中水系统，中水回用于卫生间冲洗，最终污水污渣密封罐运至处理厂；污物集中收集压缩密封运至处理厂。

4. 通信方案

卫星信号、卫星通信。

6.6.4 解决方案的验证

1. 膜结构的几个问题

膜结构在这一项目是适宜的，它在大跨度、大空间及构件尺寸限制和耐颠簸性能等方面很有优势，但在耐寒、保温和采光等方面，仍需要深入研究。经与专业公司分别进行研究得到了可靠的确认。

加拿大温哥华国际会议中心膜结构已有十多年历史，经历了 –35℃ 的寒冷，冰岛也有实例，慕士塔格大本营基地冬季气温在 –30℃ 左右，认为是可以实施的。寒冷地区采用复合保温膜的实例已很多，采光膜也已有很多实例，只是采光膜的面积比例应有限定。

2. 构件尺寸研究

运输条件是构建尺寸的依据，吉普车顶能够承载的物体支撑点距约 4.2m，两端各悬 1m 左右，则构件长度宜限定于 6.3m 以下，构建宽度不应超过车体宽，即 1.6m 以内。

对于膜结构的骨架焊件、风力发电的支撑焊件过长的问题应化长为短，采用螺接方式使用短件接长。风力发电支撑杆在螺接后，其侧向已无受力能力，宜采用拉索式方案。

3. 屋顶的坡度

大本营的冬季是封闭不用的，无人、无能源无热气，完全孤立在自然中。漫长的冬季就是风雪，建筑要承受风雪的考验。

膜结构应当有 30°～45° 的坡度，让雪不能聚集在膜面上，而是下滑到屋面上，但屋面并不主张坡顶过大，如果雪都下滑堆积在建筑四周，会造成对墙体的侧压或在融化中浸入墙体，所以幕顶周边屋面坡度宜小，承载着雪，让它在阳光照射融化后以水的形式落下，坡度过大的屋面会在融化中促使雪水的下滑造成屋面檐口的损坏。

6.6.5 实施方案

本工程力求在十分恶劣的气候条件下建设一座经久耐用、满足登山者基本生活需求、尽量减少施工难度又减少对环境污染的建筑。它可能是世界上海拔最高的建筑物。

建筑呈矩形，外形方整，体形系数很小，有利于节能和节省材料，同时也节省建造难度。

建筑入口凹入于建筑檐口，防止雨雪对入口的影响，人员出入时，有足够的门外整理空间。同时又可不为门另设雨篷，单设的雨篷在长久无人的冬季里容易被破坏。

建筑的外墙采用高侧窗，既使室内空间有较高墙面、视线安全，又考虑了冬季积雪的影响。高侧窗使室内有良好的自然采光，也可使窗在檐下，少雨雪影响。

建筑平面以四周双排柱框架体系保证了建筑良好的抗震性能，并获得了较大面积的中央大空间，满足了功能要求。建筑采用6.3m×6.3m模数体系，使建筑物件尺寸统一，工厂制作和现场拼建工作更加方便。

此拼装方案既有利于建造，也利于拆除。未来30年建筑寿终后，全部拆除运走，不产生对环境的污染。

建筑的地面也是与房屋构成的整体框架，架空铺在原始地面，不采用过多地面等混凝土或砖石作业，一是为了减少现场劳动强度，二是为了30年拆走后对环境影响最小。

给水，在100m远的融雪溪水处引水，经水槽引至储水池，经石英砂过滤进入清水池，用水泵泵入屋面水箱。生活热水采用热管式太阳能热水系统。饮用水从城市运来。

通风，以自然通风为主，动力为铺。设置利用自然风压和热压进行通风换气，可以自由启闭的消声自然换气器，在大风无法开窗时提供高海拔条件下必要的新风需要。

电力，采用风力和太阳能互补电站发电和柴油备用发电。

排水，厨房及洗浴污水分两个系统分别处理，收集后再经硅藻土处埋法处埋排至室外渗井。粪便水单独收集蒸发池蒸发，污渣密封罐收集，运至城市处理厂。

建筑的最终方案外观与其所处慕士塔格山体环境融为一体，复合压型板外墙为碎片石纹理，构成白与褐灰色的对比，与山体和雪山的色质相融，也表达了大自然的清新。

策划至今已有十年，但尚未实施。也许太难，也许没有真正的迫切需要，也许登山者讲究体验艰辛而不是享受。何况真的建成入住使用，也无法达到享受的层次，最多是少了些艰辛而已，对于探险旅行而言，少些艰辛并不比多些艰辛更有意义，所以它是否能实施，是否应该实施呢？

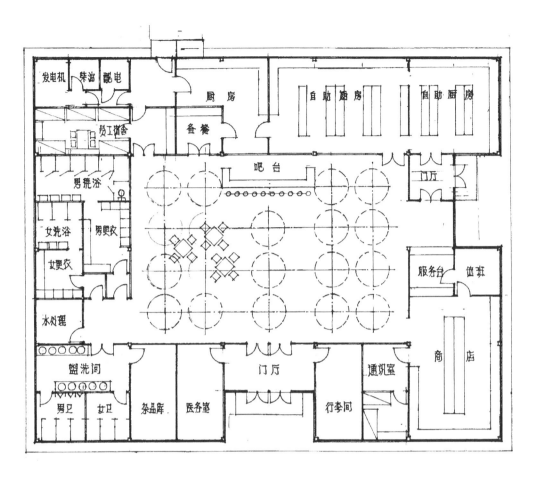

图 6-9　酒店平面图

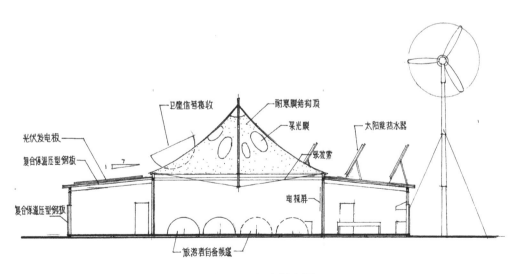

图 6-10　酒店剖面图

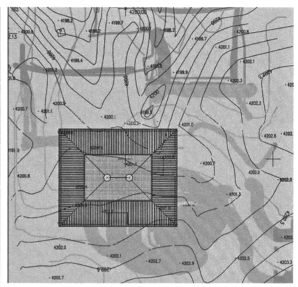

图 6-11　慕士塔格峰　　　　　　　图 6-12　酒店用地周边地形图

图 6-13　酒店透视图（一）

图 6-14　酒店透视图（二）

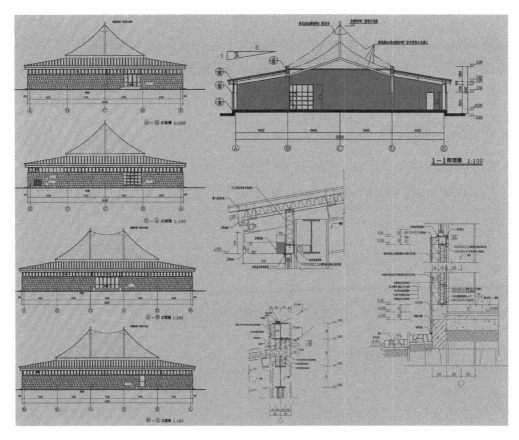

图 6-15　酒店立面图、剖面图及节点详图

6.7　尼雅宾舍建筑策划（2006 年）❶

6.7.1　项目背景

尼雅遗迹是塔里木盆地最为重要的考古学遗迹之一，位于塔克拉玛干沙漠南缘民丰县喀巴阿斯卡村以北 20km 的沙漠中（东经 82° 43′，北纬 37° 58′）。距民丰县 150km，1996 年被确定为国家文物保护单位。

尼雅是历史上西汉时期精绝国度故址，东汉初属鄯善国。1700 年来，由于气候和地质的变迁，河床退缩，这里已退化成为典型的流动沙丘地貌。出于对国家文物保护的需要，尼雅遗迹每年严格限定进入的人数，严禁破坏遗迹风貌。百年来考古成果已证明尼雅文明的消亡不完全是自然变迁的缘故，可能与军事、社会或其他因素有关。从1901 年起，英、日、美及俄国考古学家们不断深入的考古研究正不断揭开古国文明的真相。

❶　前期建筑策划参与人：曹亮功、李东梅等。

由于考古旅游的发展，旅游集团 H 公司计划在尼雅遗址旁的沙漠里兴建一座宾舍，以满足考古旅行者在此夜宿，贴近考察沙漠清晨日出、傍晚日落和夜晚沙漠星空的奇景。而这项建设是一件极具挑战的大事，在交通、运输、能源、通信、排污、环保、建造等一系列问题上都绝非易事。受 H 公司委托，笔者进行了一项非常有价值的建筑策划。

6.7.2　建造目标

业主根据其考古旅游的需求提出宾舍的建设目标：

容纳 20 人入住，能满足餐饮、聚会，有看电视影像的厅堂以及相应的辅助保障设施。

6.7.3　自然条件

夏季地表温度可达 50 多摄氏度。冬季白天气温在 -5℃左右，夜间达 -30℃。年平均气温 11.2℃。

4 ~ 5 月是沙漠的风季，每隔几天就会刮两三天暴风（西北风）。

6.7.4　建筑策划要点

1. 建设方案

在重点保护的遗址环境中进行建设，绝不能因建设而扰动环境、破坏环境，所以策划案确定采用集装箱体现场拼装方案。进入现场工人仅 5 人，箱体内装在工厂完成，使建设行为对环境影响达到最小。

2. 环保策略

坚持"除了记忆什么都不留下，除了脚印什么都带走"的保护原则，在宾舍 30 年寿命寿终拆除时不留下任何痕迹。

3. 能源策略

充分利用清洁能源。

风力发电（柴油发电备用），太阳能热水装置。

4. 排污方案

中水回用装置。最终污水及固体垃圾分别密封运回城市污物处理厂。

5. 水资源

申请沙漠地下水采用，原尼雅河流域有丰富地下储水；第二方案为城市空运水。

6.7.5　建设方案

1. 平面拼装

采用 23 个 20 英尺的标准集装箱，其中 16 个作为客房，6 个作为不同的服务设施用房，1 个作为水箱（竖立使用）。相互拼装连接成一个整体。留出入口和登上屋顶的通道。中央留出 13.8m×6.8m 的厅堂空间作为宾舍的公共厅。集装箱体在顶面、底面及外侧非拼接临空面均设有聚苯板复合保温层（做法与保温的冷冻集装箱体类似）。

2. 剖面拼装

集装箱是架立在沙袋支起的带形地垄上，形成集装箱箱体下的空间，可以检修下水系统。沙袋的方案是可以由 5 个人完成并就地取材最终可以无害清理的基础方案。

沙袋垅上用钢结构连接成整体平台构架，再拼接集装箱。

中央公共厅堂上空采用夹芯压型钢板，屋顶设采光孔，三层采光用玻璃顶。

集装箱屋面上覆盖 600mm 沙，增加热惰性，以适应中午炎热和夜晚寒冷的气候。

3. 外立面

宾舍选择在沙丘的东南向坡下，并希望沙丘是相对稳定而有一定高度和厚度的地段。宾舍南北向坐落，正南向 10 间房和 1 个入口，入口后退一段距离，以避开可能出现的西北风。宾舍外侧应覆沙，使西向北向能隐没于沙丘坡下，以减少西北风侵袭。

4. 室内布置

选用 20 英尺集装箱的内尺寸为 5900mm（长）×2350mm（宽）×2680mm（高），当作为宾舍客房时，一箱仅能容一人，故本策划案采用二箱容二客的内饰方案。两箱一组，入口分别为卫生间和衣柜，内部为两个相同的房间，各有床、床头柜、桌、椅、茶几、行李架等设施。考虑到考古旅行包含着科研工作，所以房间配置能达到二人讨论、单人书写的条件，众人交流则在厅堂空间进行。

5. 采光通风

所有南向箱体在外端均设采光窗，三扇中仅一扇上弦外推，以利通风；所有无南向外立面的箱均采用顶部采光，设顶部玻璃采光窗（固定），助力通风。

6. 现场建设

所有建筑配件均在工厂制作完成，用载重直升机空运到现场。建筑现场不进行任何湿作业。宾舍客房内所有陈设均已在工厂完成，包含家具和硬软陈饰，以减少现场工作量，减少现场工作人员。

20 英尺的标准集装箱空箱自重 2.3t，装饰完成后约为 3.2t，载重直升机不仅担负建筑配件的运输，同时承担现场装配工程中的起吊安装重任。

7. 厅堂地面

厅堂面积有 94m²，是一个比各房间低 0.54m 的下沉式公共空间。它的地面在策划研究时曾考虑过原始沙地，后被管理服务工作量大而否（因为服务人员要少）；也想过木地面，可能难于平整，时间久了会因走动而产生噪声，被否；最后确定采用软性卷材塑胶材料铺地。

尼雅宾舍建筑策划及建设方案完成至今已有 9 年了，仍未成为现实。

虽然此项策划获得了业主方赞同，很多相关机构也予以高度肯定，还曾获得威海国际建筑大赛银奖，但它要真正实施可能还是一个挑战。

考古旅游的发展也许会促进这一策划在某一天被唤起，希望那一天到来之时，这些思考和研究能对那时的实施发挥作用或予以启示。

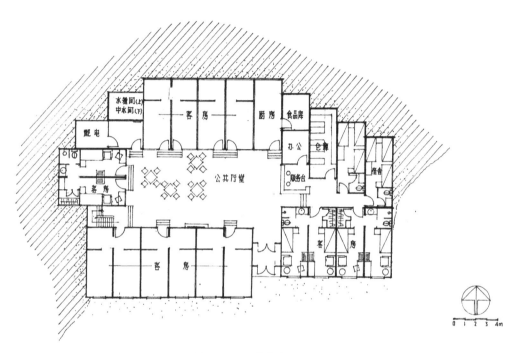

图 6-16　尼雅宾舍平面图

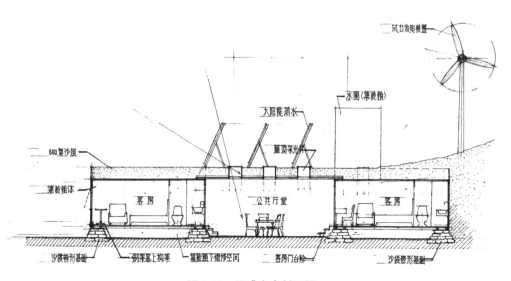

图 6-17　尼雅宾舍剖面图

图 6-18　尼雅宾舍鸟瞰图

图 6-19　尼雅宾舍南立面图

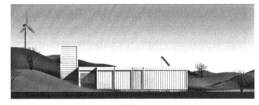

图 6-20　尼雅宾舍西立面图

图 6-21　尼雅宾舍效果图

6.8　卡拉库里湖大酒店建筑策划（2006 年）❶

6.8.1　项目背景

卡拉库里湖位于冰山之父慕士塔格峰的山脚下，海拔 3600m，距喀什 191km，中巴公路从湖旁经过，这里是慕士塔格峰登山者攀登大本营的起始地。"卡拉库里"意为"黑海"，是一座高山冰蚀、冰碛湖，水面映衬着巍峨而神秘的慕士塔格雄姿，山水相依，景色迷人。

---

❶　前期建筑策划参与人：曹亮功、李东梅等。

湖畔的苏巴尔草原水草丰茂，牛羊成群。目前有作为登山营地的毡房和木屋，但较为杂乱，距湖30km以外的布伦口运输站已成为登山者的食宿基地。

旅游集团H公司计划结合登山旅游业务的发展，在卡拉库里湖公路另一侧土地上兴建一座旅游酒店，替代湖旁的毡房、木屋，为登山旅游者创造一个更舒适、更方便、更有效的服务基地。

从拟建酒店的基地隔公路望过去，是一幅美景图，雪山映入湖中，雄姿柔情绝美无二，纵不再登山，就此处安住，也不枉此游。

6.8.2　建设目标

H公司提出要按三星级标准设计80间客房的酒店，为登山者提供登山前的培训、适应期训练、思想及物质准备的适应调养的全面服务。

因为这座酒店是旅游景点酒店，不是城市酒店，它具有旅游的旺季、淡季的显著规律，希望酒店的建筑策划能适应这种市场规律，业主形象地称为蒙古包式的酒店。

6.8.3　策划思想

策划过程中，曾经因策划思想不明确使策划工作走过一段弯路。在初期的策划中过分强调了客房的视野和景观，而将酒店一字排开，间间面湖，间间美景，均有阳台，可能是一座享受自然风光的旅游酒店，在室内即可赏湖望山。

在与开发商讨论过程中，逐步意识到酒店运行、管理的问题，才回到先研究策划思想的理性中来。

（1）要适应淡、旺季客流量差异在酒店经营管理上的方便，科学地研究适应客源多少的变化，并使酒店空间、能源、服务与之相宜；

（2）要研究景区内酒店与城市酒店的特性差异，并将此落实在策划方案中；

（3）在如此美丽的环境条件下，酒店建筑的形态定位在怎样的位置上；

（4）针对这种类型、这种环境、这种背景的酒店，在功能、经济、美观、舒适、品位、管理等诸多酒店相关因素中，如何协调和处理它们的关系？

6.8.4　策划研究成果的运用

1. 适于增长性经营的总体布局

确定采用一楼七院分散式楼群的总体布局，适应从每年5月至8月客源逐步增长、8月至10月客源逐步缩减的市场。

5月启用酒店主楼，随之每10～15天增启一个院落直至全部开启达到客流高峰，随后每7～10天减少并关闭一个院落直至只留主楼并最后封闭主楼，结束年度经营。

2. 楼院各自独立的保障体系

每个楼（院）建立与其规模相适应的能源供应、水电保障、安全保障及服务体系，达到各自独立运营、独立管理但统一监控的目标，使能源、资源和人力的消耗能够与经营收入相匹配，达到节能、节材、节省人力的目标。

3. 按帐篷原理设计院落

帐篷是游牧民族适应旅行居住的创造，它除去便于迁徙外，还具有安全、利于通风、适于保暖、内空间和谐等特点。业主所设想的蒙古包不是指外观，而是要吸取其内涵；

帐篷只有一个出入口，其他别无开口，十分有利于安全；

帐篷在白天清晨，四周撩起，大开顶口，通风换气；

帐篷夜晚四周压脚，密封篷跟，保暖；

帐篷内家人和谐相处。

在院落的设计中全面采用了下述策略：

（1）四面围合院落，四周客房向院中开门，只设一个常态开口——院门（安全备用口在服务室内）；

（2）封闭型内院设有顶部侧窗，内院四个方向设有进风窗，利于自然通风；

（3）进风窗和高侧窗均可控制封闭，封闭后留下一个外形规则的方盒，有利于保温；

（4）院中大厅是一个共享的空间，可以喝酒、交流、观看视频，是一个旅行中共融共乐的空间。

4. 适于气候的思考

院落客房的外窗很小，在满足了采光条件下，考虑保温、安全和节能；

院落顶盖升起，并开侧窗，以利于阳光射入，废气排出，同时考虑积雪不遮盖顶窗；

140m² 加高了的内庭满足了在寒冷的夜晚一院子宾客对新鲜空气的需求，也满足了所有宾客相聚的空间尺度需求。

5. 适宜的形象融于自然大环境

就地取材，以附近石材为墙体，使建筑与环境融为一体。

建筑力求简洁朴实，不自我突出，以背景角色融入环境，衬托卡拉库里湖和慕士塔格美景。

建筑采用方格柱网、方形窗户、方柱、方格外饰，表述了简洁、纯净、秩序与韵律，以一种平和的美感起一个积极陪衬的作用。

6. 总体布局上的依坡就势

在酒店总平面上考虑了酒店运行及管理的方便，考虑了分步建设、逐步发展的适应性，考虑了未来再扩展的可能。但由于依坡就势的布局，无论在哪一阶段均可给人一种完整而适宜的印象。

6.8.5 主要经济技术指标

用地面积 73620m^2，总建筑面积 9154m^2，分设主楼 1 座，员工中心 1 座，客房楼 6 座，客房数 84 自然间，80 套。

设有 20 个车位的房车营地。

图 6-22　卡拉库里湖

图 6-23　毡房

图 6-24　现状图

图 6-25　卡拉库里湖大酒店鸟瞰图

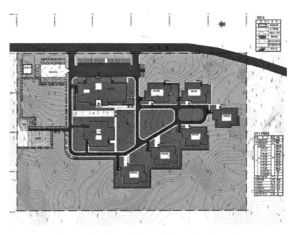

图 6-26　卡拉库里湖大酒店总平面图

本工程立面造型主要考虑和环境相结合，尽可能不影响风景区的环境。

图 6-27　卡拉库里湖大酒店主楼立面图

设计考虑采用建设场地附近的毛石片作为外墙装饰材料，使建筑与周围环境浑然一体，屋面高起的天窗丰富了建筑天际线，使建筑群体效果更有层次。

图 6-28　主楼轴立面图 1

图 6-29　主楼轴立面图 2

宾馆主楼建筑高度主楼 4.10m，室内外高差 0.30m。除多功能餐厅，大堂层高为 5.30m 外，其他房间层高均为 3.30m。

图 6-30　主楼轴立面图 3

图 6-31　1-1 剖面图

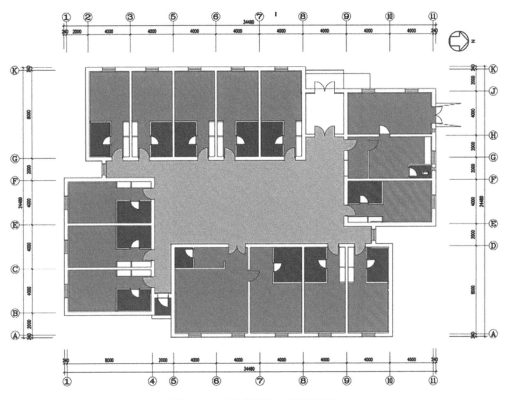

图 6-32　1 号客房楼一层平面图

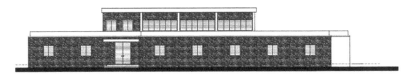

图 6-33　1,2 号楼⑪~①轴立面图

图 6-34　1,2 号楼⑥~④轴立面图

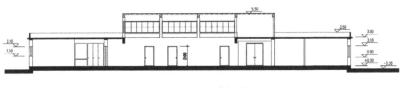

图 6-35　3-3 剖面图

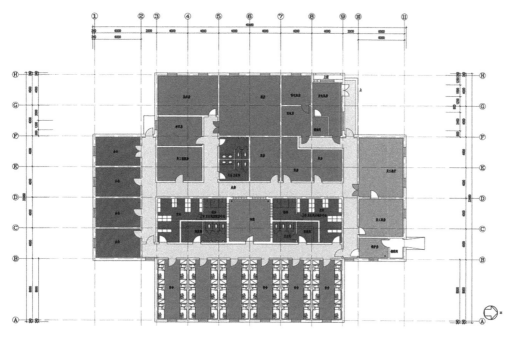

图 6-36　员工中心平面图

在员工中心设有内院，不仅可以用为厨房，设备房的室外操作场地，还可为周围房间提供自然采光和通风，以缓解电力供应的紧张。

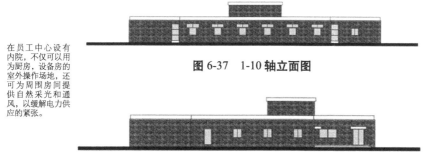

图 6-37　1-10 轴立面图

图 6-38　A-E 轴立面图

后勤用房围绕着内院布置。分设有员工宿舍入口，布草物流入口和厨房物流入口。

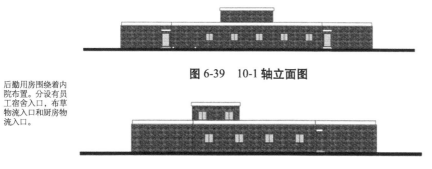

图 6-39　10-1 轴立面图

图 6-40　E-A 轴立面图

6.9 南宁市五象山庄建筑策划（2012 年）[1]

6.9.1 项目背景与建设目标

根据自治区经济发展战略，2006 年启动了南宁五象新区建设。

因东盟与我国的地缘亲情，使南宁成了东盟博览会的永久会址，也使南宁面向东盟的国际交往日渐频繁，为适应各类政务商务接待的需要，南宁五象山庄应运而生。

山庄用地 16.6hm^2，计划建设 5 万 m^2 接待设施，形成国际会议期间的政务接待能力及相应的会议、餐饮、健身、多功能厅等设施，满足政务接待和平时商务接待的需要。

6.9.2 基地条件

基地位于五象新区中心绿地五象湖的一角，是新区建设用地中自然冲沟入湖的一片起伏无律的土地，冲沟贯穿用地东西将基地分为 2 ：8 的北区和南区。冲沟和两侧陡坡占去了基地 1/4 的面积，冲沟最低处水岸与基地最高处高差达 39m，与冲沟两旁用地大多差 25m，最大坡度达 40%，多数坡地的坡度在 15% ~ 22% 之间。

这样的地势、地貌给建设带来了很大挑战，为了与城市道路相接又能享用五象湖水岸，就必须维护这样的坡地现实。

6.9.3 策划要点

1. 策划引导，贴近市场

国宾接待设施普遍存在日常非政务接待时的利用问题，日常运行任务不足，维护艰难。本策划提出改变接待机制，得到主管部门支持，研究确定如下策略：

1）政务接待与商务接待并至

政务接待在安全性、政务规格、外交规定、宾客习惯等方面有诸多特殊的标准，但在设施的基本功能组成和运营规律总体上与商务接待是相似的，只存在差异而没有对立的矛盾，所以二者可以实现功能兼容并重。

以日常商务接待为基础，补充政务接待的特殊需求，在重要环节上坚持政务接待标准。如：采用分散式布局，适应政务的分别接待；各接待楼视线上的相互避让；各接待楼环境独立封闭管理的可行性等。

2）贴近市场的接待能力的布局

根据南宁酒店淡旺季市场变化，山庄总接待能力划分为 3 个层次：1 栋 70 间客房的独立运行酒店，1 栋 50 间客房的独立运行酒店和其余 4 栋各 20 间的联合运营酒店，是

[1] 前期建筑策划参与人：曹亮功、曹雨佳等。

互相补充、相互合作的整体。所以在接待能力、市场灵活性及接待特色多样性、功能丰富性上拥有了市场竞争力。

3）商务与政务接待管理体系的融合互补

日常运营引入酒店管理公司，减少了政府日常运营管理的负担。但管理公司要接受政务接待机构的监管。在政务接待期间，政务接待、警务保障会提前进驻、实施任务期管理，酒店管理公司作为配合机构共同做好接待工作。

4）建筑空间的多功能利用

政务和商务双重接待功能，促进了山庄的市场活力，使各功能空间减少闲置，建筑空间的多功能性显得很重要。如，警卫楼平时即为管理公司办公空间，政务接待时，与警卫部门分层使用，相互配合；又如，重要宾客用的网球馆平时作为文化、体育、会议和婚庆，使空间利用率大大提高；再如，会见厅、会议厅等政务空间平时用作会议、商务谈判、小型展示、聚会培训等。有利于建筑物的日常维护，也产生了积极的经济效益。

2. 依坡就势，发掘资源

复杂多变的基地给设计带来了巨大挑战，在陡坡基地上如何组织交通，如何组织雨水排与蓄，如何让建筑落在坡上，如何组织山庄的生活和供应都需仔细考量。

1）依坡就势的策略

相同用地面积时，坡地的距离感会比平地大，所以坡地条件有利于解决各宾客接待楼的楼距、视线、噪声、视野等问题。基地西南一条高岗种上密林成了阻挡城市噪声的屏障；冲沟西端比周边低4~5m的洼坑成了高大网球馆的基地，化解高大的体量；基地东南一条陡坡洼地成了设备用房荫蔽的藏身居所。它们都成为设计中的地形资源。

冲沟为基础的莲水苑水景成了依坡就势的叠水中心景区，建筑依在阳坡上，树丛装点着阴坡，建筑嵌在林中，相互错开，有良好的视野，同时又给园区美好的姿态。

2）与环境呼应的规划

五象湖已见雏形，五象塔已立起。山庄将五象塔作为对景，让更多建筑、更多观景点看到五象塔；同时将最主要建筑置于山庄最紧要位置，面向五象湖，丰富了五象湖，与五象塔相映成辉。

选择了一条最简洁、便通行、依地势的"6"字形车行道路，顺畅、可达、合理、适坡。

3. 地域风貌，创新设计

南宁是广西壮族自治区首府，是十几个少数民族和汉族共同的家园，有十分丰富的多民族和谐相融的文化，加上它特征显著的自然气候条件，长期形成了人与自然相拥的风貌。在政务接待设施中表达和展示这些文化和风貌是各方共同的期盼。

"地域风貌，创新设计"是策划在建筑形态和景观设计上确立的方向，在调研中认识到各民族在长期适应自然、享用自然、保护自然、防御自然的过程中积累了丰富的经验，创造了许多智慧的方法，体现在民居之中。策划从其中提炼出本质而不仅是外在，将本质所反映的哲理运用在现代建筑中，赋予其新的生命。

（1）从干阑式民居中提炼的依坡就势、适应地形、避水防潮的方法。山庄根据钢筋混凝土框架结构的特征，适应地形的错层空间、架空空间、跨层大空间……都在创新设计中应运而生，使各建筑妥帖地坐落在基地上，并保护了原始地貌。

（2）从重檐坡顶民居中汲取营养，创造出现代酒店的坡顶机能。山庄酒店采用重檐坡顶，不仅汲取其抵御太阳热辐射的机能，同时将酒店客房卫生间的通孔管隐蔽其间，化解通气管排气不佳，杂乱和安全等难题，利用双檐间风速加强的特征强化排气并形成通风屋顶。为了满足现代建筑施工空间的要求，采用了不等坡重檐形式，又不失重叠的适宜比例。

（3）将外围护和门窗置于各种建筑阴影里，以减少热辐射的影响。民居的大挑檐创造的阴影和密林下的民居都启示人们要利用阴影，山庄建筑采用大挑檐、构架式阳台、入口大雨棚等，创造各种建筑阴影，并将外围护墙、门窗、入口置于阴影中。南宁夏日太阳高度角大，这种设想是较现实并容易实现的。

（4）自然采光，自然通风。现代建筑无法像民居一样小巧，而是大体量，但山庄建筑仍可多采用"L"、"П"、"一"形以争取小进深的自然通风条件；客房与卫生间横向并列以减小建筑总进深；客房门及通往阳台的门尽量减少拐弯，创造最有利的自然通风条件。

对于适应坡地而出现的地下空间，也尽量单面自然采光，有条件时在里侧设天井天窗，改善自然通风。

（5）内外空间的融合和连接。山庄各建筑均有室外庭院、屋顶花园、室外露台或下沉式庭院等外空间，尤其是与公共空间相邻的室外空间，都强调内外融合，并采用廊或檐等过渡空间连接，以避免眩光、温差等问题，并助以自然通风、享受美景。

4. 雨洪应对，海绵策略

南宁多雨且集中于夏季，暴雨时水土流失严重，洪涝常现；旱季台地又会缺水。山庄用地起伏多变，冲沟两岸坡陡，水土流失严重更是问题。针对山庄现实，策划提出低影响开发理念，采用地面径流的雨水排水系统，让雨水尽可能多走些路，多存留些时间，多润泽土地，缓缓而曲折地排向五象湖。

在冲沟中心水系，采用多重叠水和水生植物，强化沉淀和生物方式双重净化以减少水上流失。在高岗地的适当低处设置旱溪蓄水系统，暴雨丰雨时助之蓄水，缓解雨水的下泄量，待旱季放落以润土地。坡地上设木桩护坡、植被护坡，以减少水土流失。景观采用比一般绿地更密的植被和丰富的植物种类，以利于固土。

6.9.4 主要经济技术指标

建设用地: 16.6hm^2

总建筑面积: 5.3 万 m^2

客房总数: 213 间（套）

配套设施: 会议厅、会见厅 18 间，餐饮、酒吧 15 间，室内泳池、健身房、多功能运动馆 4 处

建筑容积率: 0.32

绿地率: 58%

2012 年策划方案被采纳作为实施方案，全面展开设计工作，设计工作由中元国际工程公司承担完成（中元国际协议邀请策划方案原创淡士伦事务所完成建筑方案、景观方案、室内设计方案的设计）。2013 年中逐步进入施工。2015 年 9 月完成建设，并定名为五象山庄，投入运营。

图 6-41　五象山庄鸟瞰图

图 6-42　五象山庄南区效果图

图 6-43　五象山庄南区酒店入口广场效果图

图 6-44　五象山庄北区三级接待楼主入口效果图

图 6-45　五象山庄北区综合楼鸟瞰图

图 6-46　五象山庄北区一级接待楼效果图

图 6-47　五象山庄南区商务小宾馆效果图

图 6-48　五象山庄南区酒店"大堂街"室内效果图

图 6-49　五象山庄区位图

图 6-51　五象山庄现状图（二）

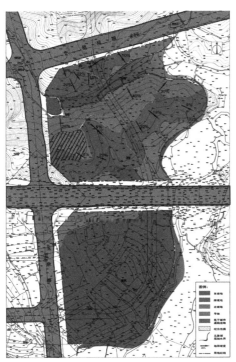

图 6-50　五象山庄现状图（一）

图 6-52　五象山庄地势分析图

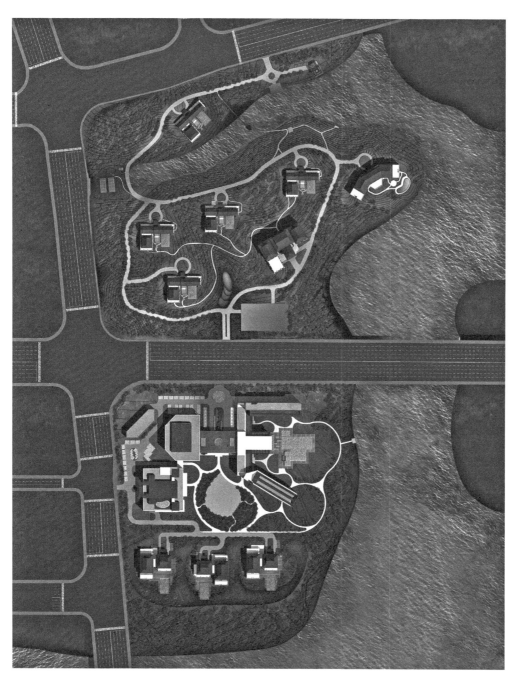

图 6-53　五象山庄总平面图

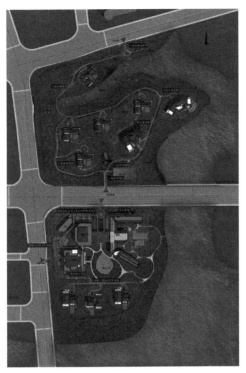

图 6-54 五象山庄交通分析图

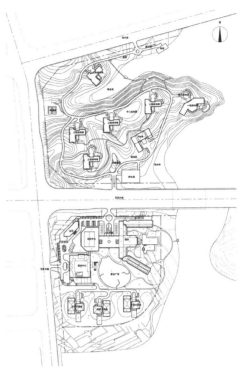

图 6-55 五象山庄总平面图

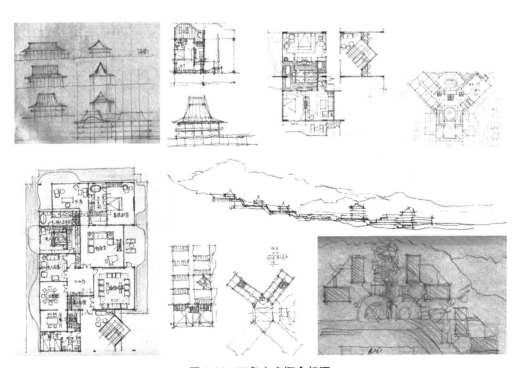

图 6-56 五象山庄概念起源

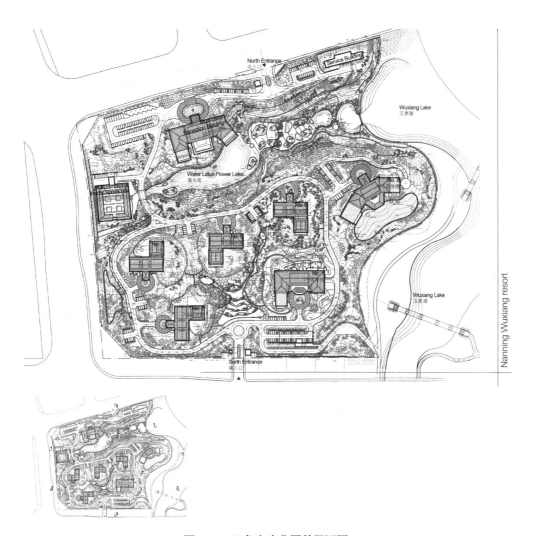

图 6-57　五象山庄北区总平面图

图 6-58　五象山庄剖面图

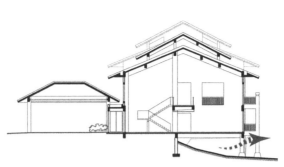
图 6-59　五象山庄架空层分析图

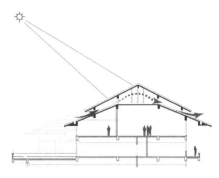
图 6-60　五象山庄重檐屋顶分析图

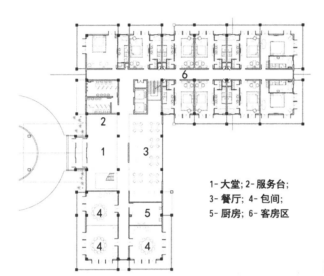

1- 大堂；2- 服务台；
3- 餐厅；4- 包间；
5- 厨房；6- 客房区

图 6-61　五象山庄 2 号楼平面图

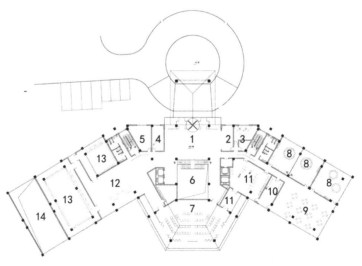

图 6-62　五象山庄 8 号楼一层平面图

1- 大堂；2- 服务台；3- 办公；4- 行李房；5- 服务间；6- 大堂吧上空；7- 多功能厅；8- 宴会厅；9- 中餐厅；10- 备餐；11- 厨房；12- 会见厅前厅；13- 会见厅；14- 泳池上空

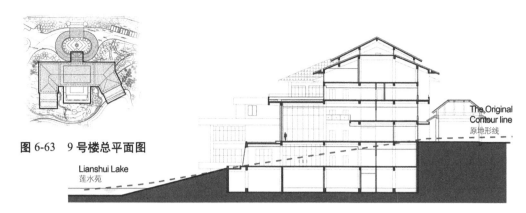

图 6-63　9 号楼总平面图

The Original Contour line
原地形线

Lianshui Lake
莲水苑

图 6-64　9 号楼剖面分析图

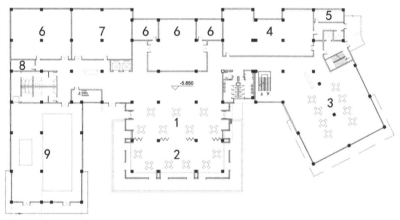

图 6-65　9 号楼地下一层平面图

1- 咖啡厅；2- 户外水景平台；3- 中餐厅；4- 厨房；5- 食品库；6- 库房；7- 乒乓球；8- 设备机房；9- 泳池

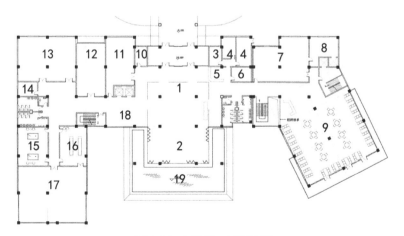

图 6-66　9 号楼一层平面图

1- 大堂；2- 大堂吧；3- 消防控制中心；4- 前厅部；5- 服务台；6- 贵重物品存放；7- 厨房；8- 食品房；9- 全日餐厅；10- 保安室；11- 商店；12- 银行；13- 库房；14- 设备机房；15- 台球厅；16- 沙狐球室；17- 健身房；18- 休息厅；19- 水池

6.10   帕劳共和国科罗尔 Meyungs 酒店场地研究（2015 年）❶

6.10.1   项目背景

项目位于太平洋岛国——帕劳共和国，投资商为帕劳、中国大陆资本合伙企业。拟建设帕劳最好的度假酒店。

帕劳共和国位于西太平洋上，国土面积 465.55km²，人口 17900 余人，全国由 200 多个岛礁组成，其中 9 个岛有人居住，分 16 个州。首都科罗尔，位于北纬 7° 20′，东经 134° 30′，陆地面积 7.8km²。科罗尔与桥梁连接的巴贝达奥普（机场所在）、马拉卡尔、安格利奇比桑等连为一体，成为国家的中心区域。帕劳共和国的主要产业是旅游，是世界著名的旅游目的地之一。

帕劳度假酒店业非常发达，酒店数不胜数，资本来源广泛，有美国、日本、中国及帕劳本土等。随着国际旅游目标的关注和中国旅游出行的增加，帕劳的酒店仍供不应求，开发商动意在科罗尔地区的海滨建设目前帕劳最大的度假酒店。

6.10.2   建设目标

投资建设帕劳最具影响力的度假酒店。

目前帕劳已有两家度假酒店，分别是 PPR（日本资本，已有 30 年历史）和 PRR（中国台湾资本，已有 10 年历史），经营状况良好。投资商明确新建酒店要以他们为标杆，超过它们，至少要达到三分天下的齐平影响力水平。

投资商在确定建设目标的过程中，曾多次反复和不断调整其目标细则，但其建一个帕劳最具影响力的度假酒店之一的大目标一直未改变。

建设基地位于科罗尔 Meyungs 一个南向海滨，基地面积 22238m²，另有 28961m² 可填海利用空间。

在对基地初步考察和研究后，投资商认识到基地面积偏小和交通出行道路引入困难两个问题后，决定以较高代价拿下西侧相邻的土地，一并纳入建设基地范围，使总用地达到 47000m² 和 2896m² 可填海利用空间。

投资商经过调研和分析，逐步明确了较详细的建设目标细则。最基本要求为客房 250 间左右，别墅 20 ~ 30 套，水上屋 5 套及相应服务设施。

6.10.3   基地条件分析

6.10.3.1   基地规模

总陆面积 47000m²，可填海利用空间 28961m²；

❶   前期建筑策划参与人：曹亮功、曹雨佳等。

已知 PPR 用地 259000m², 拥有客房 160 间, 水上屋 7 套;

已知 PRR 用地约 5.6 万 m², 拥有客房 168 间, 拟扩建新楼区。

根据相关调研分析, 度假酒店一般用地较大, 平均每公顷 33 间客房用地。所以, 本基地的规模仍偏小, 与正常需求相差较多。这可能成为实现理想目标的最大制约。

6.10.3.2 基地环境

基地位于滨海地段的坡地下, 平地纵深约 110 ~ 160m, 其后为山坡地, 坡度大于 35°。基地呈北坡和西坡的汇聚平地, 两坡交会处为一条汇水井沟。

基地的临海海域是浅海区域, 涨潮时水深 1 ~ 1.5m, 退潮时露出海滩。由于地势中冲沟的排水作用, 海滩已有暴雨冲积的泥土, 造成退潮时狼藉的海滩。基地历史上曾被日本人占领作为罐头厂, 有遗留的海岸堤坝; 日本占领期并未破坏基地内的树木, 基地树木密布, 投资商在整理基地时接受了我们的建议, 将直径 50cm 以上的树木全部保留了, 目前有 150 棵高大乔木 (可称为古树), 在海岸边有次生的红树林, 因它的繁衍而破坏了海岸并危及古树的生长。

基地普遍标高与城市道路标高相差很多, 距最低的道路表面也低约 27m 左右, 要解决陆路交通必须有良好的方法。海域距基地 300m 处有深水航道条件, 是本基地第二出口希望。

6.10.4 基地条件对建设目标的制约分析

经过对现场环境的多次踏勘和反复研究, 确认下列制约和矛盾点。

1. 基地规模不足

经对各地目的地度假酒店的分析, 普遍 33 间 /hm² 的客房密度, 几乎很少达到 35 间 /hm² 的。而在这里, 投资方要求在 4.063hm² 土地上建 250 间客房和 20 ~ 30 套别墅, 同时保留原基地上 47 间的精品酒店, 即使充分利用了 2.896hm² 的填海空间, 也将达到 44 间 /hm² 的高密度。

2. 自然通风条件较差

基地是三面高岗围合的盆式地形, 仅有东南向面海, 海风很难吹到基地深处, 而度假酒店对海风的需求是很高的。这应当在研究中予以重视。

3. 北侧城市道路的视线干扰

北侧城市道路距基地约 100m, 但由于道路对酒店基地是俯视, 故酒店会处于一览无余的被动环境中。同时酒店也存在着给城市道路一个什么形象的问题, 这是一个问题的两个方面, 是重要的两个方面: 形象的展示和内心的感受。

4. 暴雨侵袭的防御

基底处于两片高台地的交会处, 暴雨时节雨水顺坡而泄, 基地现状已表明了雨水冲刷所带来的水土流失、海滩污染、堤岸被毁、树根暴露等问题。自古以来，人类在雨水面前只会采用疏导的方法而非堵挡，需要认真对待。

根据研究分析，基地内冲沟要承担约 6.2hm² 的汇水面积的雨水排放，帕劳年降雨量为 3750mm，最大月（7 月）降雨量为 443mm，均为很惊人的数字。所以基地内不仅有排洪的必要，甚至有蓄洪的必要，这是一件需慎重对待的事。

5. 海滩污染的对策

由于雨水冲刷水土流失造成海滩淤泥污染，红树林繁殖，海潮退潮不净，淤泥不散不退，海风进不来，基地内闷热。这是一个次生环境问题，形成的原因是连环性的，所以解决的方法也将是综合性的。例如铲除红树林，根本解决雨水排蓄，并加强沉淀除污，强化潮水冲刷，调整退潮路径和流速等等，并辅助以除淤措施，综合治理，是能够达到目标的，关键是方法。

6. 对外交通的衔接条件较苛刻

除海上对外交通仅有海面深处唯一可行船的深水点外，在陆地的对外交通也比较困难，城市道路标高比基地的标高高出约 27m，需要设置较长的坡道方可正常地连接到城市道路面。

6.10.5　基地可利用资源的分析

纵观帕劳和基地环境，研究认为气候、古树、海上空间、高台制高基地、西侧坡地，谷沟地形等均可视为可利用的自然资源；地界内已有精品酒店，二战时遗留的海岸是可利用的人工资源。

1. 气候

帕劳除美景之外的又一自然资源是海风、阵雨、阳光、清新的空气，是人们向往的大自然，业主提出的"回归自然"就是要充分享受这一切，建筑及景观设计要充分体现气候的特性，我们落实回归自然的做法是"融入自然，享受自然，保护自然，防御自然"。

2. 古树

基地内留下了 150 棵高大乔木，这是经业主选择后留下的，是这片基地的宝贵资源，反映了基地的生机、历史和自然魅力，是 PRR 和 PPR 所不具备且永远无法比拟的。我们主张原地保留 90% 以上，余下的 10% 尽可能移栽。

3. 制高台地

位于基地西侧的 106 ～ 127m 标高的 2536m² 的高台基地，视野开阔、背岗面海、朝观日出、气流爽畅，是难得的高岗台地。且在交通、市政、场地稳定等方面都具有较好的条件，我们在业主的启发下认真研究了其独特优势，主张做引领帕劳的顶级物业资产。

4. 西侧坡地

相对 190m×130m（约 3hm²）平地而言，西侧高差 11～25m 的坡地给基地带来了空间变化和丰富地貌，使自然环境变得有趣、有味、有活力，某种程度上弥补了我们基地相对于 PPR 及 PRR 的不足，如何利用好这一坡地条件，创造适合而独特的形态，是建筑师应该探求的工作。

5. 谷沟地形

基地西坡和北坡所形成的交接处谷沟是大自然给这块基地的气流通道，是海风经过的路径，是雨水径流的路径，是基地内气场活跃的场所。谷沟地形的上游不是我们的基地，但无论谁人开发都会思考自然的脉络和气场的走向。而这种思维会带给我们空间的活性和动态的生气。

6. 历史遗痕

这片基地在二战时期曾是日军的罐头食品厂，目前只留下海边石岸，帕劳政府要求修复保留。此海边石岸应当利用，并可能配置博物馆，讲述二战历史，使之成为有历史、有文化的酒店，如在建设过程中发现其他遗痕（相信会有），应一并保留利用。

6.10.6 关于基地资源利用和制约条件应对的策略建议

经过基地现状的分析研究，针对建设目标的实现需求，对照比较研究后认为在下列诸方面应采用相应的策略：雨洪、通风、古树、地势高差、高台地利用、基地空间不足、海滩污染、坡地利用等，本场地研究综合各类问题，采用矩阵方法研究，获得以下认识。

1. 雨洪应对及冲沟设计策略

本基地中部坡地与平地结合部位是一条雨洪排泄的冲沟，它的上游处在三面坡地的谷沟部位。其汇水面积为 62454m²，帕劳年平均降雨量 3800mm，最大 24 小时降雨量为 430.53mm，计算得此谷沟最大雨洪量达 1120.40m³（24 小时）。本研究建议在基地外侧设 3000m² 集水池（平均深 1.5m），可蓄 3 天雨洪水量。基地内冲沟排水走向设蓄水池，基地内坡地及平地面积 107300m²，24 小时最大水量达 1924m³，蓄水池还应考虑基地平地的雨水聚集，因为考虑安全问题，景观蓄水池不宜超过 60cm 水深，故总面积宜大于4500m² 水面积，以备存 24 小时雨水量。

上游蓄洪水池应有沉淀能力和水生植物的部分过滤能力，以减少泥土排入本基地的量；基地内的景观蓄水池宜多池分级排入海，每级沉淀，并以水生植物净化，减少泥土排入海湾。

沿基地外围设山洪排水沟，分段排向集水池或大海，排水沟在排向大海前，设沉淀池，沉淀泥土，减少对海湾的污染。

2. 海风进入基地的策略

基地内很闷热，这一现象是三面坡地一面向海的低洼地势，加上海岸外大片红树林挡住海风所致。

建议，清除全部红树林，完全打开面向大海的一面；伐除全部灌木，适当伐除保留古树的下部枝丫；景观设计以乔木、草坪组合为主，少采用灌木。以减少人身高度的挡风植物。建议主体建筑置于基地中部，四周与陡坡地拉开距离，以利用海风的流动；主体建筑底部尽可能架空，并采用较高的层高；主体建筑采用单廊式布置，以利于自然通风。

3. 古树保留的策略

本基地遗存有众多古树，在研究者建议下，业主清理基地时保留了直径 50cm 以上的古树 150 棵，是本基地的宝贵资源，研究认为保留并利用好这批古树，是帕劳 PPR 和 PRR 两个酒店填海造地所不及的，可以成为本酒店的特珍环境，切不可毁掉。

根据本基地研究，只要认真细微地做好总平面设计，保留已存古树的 90% 是可以做到的。

保留的古树是本酒店的景观财富，是本酒店招引海风向下流动的引导，是本酒店遮挡烈日辐射的伞，是本酒店遮挡城市道路方向游人视线干扰的屏障。

4. 地势高差、高台地资源利用的策略

基地西端有 4 个标高的台地，分别是 113.5m、106.1m、95.4m 和 79.6m，上下差 33.9m，而城市道路标高为 105.8m，高于基底高程 26.2m，低于最高台地 7.7m，给未来酒店的交通联系带来很大困难，而最高台地的利用也是重要课题。

建议将酒店主入口及大堂设在 95.4m 台地上，向上可关照 113.5m 及 106.1m 两台地，向下可联系 79.6m 大基地。从城市道路到大堂标高有 10.4m 高差，已有现状道路基础，按 7% 坡度可以实现。酒店宾客从大堂的二层穿过空中廊道到达客房楼的垂直交通核，经电梯下到客房各楼层。

机动车从大堂前广场经贴基地边界的下坡车道以 7% 坡度坡向基地中部到达 79.6m 标高，机动车还可从大堂前广场贴基地另一侧边界下坡车道下到别墅区再下到海边，经海上车道与基地内道路构成环形机动车道。

建议在 113.5m 高台地建设精品高端小酒店（总统套酒店），从城市道路标高电梯直上到达，并在 114m 标高设置高空无边泳池跨越城市道路，成为酒店的标志。

5. 基地空间不足的化解策略

相对于 PPR 酒店 1500m²/ 间用地和 PRR 酒店 335m²/ 间用地相比，本基地平均 270m²/ 间显得太小了，而且其中 38% 的用地还是填海的户外空间。

研究建议以下述措施和策略来应对基地空间不足的问题：

（1）以密求疏，在别墅区采用密集布置方式，用 5600m² 基地布置 20 栋独立别墅，

并做到每户设有泳池;用22200m²基地布置250间客房及相应配套设施。

由此而让出了两个开阔的空间:酒店大堂周边的100m×80m的庭院和主客房楼前90m×70m的面海大院;

(2)借海扩院,利用环行车道将填海区的近岸地段作为客房楼前院的组成部分,使前院区空间扩展一倍,半为水庭,半为树庭;

(3)充分利用填海空间,将动态的户外活动推向填海区,充分发挥填海空间的作用,留出陆地空间作为静态户外活动区,以显示空间的开阔性;

(4)将空间叠起来用,由于地势低洼,气候潮湿,本研究不赞同客房落地,建议客房架起,底层作为公共空间或部分室外空间利用;客房顶层屋面层是空中走廊、屋顶花园和屋顶淡水泳池。

6. 海滩污染的对策

实地多次踏勘认识到这片浅海已被泥水污染,而污染源正是陆地流失的水土。

研究建议引深海水反向流入,保证填海区的水系水质清洁,不受陆地下泄水的影响;同时,将填海区的水系围聚起来,不再受涨落潮的影响。

研究建议沿基地外围设置雨水排洪沟,将周边坡地的山洪水收集向两侧排放,不再影响基地。排洪沟的排海口处设沉淀池,将泥土沉淀后排出,减少对近海区的污染。

在填海区中央设置100m高海水喷泉,引深海处净水上喷,以改善周边水系的水质,冲刷水系的岸石,减少污染。

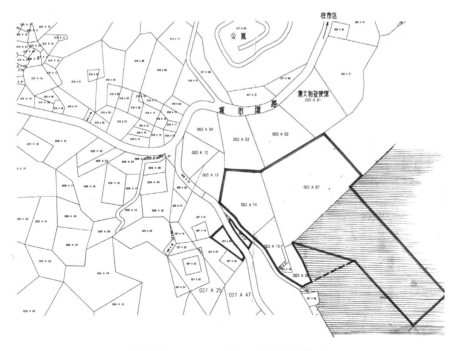

图6-67　Meyungs酒店基地周边环境图

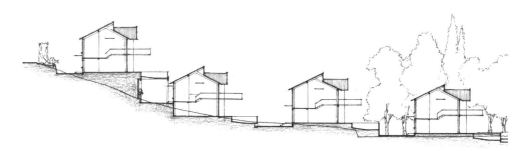

图 6-68　Meyungs 酒店别墅区 1-1 剖面图（基地研究策略建议图）

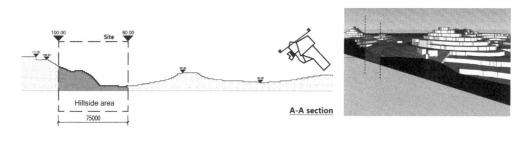

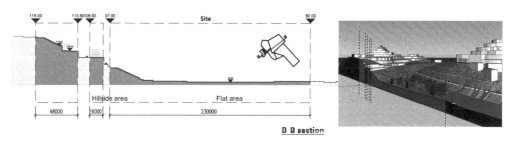

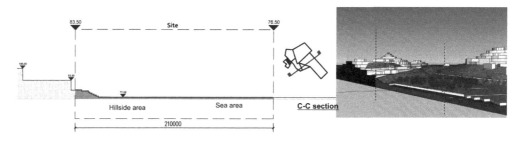

图 6-69　Meyungs 酒店场地分析（一）

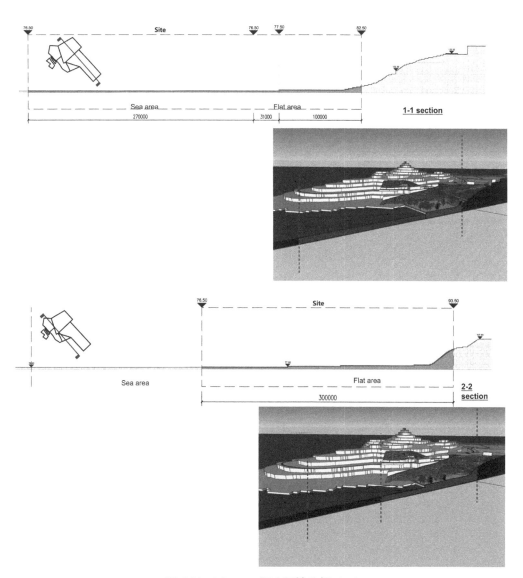

图 6-70　Meyungs 酒店场地分析（二）

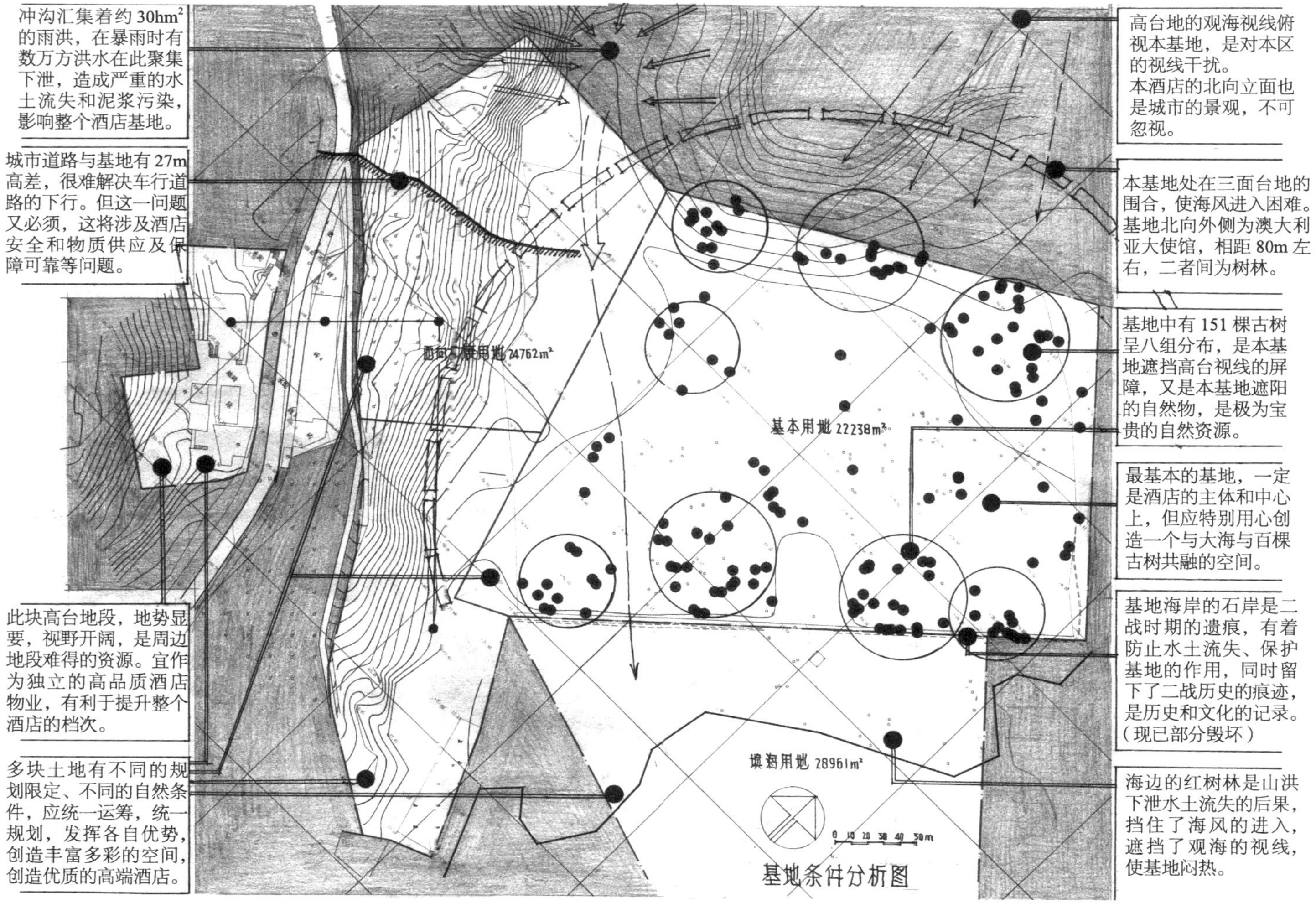

高台地的观海视线俯视本基地，是对本区的视线干扰。本酒店的水在向立面也是城市的景观，不可忽视。

本基地处在三面台地的围合，使海风进入困难。基地北向外侧为帆为澳大利亚大使馆，相距 80m 左右，二者间可为树林。

基地中有 151 棵古树呈八组分布，是本基地遮挡高台视线的屏障，又是本基地遮阳的自然物，是极为宝贵的自然资源。

最基本的基地，一定是酒店的主体和中心上，但应特别用心创造一个与大海与白树古树共融的空间。

基地海岸的右岸是二战时期的遗痕，有着防止水土流失，保护基地留作用，同时留下了二战历史的痕迹，是历史和文化的记录。（现已部分破坏）

海边的红树林是山洪下泄水土流失的后果，挡住了海风的进入，遮挡了观海的视线，使基地闷热。

基本用地 22238m²

堤岸用地 2896m²

0 10 20 30 40 50m

冲沟汇集着约 30m² 的雨水，在暴雨时有数万方洪水在此集中下泄，造成严重泥浆污染土流失和泥浆污染，影响整个酒店基地。

城市道路与基地有 27m 高差，很难解决车行道路的下行。但这一问题又必须，这将涉及酒店安全和物质供应及屏障可靠等问题。

此块高台地段，地势显要，视野开阔，是周边地段难得的资源。宜作为独立的高品质酒店物业，有利于提升整个酒店的档次。

多块土地有不同的观划限定，不同的自然条件，应统一运筹，统一规划，发挥各自优势，创造丰富多彩的空间，创造优质的高端酒店。

基地条件分析图

图 6-71　Meyungs 酒店基地条件分析图

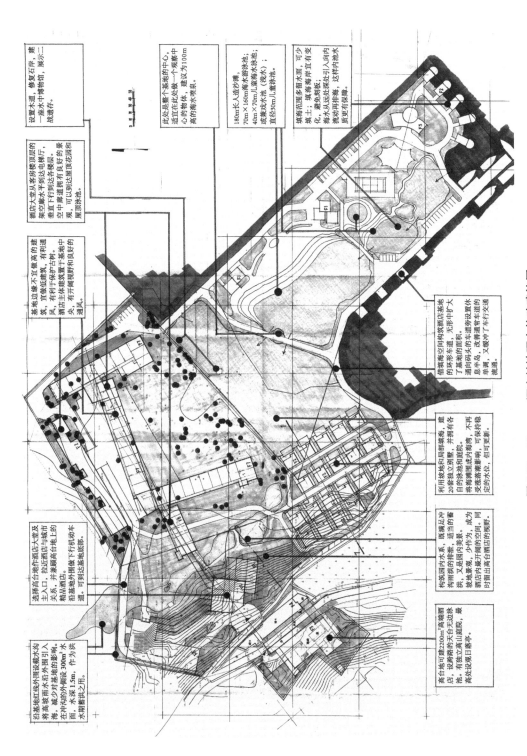

图6-72　Meyungs酒店基地研究策略建议图

第7章　租赁性商贸中心的建筑策划

租赁性建筑的投资是建立在投资人自持物业的基础上，通过自持物业的出租或分割出租所获得的收益实现投资回报。更重要的收益回报还在于自持物业随土地而带来的物业增值。

在房地产业发育发展的进程中经历着几个不同的发育期，而租赁性建筑也正是随着这些不同发育期而逐步发展健全和成熟。房地产发育初期,市场购置物业的能力较弱，开发商获得土地开发权时，会以低廉的投资建设低端的租赁建筑满足市场的基础性需求，在获得租金回报的同时，培育地区环境的商业氛围，促使土地的增值；房地产业发育发展逐步成熟后，土地供给逐步稀缺，当还能再获得开发土地时，开发商会选择舍弃初级低端的租赁建筑，改为投资商品性建筑，尽快将增值土地的价值变现而获得更强的开发能力；房地产业发育成熟期后，土地供应达到极稀缺时期，有能力的开发商认识到土地已成为不可再生的资源时，不会将土地作为物业的依附品出让，即不会再投资商品性建筑一次性出让获利，而是投资建设租赁性建筑，实现自持物业随土地巨幅增值，同时通过租赁收益又获回报，获得双重甚至多重收益，实现巨额回报。

租赁性建筑的投资规律充分体现了不动产的价值规律。

租赁商业建筑是投资人建设可供分割租赁的建筑空间，可以是投资人直接出租，也可能建成后转让或分割转让给租赁经纪人再行租赁经营。它不是物业持有人直接使用经营商业，而是物业持有人租赁给商业经营者。

租赁商业建筑除具有租赁性建筑的特性之外，还可能有商业建筑的特性，二者叠合构成了租赁商业建筑的特性，了解和掌握它们有助于开展建筑策划工作。

租赁性建筑的特性在第4章已经讨论过，这里再简述一下：

多重业主。建设投资人、租赁经纪人、建筑物使用人都可能是建筑物业的广义概念的业主，他们分别是物业的拥有者、经营者和使用者，对物业有不同角度的认识、意见和发言权，因而对建筑的评价意见也会是多角度和复杂的；

建筑空间的多变性。在建筑寿命期内，使用者是变动的、更替的，甚至经营者也会更替变动，因而不同使用者会改变建筑的内空间以适应其功能和喜好的变化，因而建筑应当适应这种变化；

租赁建筑的租赁经营者在多重业主中具有的话语权最大，但他并不是建筑物的使用者或消费者，而是建筑使用消费的服务者。

租赁商业建筑的基本特性和建筑策划要点在第4章已经阐述，本章仅以实例表述作者对此类型建筑策划的理解和认识。

7.1　北京西西工程 4 号地建筑策划（2001 年）❶

7.1.1　项目背景与建设目标

北京市西单北大街西侧商业街改造建设工程被确定为北京市及西城区重点工程，北京"J"企业负责 4 号地的前期开发。4 号地是西西工程的收尾项目，也是核心项目，规划要求 4 号地项目能在完善整个商业区功能、调整业态构成、充分反映北京城市发展面貌等方面发挥作用，使现代建筑文化与传统文化有机结合，以达到经济效益与社会效益的高度统一，从而成为西单地区的标志。

7.1.2　基地分析与研究

1. 基地现状

位于北京西单北大街西侧，东临西单北大街，西临西西工程 9 号地，北临 30m 宽新新皮库胡同，南临西西工程 5 号地。基地呈方形，东西长 151m，南北宽 110m，基地面积 16703m²。

规划容积率 9.64~10.26，总建筑面积 20~21 万 m²（含地下 4.5 万 m²），建筑高度小于等于 45m。

2. 要素分析

（1）寸土寸金的黄金地段，高效率利用土地和空间是重点；

（2）北侧临次干道，西及南侧临步行街，主入口设于北侧较宜；

（3）因地铁 4 号线经过，计划设西西至金融街轻轨，应予以考虑；

（4）通过对西西工程以办公和商业为主的中央商业区的认识，对本工程的设施需求较为全方位，也较为复杂，不是单一的。

7.1.3　策划要点

1. 立意：西单的一员，西单的焦点，西单的标志

建筑高度与周边建筑相协调，体量与周边相融合，不过分彰显。

本建筑的办公、公寓功能设于西侧，与西侧 9 号地办公、公寓临近呼应；商业、娱乐设于东侧，融于动态的西单大街环境中。

2. 创造优质空间，汇聚各方人流

在高度体量与周边协调的前提下，创立高达 5 层的四季广场中心空间，紧贴西单大街，直达六层的自动扶梯穿越广场上空将人流吸入到内部。

---

❶　前期建筑策划参与人：陈芷伟、曹雨佳。

高大的优质空间的创造使此成为西单的视觉交点，从而成为标志。

3. 活跃的内空间

在方格柱网体系中以45°人流线作为动态流线进行功能空间的划分；此举以方格构体与北京和西单城市格局相协调，45°的动态流线活跃了内空间，展现了商业娱乐建筑的空间性格，使本建筑在西西区内赢得了视觉的领导地位。在均布的15层建筑体中以直通六层的"天梯"为导线引人向上，将第六层作为大厦主层空间，大大提高了各楼层空间的商业价值。

4. 通透的空间形态

采用大面积玻璃外围，创轻盈通透形态；采用模糊的空间界面，促进内外空间的交融；从城市街面看到体内的四季广场、步步高升的"天梯"所形成的动态斜线，使立面更加丰富、更加新颖。

5. 丰富的建筑元素

依据不同功能采用不同的建筑元素，展现丰富多彩的商业性和娱乐性。

剧场的灯笼造型、东侧临街的3根6层光柱、东南角的玻璃体在上部规划的酒店立面背景衬托下，表现了建筑的变化、丰富和独特，在展现其时代感的同时不失建筑的规律。

6. 清晰的交通流线与四通八达的效果

平面上的纵、横与45°斜向交通线的设计，有机地创造了各类交通入口和建筑空间的功能分区；第六层商业主层的布局强化了分区的理性，使内部交通的秩序得到延伸，达到四通八达与理性秩序共存。

7. 均质的商业空间

直达六层的天梯、六层主商业空间的创造、四通八达的交通和方法统一的柱网使所有商业租赁空间获得了近乎等值的价值，不产生死角和消极空间，只是特质上的差异而不是价值上的优劣。

8. 关于生态的思考

本策划充分考虑了北京气候特征，充分利用高大中庭作为空气调节仓，使室内空气流动起来；利用中庭顶部可自动启闭的百叶，调节室内空气；利用中庭侧面和玻璃顶获得自然光；在中庭空间设计中采用高度与宽阔适宜的比例，避免和缓解上下温度差过大的问题。

7.1.4 建筑面积分配

建筑面积分配见表7-1所列。

西单西西工程4号地建筑策划案得到前期开发商认可，并将策划方案与4号地一并转让给中粮集团，并投入实施。在设计和实施过程中，除立面作了较大改动外，在总体布局、空间组织、柱网体系、内部布置、业态选择、中庭创意等方面均沿用了策划案的主要创意，尤其是十字中庭、四季广场和飞天梯至今仍作为该商场的宣传亮点。

建筑面积分配表 表7-1

使用功能		面积（㎡）	备注	
办公	A座	21689		合计64094m²
	B座	42405		
餐饮娱乐	电影院4座	620	合计500座	合计20269m²
	游戏中心	4696		
	剧场	4044	合计800座	
	食阁	6090		
	餐饮	4819		
商业		30225	固定商业空间	
		34094	可作餐饮空间	
酒店（四~五星级）		26635	300~350间	
设备及停车		34685	≥800泊位	
总建筑面积		210002	（含地下面积64000m²）	

西西工程4号地项目于2007年建成投入使用，并取名"大悦城"，大悦城的成功使中粮集团在商业综合体建设上迈出了一大步，如今"大悦城"品牌已遍布全国各地，一个比一个更亮、更好、更成功，但参与过的人们都不会忘记北京西单大悦城。

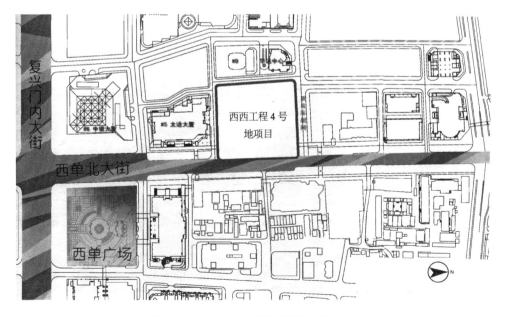

图7-1 西西工程4号地项目区位图（一）

图 7-2　西西工程 4 号地项目区位图（二）

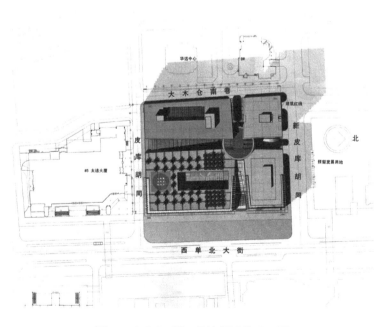

图 7-3　西西工程 4 号地项目总平面图

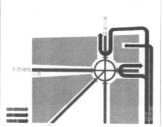
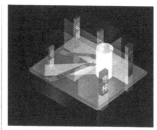

图 7-4　西西工程 4 号地项目道路交通分析

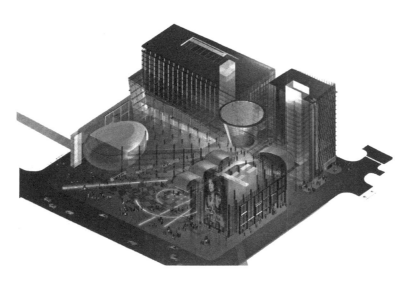

图 7-5　西西工程 4 号地项目鸟瞰效果图

图 7-6　西西工程 4 号地项目透视效果图

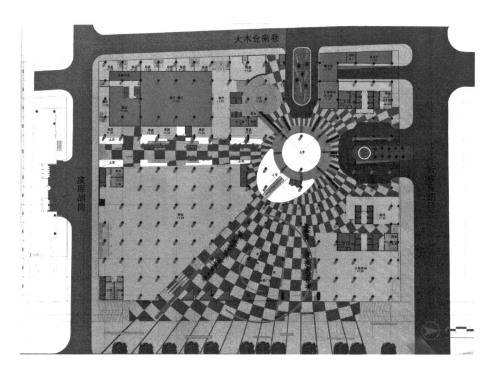

图 7-7　西西工程 4 号地项目一层平面图

图 7-8　西西工程 4 号地项目夹层平面图

图 7-9　西西工程 4 号地项目 A-A 剖面图

图 7-10　西西工程 4 号地项目 B-B 剖面图

图 7-11　西西工程 4 号地项目东立面图

图 7-12　西西工程 4 号地项目南立面图

7.2　天津武清区雍阳商城建筑策划（2006 年）❶

7.2.1　区域背景及现状分析

1. 区位

中国北方经济中心天津市的北郊次中心武清，是一个具有极大发展潜力的区域。现有 500 家企业的国家级高新技术开发区已吸引了来自美、德、日、韩、丹麦、瑞典、芬兰等国以及中国的台湾、香港等地区的企业入驻，使仅 20 万人的杨村一时应接不暇；快速发展的城市消费促使着城市商业的发展，现有的常德大街已成繁华的商业街，店铺密集、人行拥挤、店面不足，极具繁华又显杂乱；急需发展大型商城以适应日趋繁荣的城市需求。

武清地处京津要道之中，京津唐高速和 103 国道从本项目基地旁通过，正在修整的运河就在商城用地的对面；武清距天津城市中心仅 30km 路程。天津正处在快速发展时期，城市的未来发展需要武清这一宝贵的空间，武清便利的交通条件和适宜的空间位置决定了它会成为繁荣的城市次中心空间。

2. 环境

场地位于杨村城镇的西侧，西临运河和 103 国道，东紧贴杨村主城镇，是杨村主城镇的组成空间，正因为它是主城镇的西边界，才拥有了新城建设所需要的空地，也才有可能进行规模性的投资建设。

场地范围呈南北带状，沿运河和 103 国道南北展开，计有 7 块大小不等的地块组成，它们的地块形态随着既有建筑的存在而呈不规则状，总体上可以认为基地处 103 国道和

---

❶　前期建筑策划参与人：曹亮功、白冰等。

既有商业街常德大道之间，是不可多得的双面临街的商业建筑最佳基地环境。

考察杨村现状，知道杨村人已来不及做生意，只需经营商铺铺面和房屋，出租给集聚杨村的外地经营者即有很好的收益。同时还了解到目前杨村的商业类型丰富、商品广泛但各店铺规模不大，太大的商业空间对于杨村城镇市民而言还是少能接受的，他们拥有的中小空间容易被人租赁，这是当前市场的主流。

目前杨村的商铺所有者是业主，但多数不是商业经营者而是房东，也有的是二房东，房子的业主不一定是杨村人或不住在杨村。由此可以认识到，我们新开发的商城是商品性建筑、租赁性建筑，购买的房屋业主们不是房屋的使用者，而是租赁给别人去经营，建筑策划需要考虑两类人群的愿望。

3. 基地

场地由七块地组成，由北至南分别为 1-1 号地（4846.8m²）、1-2 号地（2909m²）、1-3 号地（5996.2m²）、2 号地（7613m²）、3 号地（7825.2m²）、4 号地（732.3m²）、5 号地（9598.7m²），合计 39521.2m²。其中 1-3 号地、3 号地和 4 号地是完整地块中的部分空间，与既有建筑存在交接界面，其他 4 块地是完整的地块，四周有规划道路和街道围合。

7 个地块南北拉开约 1km 长面，中间又被城镇的既有民宅隔开，形成了三段，不能连成一体。这一状况难于建成宏大的商业中心，而对于以中小商业单元为主的商城没有太大的限制。甚至可以认为有更多的城市界面，有更长的临街临路条件，有更开阔的人流集散的室外空间，也是商业建筑有利的一面。

南北三段也未必不好，在一条街上构筑三段繁华街段，造成有闹有静的街面差异，达到疏密相间的感觉也是相当有特色的。

4. 城市规划的要求

由于杨村在天津城市空间中的重要性，城市规划对这座商城建设提出了很高的要求，经分析主要是两点：

（1）商城与 103 国道不能直接相临，其间设有 30m 隔离绿带，商城在绿带内侧设内部道路作为上城交通；

（2）考虑到武清、杨村是天津市北大门的空间地位，要求商城的形象能达到城市、社会和公众对它的关注和要求；要求在运河一侧有一个较好的空间轮廓线和繁华的时代形象。

5. 场地研究形成的要点意见

（1）杨村镇正在发展，将会成为天津未来的重要城市空间，商城的建设不宜局限在对现状杨村的认识上，不仅要适应现在杨村的习俗、现状，更应为未来发展、为天津城市的副中心建设做出贡献。

（2）目前杨村的商街是临街商铺和露天经营，零售商业是主要特征，繁华而简陋；未来商城宜维持零售商业为主的特征，但不维持临街的形态，基于北方气候特性，创造内街式商城空间，维持繁华而改变简陋，创造现代商业氛围。

（3）在西侧临103国道一侧宜创造更多的商城展示面，重视西晒的节能处理与商城开放度的矛盾，认真研究创造适宜这一地段条件又有利于商业空间展示的立面形象。

（4）北端三个地块（1-1号、1-2号、1-3号）贴近杨村城市广场，商业价值及作用非常重要，因而在该地段应保证开发强度，组织好该地段办公、商业的车流、人流，带动北面大桥道的繁华，以提升杨村纵深地段的价值。

（5）沿用了国道和运河连贯分布高层办公楼和低层商城，而不是办公、商业分区，这样布局有利于交通压力分散，有利于商业空间均布，有利于高低层建筑相间与绿地、运河、国道共同构成武清特别的风景，塑造一条优美的天际线。

7.2.2 建筑产品的市场分析与定位

（1）商铺在杨村是奇缺产品。商铺以中、小型铺面需求为主，少量大型铺面也有需求，未来商业发展可能引发对较大商铺的需求，但现在仍是中、小规模占有优势。为了适宜变化的市场状况，建筑设计的弹性和空间分隔的灵活性、适宜性尤为重要。

（2）商铺临街面的长度是商业空间价值的体现。较大商铺宜做到双面临街（含内街），应特别重视商铺临街条件的均好性。

（3）创造空气流通、光线充分、方便舒适的内街空间是提升商业楼面空间价值的关键；当地百姓目前仍习惯平面的商业街，对立体的商业内街尚无认识，因而垂直交通的组织是突破平面意识的关键，应重视垂直交通的均布、数量的满足以及楼层间的空间流动，以获得开敞、亮堂、舒展、方便的商业空间。

（4）根据经验，在起步商业地段，四层及以上楼面的商业价值会明显下降，故本案中商业以三层为主，采用 8.1m×7.5m 柱网，一层以 60m^2 小型商铺单元为主，二层以 120m^2 中型商铺为主，三层为大型商铺，提供给餐饮、休闲娱乐业使用。

（5）基于城市规划和政府的希望，将底层商业与高层办公楼相结合构成高低结合的连续形态，构成连续变化的天际景观。但高层建筑的功能与市场需求尚不明朗，本策划研究了北方部分城镇情况，认为商业的繁荣带来人口的聚集和流动人口增加，从商的流动人口需要租房作办公、居住和购物，可考虑出租型或酒店管理型办公与居住两用的建筑产品。

（6）远离103国道的纵深地段少有道路噪声干扰，可考虑部分商务会馆，但应当从平面、日照、通风、燃气等方面创造在当地具有明显优势的精品商务办公环境，以占领市场。

（7）应考虑各类建筑产品在外观形态和风格上的和谐统一，各地块的建筑群在空间形态上是整个商城的组成部分，不宜差别太大，不宜突出个体。由于总体地块分散和战线太长，整体风格的协调和合理是获得成功的关键。

7.2.3　本建筑策划的目的与任务

雍阳商城目前处在建设前期阶段，以建筑策划带动概念设计，以概念设计验证建筑策划，帮助投资者较准确地进行投资决策，推进前期工作的进度。

本策划和概念设计结合城市规划进行杨村临 103 国道地区的用地布局，展望城市形象，让政府初步确定建设的方向并确定投资商，以推动商城建设。

本策划从土地利用与环境的关系、市场需求等方面研究，确定建设规模、建筑功能、建设方向，作为投资者进行投资决策的参考，以确立投资计划。

关于建筑方案的细节、建筑技术的具体做法有待在项目立项以后的设计阶段进行深入研究。本策划已从技术可行、政策可行和艺术角度思考了概念实施的可行性。

7.2.4　总平面布局

（1）商城用地是平行于原繁华商业街的常德大街西侧和北端，商城的总平面布置从有利于"将常德大街的线性商业向面形商业扩展"的目标出发，采用加强南北两端以平衡原来中间强势两端弱势的现状，增设强化三条东西小街以利于常德大街的水平扩展、强化北端引导常德大街转经大桥街向东延伸，达到变商业街为商城的目的。

（2）遵循城市规划确定的主要原则，在街区划分用地性质、建筑限高等主要指标方面重视与城市规划的协调，且完善和落实规划使其意图具体化。

（3）沿 103 国道的用地现状并不完整，中段由于拆迁的困难原因不能达到完整开发的目的，本概念提出尽可能维护商城完整性的方案，将 1-3 号地块建筑与 2 号地块的建筑通过过街楼相连，同时在 4 号地块西侧设立广告牌以连接 3 号、4 号地块，求得商城形态的连续性。

（4）胜利路北端的地块（0 号地块）及 I 号地都是后退 103 国道的地块，具有南北的较宽开面，且其北面可以看到开阔的城市广场，故本概念设计在这两块用地上设计了南北向板式商务会馆（11 层），可获得较高品质的商务办公环境。

（5）规划要求在 2 号地、3 号地、5 号地设置多栋办公楼（商务公馆），每层层高3.4m，共计 11 层，顶层为复式单元，本概念结合地形和建筑产品市场，在多处设置酒店管理式办公的建筑。

（6）本概念重视新建商城与保留建筑的相互关系，留有适当距离以满足消防和建设期间施工的安全性，同时利用相互间的空间作为内街空间以促进商城的活力。

7.2.5　交通组织与市政设施

（1）按地块街区分别组织交通，以求交通出行、停车的均匀和方便。

（2）沿103国道和常德大道不设车行出入口，以保证主要道路的畅通，同时也保证商业建筑对这两条路的临街面完整。车行出入口尽可能利用两条主街之间的连接横街。

（3）尽可能设置充分的机动车停车位，并分地块达到规划指标的要求。

（4）沿103国道平行设置商城的辅路来保证103国道的畅通，解决商城区内交通及商铺的临街面，突出商城的繁华气氛。

（5）增设过街天桥，加强跨街的人行能力，提升楼层商业价值的同时，减少过街人流与街面车流的交叉。

（6）由于办公人流与商业人行发生在同一区域，故在设计中尽量做到人车分流、商业流线和办公流线相分离，地上停车和地下停车相结合，地上停车以为商城服务为主，地下车库以商务办公为主，故而达到机动车的停车要求。

（7）本地区城市规划的市政已基本完善，所缺少的燃气和热力设施拟布置在4号地南端，设计成地下燃气锅炉房和调压站，地上可设置小型绿地、休息空间及小型临时性商业空间。沿103国道，大桥路转胜利路铺设管线供给各地块。

7.2.6　商业建筑空间

1. 建筑高度控制

本概念设计建议商城建设充分利用技术规范限定的技术条件来降低建设成本，提高建筑利用率且方便使用。建议商业建筑高度控制在24m以下，按多层公共建筑进行消防设计；建议商务会馆类建筑高度控制在11层以内（含11层），按多层商住类建筑进行消防设计。

2. 商城空间

1号、2号、5号地块完整，临街条件好，街区位置好，设计为3层商城（总高17m）。底层商业面的商铺，外侧临街面，内侧临中庭或内街，层高6m，有利于商铺利用空间增设夹层空间，层顶有通风采光天井，以此可提高底层商铺的价值。

每地块商场中部均设有中庭空间，以引导客流到达楼层，达到提升楼层商业价值的目的；中庭空间设有自动扶梯和景观电梯，部分一二层、二三层楼面又构成内部跃层的双层商铺，以补充因层高而引发的客流自然减退的不足。

3. 商街空间

3号地块相对较狭长，无法构成商城，便按商街设计。

商街按3层设计，跨越3号地块及4号地块北端，总长180余米，分成五段；依地形分别为1~3个柱距跨度。

商街底层层高6m，自行设置夹层；底层分东西侧临街商铺，无内街；二、三层为整体的商业单元，每段一个双层商业单元，两段之间设有贯穿东西的商业单元入口，2层空间高度，设有电梯和楼梯。

4.商场空间

0号地相对较小又远离常德大街，概念设计为3层商场；底层6m高，二、三层均为5.4m高。设中庭空间和垂直交通。

如果市场调研认为此地段商业价值相对较差，可以只建2层商业，也可获得较好的投资回报。

5.地下商场及地下车库

各地块均设有地下空间，每地块中部1/3空间为地下商场，有自动扶梯和电梯与地上中庭相联系，地下商场高6m；地下空间的周边为地下车库或设备用房，地下车库分两层，每层高3m，而设备用房空间高度仍为6m。

6.各地块建筑之间的联系

原则上按地块形成独立的建筑体。

1-3号与1号、2号地之间均设有跨越街道的空中连廊，标高在建筑的第二层，为筒形廊道，由金属和玻璃材料构成；连廊下有5.0m高街道空间，以利于消防和街道交通，连廊内空间尺寸不能太狭小，应满足4.8m宽3.6m高以上，以满足视觉舒适度的要求。

7.2.7 商城建筑形态

（1）面向103国道的立面是本项目的重要形象。以一组具有统一、优美韵律和秩序的建筑共同构成武清的城市标志；突出城市的亮点。沿103国道连贯分布的高层办公楼和低层商业与绿地、国道、运河共同构成了武清一道亮丽的风景，塑造了一条优美的天迹线。

（2）在建筑形态从两方面入手，即较为平实但具有动态韵律感、繁华气息、能够体现商业氛围的建筑立面与简捷大气的高层办公作为天际线的背景，两者之间风格相互统一，互为衬托。

（3）西立面成为建筑的主要立面，具有动态、可变化、环保节能防西晒的特点。

（4）商业建筑的底层设有开敞内退式的铺面，具有显著的额牌和明显的入口。商业建筑立面成为建筑主要立面，体现动态、可变化的特点。通过外挑式的雨棚、内退式的商业步行骑楼、自由的分隔框架、深浅不一的窗格、立面上的百叶、广告又可避免强烈西晒，还构成富有优美韵律的立面效果，入口上方设有绿化间，内植高大植物，既凸显出入口的标识性，同时也为商业街的立面带来了浓浓的生态气息。

（5）办公楼定为11+1的层数设计，主要目的是为在满足构成优美天际线的同时，减少不必要的建造成本。

（6）办公楼正南正北的布置方式和立面风格采用了与商业立面设计手法相似的框架划分，侧立面设计了带形观景窗，既有利于办公高层的观景作用，同时也丰富了沿运河的立面景观。

（7）除103国道的商城立面之外，其他立面无须都如此张扬，以平实为主，但应体现出各立面的统一性和协调性，强调出优美的天际线。

（8）5号地的南入口及2号地的车入口均设有半球形顶盖主入口，不仅表达了商城的重点，也体现出商城起始范围和商城的整体感。

7.2.8 经济技术指标

经济技术指标表   表7-2

编号项目		1-1# 地块	1-2# 地块	1-3# 地块	2# 地块	3# 地块	4# 地块	5# 地块	合计
用地面积 (m²)		4846.8	2909	5996.2	7613	7825.2	732.3	9598.7	39521.2
总建筑面积 (m²)		18434.4	14890.2	25104.4	28907.3	28274.3		28125	143735.6
其中	地上建筑面积 (m²)	15459.6	12939.2	21413.6	23589.2	25357.2		25986	124744.8
	其中 商业建筑面积 (m²)	8587.2	5666.2	10505.7	16317.9	13371.9		17995.8	72444.7
	办公建筑面积 (m²)	6872.4	7273	10907.9	7271.3	11985.3		7990.2	52300.1
	地下建筑面积 (m²)	2974.8	1951	3690.8	5318.1	2917.1		2139	18990.8
建筑密度 (%)		60	63	58	71	57		62	62
容积率		3.19	4.45	3.57	3.09	3.24		2.7	3.16

本策划及概念设计于2006年并得到武清区政府的认可，帮助开发商获得了此项目的开发权。此后由中元国际工程公司完成设计并投入施工建设，2008年投入使用，全部建筑产品分售给物业租赁经营者，并租出进入商业经营。目前商城已成为繁华起来的武清新城市的标志建筑，成为当地居民购物、娱乐、休闲的重要场所。运行七八年来市民反映较好，室内空间敞亮、交通舒畅、商铺规模适宜武清当地市场。初期，三层空间不是很畅销，随经济发展和观念变化，近来三层空间与一、二层无差别了，甚至高层楼座中四层利用屋面空间作为商业经营也已成为常态，而策划当初曾提出过这样的设想未得到开发商的支持。这一情况也很正常，开发商等不到今天再获得深度利益。

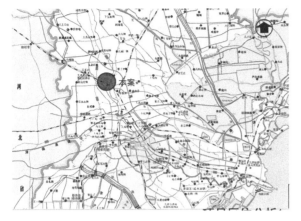

图 7-13　雍阳商城项目区位分析（一）　　　　图 7-14　雍阳商城项目区位分析（二）

图 7-15　雍阳商城项目现状分析

图 7-16 雍阳商城效果图

图 7-17　雍阳商城总平面图

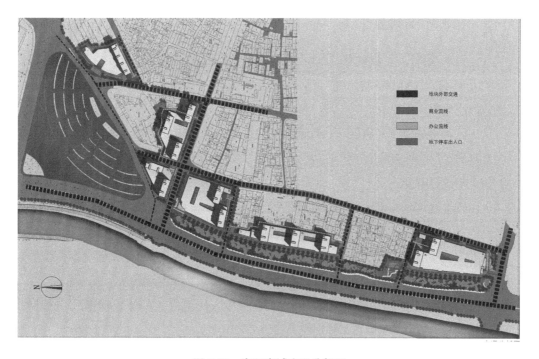

图 7-18　雍阳商城交通分析图

7.3 上海吉盛伟邦家具村专营品牌馆建筑策划（2006年）[1]

7.3.1 项目背景及建设目标

2006年吉盛伟邦与绿地两集团获得上海青浦区赵巷土地开发权，计划投资30亿元建设中国最具规模的全球家具采购直销中心。一期占地20万 m^2，总建筑面积20万 m^2，设想能引进世界知名一线家具品牌入驻。

开发商要求，家具村未来能容纳200家全球家具制造企业，入驻企业应各自拥有1000~3000m^2 的展厅、研究设计空间和配套空间，最好有独立楼宇。建设一个以"家"为主题的涵盖家具、建材、家饰等的"全程体验一站式"购物中心。

7.3.2 基地条件

基地位于上海青浦区赵巷，基地呈梯形，四面临城市道路，南半边为一期，一、二期用地被规划的水系隔开。在一期基地内布置了两座大型家具城及八栋专营品牌馆，此策划案仅为八座品牌馆而为。

专营品牌馆位于一期用地北侧临水地段，是一期工程的精华所在，开发商对其寄予很高期望，希望适用、美观、时尚，有视觉冲击力。

7.3.3 策划要点

（1）八栋专营品牌馆在总体上具有相等的商业空间地位，相当的人流条件，相似的景观环境，因而具有相当的商业价值。使八栋楼宇都得到租赁使用者的认可，不会形成商业死角。

（2）每栋楼宇具有展示、营销、洽谈交易、设计研究、办公等空间，是一座功能完善的专营品牌店的适宜楼宇。继承了传统的"前店后场"概念，使需求与研发更贴切，信息传递更直接。

（3）在规则柱网、规则层高条件下，创造了丰富而活泼的内空间，从而易于调整室内功能的变换，使楼宇的市场适应性更强。

（4）在规则柱网、规则层高条件下，创造了变化而活跃的形体，从而降低了建造成本，也方便了物业持有者日后的管理和维护，同时提高了建筑的利用率。

吉盛伟邦家具村一期于2007年9月建成投入使用，二期也随即建设，8栋专营品牌馆已成为该家具村中心，分别成为国际品牌馆宇。

---

[1] 前期建筑策划参与人：曹雨佳等。

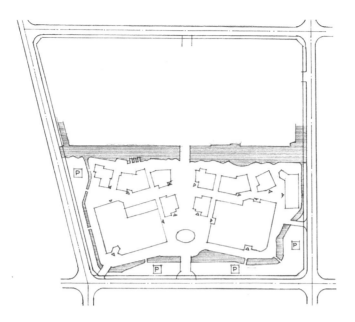

图 7-19 专营品牌馆总平面示意图

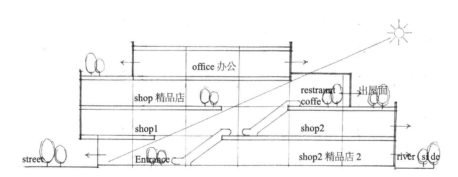

图 7-20 专营品牌馆楼宇概念

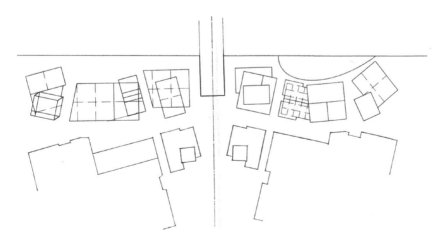

图 7-21 专营品牌馆体形研究过程

7.3 上海吉盛伟邦家具村专营品牌馆建筑策划 （2006年）

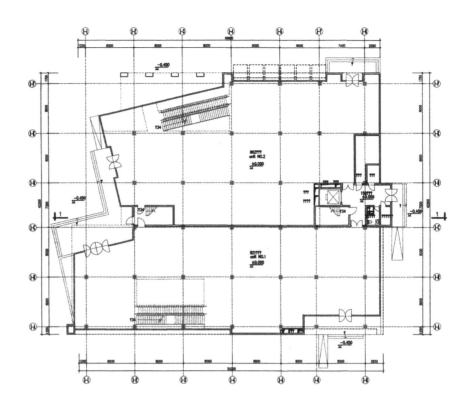

图 7-22　专营品牌馆 S4 底层平面

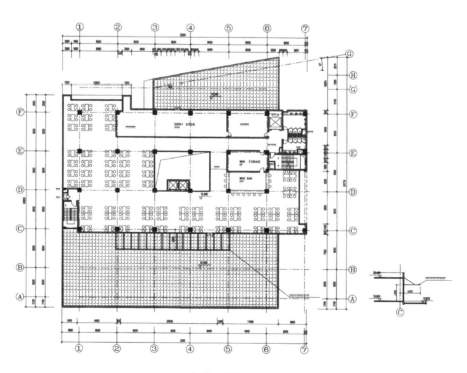

图 7-23　专营品牌馆 S5 四层平面

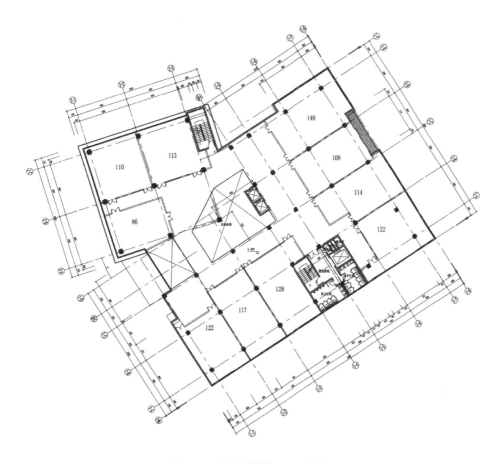

图 7-24　专营品牌馆 S7 二层平面

第8章　公益性建筑的建筑策划

公益性建筑是为社会公众提供公共服务、公众平等共享的建筑。投资公益性建筑不以营利为目的，或不以直接盈利为目的。

公益性建筑因投资方式不同也分为若干类型，如完全全民资本的公益性投资、社会组织机构自筹资金投资、企业捐赠或个人捐赠型投资等公益性建筑。此外，还有行业投资的半公益性公共建筑，如专业博物馆、行业博物馆（如丝绸博物馆、算盘博物馆、汽车博物馆等），它们不同于城市的博物馆，虽然也不收取门票对公众开放，投资不取盈利，但它们如同是行业产品的广告投资，是一种间接的回报方式。这类建筑的策划有其自身的规律和要点，本章未就此类建筑展开讨论。

本章就公益性建筑的讨论，主要是捐赠和自筹资金的公益性建筑。全民资本的公益性建筑的投资决策主要采用项目建议书和可行性研究的决策程序，但近些年来，两种决策方法也在相互借鉴相互融合，相互取长补短。本章的娄底市工人文化宫建筑策划采用了可行性研究的格式，吸收了建筑策划的方法进行研究，既适应了市总工会决策机构的需要，又适应了自筹资金贡献方面的需要。

本章选择两个实例辅以作证，一个已建成并投入使用多年，另一个还正在筹资过程中，都是社会公众使用的公益性建筑。

8.1　公益性建筑的本质和类型

公益性建筑是指社会各方面捐助性、救济性善款用于捐助性建设投资的建筑。捐款人不以赢利为投资目的，真正解决社会基层大众中某些群体或某项事业急需解决的建筑空间方面的问题是捐资人的目的，捐资人由此获得崇高的社会声誉、社会影响力或其他方面的回报，或捐资人不求任何回报。

公益性建筑未来的管理者、使用者是建筑的业主，管理者是业主代表。出资人对建筑的建设态度有多种情况，有的表示只出资不干预，有的则要求原则性干预投资总额和建设总效果，有些会参与许多细节。多数情况下，公益性建筑的受捐机构作为未来建筑的管理者在建筑的决策中有较大的作用，出资人一般在投资初期的策划决策中有较重要的作用，这与捐助的协议内容有关，没有法定的要求。

公益性建筑的功能类型多样，如教育及学校建筑、文化及博物馆建筑、政策性住宅建筑、城市公共建筑等。从捐助资金渠道及出资人意图角度区分，大约可分为下列类型：灾后捐建类、企业定向捐助类、公共事业筹助类、自筹公益类等。

灾后捐建类近些年来已有很多，尤其是地震灾后全社会自发参与到灾后重建的事业中，学校、医院、文化设施、公共设施均顺利得到社会各界的支持并顺利实施，大多实现了预期。

企业定向捐助类也有了许多实例，著名的邵逸夫教育及医疗支持项目就是代表，邵氏兄弟电影公司捐助数百亿巨资，支持香港及大陆的学校和医院建设，遍及 31 个省市 50 余所大学 6000 余个建设项目。

公共事业筹助类在市场经济发达国家早已成熟，在中国大陆刚刚起步，尤其近几年政府开展吸引民营资本参与公共事业投资，探索政策和办法并开始试行。公共事业筹助类其中部分是直接投资寻求回报的，不应列入公益性建筑范畴，而出资参与公共事业建设并不直接在建设项目寻求回报而是由政府从其他途径予以奖励或回报的，宜作为筹助类公共性建筑看待。

自筹公益类建筑一般是社会组织发起，为社会公众办好事，筹建公共活动场所的建设项目。

本章中讲述的 2 个实例，海南文昌市会议及演艺中心属于企业定向捐助类；湖南娄底市工人文化宫属于自筹公益类建筑。

8.2 公益性公共建筑的建筑策划原则和要点

8.2.1 建筑策划原则

1. 明确建设的目标

明确建设目标是所有建筑策划均应在事先明晰的问题，在公益性公共建筑的建筑策划中单独将此列在策划要点的首条，是因为出资人（出资机构）除去公共建筑的建设目标外，还有其出资的动因和潜在的目标。建筑策划的工作中也应为投资人实现其潜在的投资目标做技术服务，有责任了解其出资动因，使策划成果更贴近出资人的动机，使建设项目得以顺利实施。

建设目标包含公共建筑本身的目标，受捐机构的意见也很重要。受捐机构是未来建筑的使用管理者，一般情况下是业主，相当多的情况下，它也是配套出资方，至少是土地出资方。所以在功能、运行、管理等方面和城市与区域的关系方面，受捐机构的意见和愿望十分重要。捐资人的捐资动因也是建设目标的组成内容，其中有的与建设项目本身直接相关，经常与项目的形态相关；也有与建设项目非直接相关，但不会毫无关系。所以应当了解清楚，并在策划中予以体现。

2. 公共建筑的公共性

出资公益性建筑就是要展示出资人（出资机构）的社会责任感，建筑成果的公共性越强，这一目标就越加明显。捐助事件很少发生在无人知晓的私人建筑中（除个人友谊之外）。

建筑的公共性，在于其功能的公共性、大众性，在于项目位置的显著性，在于未来管理的开放性，开展活动的广泛性、重要性，建筑形态的标识性等。

3. 运行管理的方便与运行成本的可控

出资建设是一次性行为，很少有出资建设并保障运行的事（中央政府主导的支边项目是由各援建对口省市包建设包运行包培训人才）。

项目建成后，日常的运行管理和运行经费由受助机构承担，一般受助地区或受助机构经济能力和管理能力有限，所以公益性公共建筑的建设方案应适宜受助地区的实情，做到管理方便、运行成本可控。不能让捐建的公益建筑成为受助者的负担。

4. 限额设计和限额建造

公益性建筑从启动之始就已确定了投资总额，无论设计和建造过程发生什么样的变故均无法追加投资，所以限额设计、限额建造是其重要原则。

5. 维护受援方利益

公益性建筑投资目的是为了帮助受援地区或受援单位，所以维护受援方利益是重要的原则。中国的援外建设非常重视这一问题，援外的相关原则对这类建筑的策划有十分重要的指导作用。

中国对外的援建项目也类似公益性建筑，从建设投资的经济角度看，它们是完全不同于市场行为的投资，是援助性质，是出于国际责任的友好奉献，不讲经济上的回报。

中国是世界大国，一直重视履行大国国际义务，在自己还"一穷二白"时就开始了对外援建事业，随着国家发展和国力增强，对外援建事业也越来越多，越做越好了。中国的对外援建所遵循的对外援助八项原则及适合受援国国情、尊重其风俗、适合其使用、运行方便、运行成本可控、便于管理、尊重受援国主权的各方面原则，及推进受援国经济发展，提高教育水平，改善卫生条件等援助原则均与公益性建筑的建筑策划原则精神相一致。

6. 保证建筑质量，重视建筑品质

对于受援者而言，质量品质体现了真正的受益。对于出资人而言，质量品质显示了其社会责任感，如果因质量问题造成公共影响，不仅使受援方损失，也会造成出资方的信誉损失，得不偿失。

8.2.2 建筑策划要点

1. 建筑体的完整性和简洁性

公益性公共建筑宜给人一个简洁简明和完整的形象。切忌零碎而复杂的组合空间。零碎复杂的组合空间不易给人深刻印象，其空间公共性较弱；同时建筑外围护体面积较

大，体形复杂，建造成本较高；建筑形体系数偏大，日常维护成本偏高。相比之下，简洁简明的完整形体外形简单、形象完整、维护方便、造价易控。

2. 核心功能应有较高品质，同时兼顾多功能

公益性公共建筑宜有社会所缺的核心功能并辅以多功能，切实解决受捐方的公共事业急需解决的问题。同时要努力创造较高品质的核心功能空间，既能使受捐方舒心满意，又使出资方获得名实相符的美名。

核心功能空间应追求达到在一定区域范围内名列前茅的品质水平，使其知名度攀升，在社会上拥有一定传颂度，从而使捐赠行为的实际价值得以提升。

3. 资源的发掘和充分利用

与所有类型的建筑策划一样，资源的发掘和充分利用是策划工作的重点。资源的发现、发掘和利用需要建筑师有开阔的视野、宽广的知识面和丰富的经验，对建设基地的条件、周边环境和经济政策等有敏感的资源意识，从而梳理出能作为资源的因素，以开展策划工作。

本章所列举的两个建筑策划项目都是利用资源而达到出资者预想目标的实例。

4. 创造适宜受援地区气候特征的建筑，减少能耗以降低运行成本

在中国大陆范围和亚洲大多数地区，每年均有 1/2 或更长的时间里能够有适宜的温度和湿度环境条件，可以采用自然通风、自然采光的方式获得适宜的建筑空间。因而可以充分地利用气候条件创造气候适宜性建筑，减少空调空间，减少封闭空间，以减少耗能，节约建造成本的同时减少建筑维护成本和运行成本。这是符合公益性公共建筑捐资人和受捐人双方意愿的。

5. 创造适合受援地区公众生活习惯的建筑空间，建设他们喜欢的自己的家园

地域建筑的本质是地域人民的生活方式的体现。公益性捐建不能花钱建了人家不喜欢的建筑，不能以捐资人和建筑师的喜好代替受援地区人的喜好，不能强加于人。

作为公共建筑应当是公众都喜爱的场所，不应以少数人的喜好作为创作方向。当然公众的喜好也会与时俱进，要研究公众喜好的变化趋向，不是以其过时的陈旧的甚至没落的喜好作为公众喜好。这需要在深入而广泛调查的基础上研究创造。

8.3　海南文昌演艺会议中心建筑策划（2011 年）[1]

8.3.1　建设背景

国有大型地产企业 N 集团 2010 年获得海南省文昌市铜鼓岭周边滨海地段的开发权，

---

[1]　前期建筑策划参与人：曹亮功、王慧娟。

入驻文昌市并成立项目投资公司Y公司。Y公司入驻文昌社区，获知城市的文化设施很落后，老百姓没有业余文化场所，没有电影院，没有演出场所，喜爱琼剧的市民只能露天搭台演出，有意为文昌百姓做点事。在得知市政府筹划建设会议及文化中心一事后，主动表示愿意捐助。

Y公司获得市政府拟用的设计方案，初估需1.1亿人民币后，感到数额太大，下不了决心，故来寻求帮助。在实地调研分析后决定重新进行策划。

策划草案与Y公司讨论降低投资至一半左右是有可能的，获得了上级的认同，但Y公司担心降低投资后的工程在功能上能否适用，能否得到文昌市政府领导的同意。

策划工作沿着适用、经济、美观和地域性的目标展开。

在策划工作和方案初步确定的时候，得知捐资企业想在其中获得不少于2500m²空间作营销中心。建筑策划在此背景下逐步深入完善，最终策划案满足了各方要求而得以实现。

8.3.2 策划目标及原则

综合项目背景因素，本项目策划的目标是建设一座综合性演艺会议中心。功能上满足城市各类会议、培训的需要；电影及群众性演出的需要；捐资企业销售办公的需要；文昌市海外华侨回乡聚会的需要等。

建筑物应当反映出群众性、公共性、适用性、标志性。

根据各有关方面反映的信息，策划之初确定以下原则，并得到各方的认同：

（1）满足会议、电影、群众性演艺的功能要求，达到音质清晰、座位舒适、视线良好的要求；

（2）体现文昌地域特征，符合文昌市民的生活习惯，适应文昌气候特征；

（3）有效地控制建设成本，避免奢华和浪费，但又应避免简陋；

（4）体现绿色、低碳的时代理念，体现时代精神；

（5）兼顾捐赠者的利益，满足其实际需求，但不应削弱建筑的公共性和公益性。

8.3.3 建筑策划

1. 功能策划

根据拟定的目标和原则，在功能策划中确定了下述方案：

（1）观众厅确定为900座。策划认为市属相关机关1200座观众厅的设想容积偏大，使厅堂混响时间过长，导致音质不够清晰，不适合会议和电影的需要。经调查核定，市属两会及各种会议600座容量即可满足，群众性演艺活动时600座较偏小，反复探讨多方研究最终确定900座；

（2）会议功能需求，确定900座大会堂、260座会议厅各一座，30间小会议室及接待室一间。能满足两会召开时大会、主席团会及分组会的要求，也能满足一般社会培训、教育、交流等会议功能要求。另设有200m² 多功能展厅，配合各类会议的辅助性展示需求；

（3）舞台按24m×10m设计，无乐池，普通舞台；台口12m宽，8m高；舞台上空高21m，设16道吊杆。这种设置基于群众性演艺的需求，满足了会议期间主席台大面宽和宽幕电影及群众演出大合唱等宽面舞台的要求，满足了一般演出的灯杆、景杆需要。策划过程中曾经提出是否加大台深的问题，但研究认为会议、电影已能满足，专业演出是极少的，为了罕见的事件花费过多的成本、增加维护的难度是不适宜的而舍弃；

（4）顶层办公空间是策划工作后期追加的。一方面是因为小会议间数量不足，另一方面因捐助方需要办公空间，第三方面是因为观众厅顶面直接面天会遭受天气的直接影响，难以保证烈日下室内温度、暴雨时室内音质、屋面日久生成裂缝、维修时室内不便使用等，综合考虑后增设了顶层办公层，增设了屋顶庭院、室内羽球乒球馆及办公空间，使功能更趋完善，捐赠企业利益得以保护，促进项目顺利建设。

2. 空间策划

城市确定的建设基地很紧凑，本建筑结合基地紧凑、节省成本、形态简洁、方便使用等因素，确定采用一个矩形体块，在一个盒状空间中去组合各不相同的空间并符合视线、音质要求，各得其所。

（1）全池座观众厅。这一策划基于900座规模，全池座空间有利于提供开阔的空间气氛、方便的疏散、较低的成本、良好的视线和较好的音质。池座后区有良好的升起，获得了音质、视线优势，并能从夹层高度疏散，在厅堂空间形态上构成开阔、敞亮、共享的氛围，有较好的会议气氛。

（2）开敞的休息空间。基于对文昌气候特征的认识，采用了开敞的前厅、休息厅、楼梯间、卫生间、走廊等公用空间，获得了遮阴而通透、凉爽的空间，使会议、演出的中间休息更能享受自然、调节心情，同时减少了能耗，降低了建设成本。

（3）双围护的观众厅获得了应有的空间品质。

观众厅地面起坡、吊顶起伏所形成的边界空间得到合理利用。

（4）两层耳光、一道面光是适合这一舞台深度、台口高度和规模适宜的配置。

（5）顶层综合办公空间的设置完善了建筑的整体功能，对建筑的隔热、隔声、形体的完整性都具有正面作用。

精心策划，反复研究，将空间大小不一、高度各异、形态多类的各空间组合在一个外形方整的矩形壳内，并各得其所。保证建筑的功能品质、降低投资成本这一初始的策划目标得以实现，也促成了这一捐赠项目惠民事业得以成立。

3. 结构体系策划

会议演艺中心建筑一定会有大跨度空间、高耸空间和跃层跨层等空间，才能满足演艺会议等各种功能要求。这么多形态的空间创造可能引起结构类型和体系的复杂性，从而导致建造的复杂性和成本提高，这又涉及项目出资方投资总额限制和城市 2012 年初两会召开的使用目标。因而结构体系策划成了这项策划的重要工作内容。

（1）确定采用单纯的钢筋混凝土框架结构体系。可以简化施工的程序交叉，也有利于控制进度，在成本控制上不会出现很大差距。

（2）采用 8m×8m 方格柱网，使各构件模数化，空间秩序化，有利于进度和成本控制。

（3）观众厅大跨度采用井字楼盖，双向受力；台口大梁采用每边双柱支座，以减小梁高；舞台后墙外设多层框架，观众厅大空间外侧均为多层双排柱框架，以承受侧向风力，强化抗震能力。

（4）规整的体形、合理的梁柱设置和建筑整体的均衡性，使建筑更加稳定。建筑体四周的多层构架和楼板保证了建筑的稳定和坚固，使其中心的高大空间和开阔空间得以自由实现，并具有空间的变化和情趣。

4. 建筑表皮策划

（1）本建筑在策划时考虑了两套建筑表皮，即建筑最外层表皮和观众厅外围表皮，而每层表皮又分成双层。外层表皮是建筑内外空间的界面，解决防雨、遮阳、隔热等物理功能，同时展示建筑的外观；观众厅外围是建筑主体空间与辅助空间的界面，解决温湿度差异和隔声隔噪等物理功能，同时展示建筑的内观。

（2）最外层表皮分外层内层两个表皮，外表皮为垂直遮阳杆件，内表皮为外墙及外窗，分别承担遮阳、防雨、隔热功能。栗色遮阳杆件和白色外围护体构成了白色与栗色的对比、线杆与面的对比、阴影与杆件的重叠，造就简洁而有韵律的外表，来源于文昌椰子壳与肉的色质，有一种简而自然的美。深色的遮阳杆件吸热后加快了墙外空气层上升的趋势，加速空气向上流动；白色的外墙减少了热空气对室内的转入，光洁的外墙减少了空气上升的阻力，有利于建筑底部开敞空间的自然通风。

（3）观众厅外围由双层墙体和中间空气层组成，在进出门处扩成声闸门斗，设双层门。保证了隔声隔噪并减小了光亮对室内的影响。双层墙体加空气层的做法有效地保证了外界暴风雨噪声不会影响观众厅内的音质效果，这也是开敞式休息厅能够实施的保证。

5. 室内品质策划

建筑的品质首先表现在使用功能上，演艺会议中心的建筑品质表现在观众厅的视线效果、音质、舞台灯光及观众厅座椅舒适度、疏散走道的行走舒适和安全度等方面，还包括舞台演出的方便、后台的适用、吊杆的灵活好用、幕景的适用等方面，当然还包括各辅助空间的适用和观感舒适等。但这一切又在投资额的限制下。

室内品质策划就是要在投资额限定下，在品质保证和投资运用之间权衡，取得适宜的办法。

（1）以会议、电影功能为主，保证观众厅及舞台在会议、电影时的高品质效果和舒适度。选择对广电影视有丰富经验的装饰装修施工企业进行室内设计施工，并选用优质音响设备，同时选择国内优秀的专业声学研究机构作为室内设计的检测鉴定机构，以保证厅堂音质。在这一核心品质项目上，决不以投资额作为限定，而是以品质第一作为原则。

（2）观众厅、舞台、后台及中型会议厅、小会议室等各空间，重视光线、空调的舒适性效果，保证声音清晰、光线明亮、温度适宜，确保各类会议的顺利进行。并考虑大、中会议厅的视频、音频传输及与电视台的相互传输。

（3）前厅是会议演艺中心的中心空间，由于采用了开敞的空间形式，室内界面仅有正面墙面和顶板面，本策划利用开敞空间并与两侧厅及夹层回廊创造了空间上下流动、两翼贯通、内外敞开的空间效果，获得一个清晰、敞亮、活泼、自然的舒适休憩空间。在仅有的正面墙上设计反映文昌自然风情的浮雕，在顶板上创造了由文昌132个姓氏组成的百家姓天花藻井，成为有文昌情结的特色空间。

8.3.4 建筑技术指标

建筑技术指标表　　　　　　　　　　　　表8-1

	项目	数值	说明
1	建筑总面积	9542m²	地上建筑8715m²，地下建筑827m²
2	会议中心席位	906席	电影及演出时为860席
3	会议室席位		中会议厅260席，小会议室24间，每间40席
4	建筑总高度	23.47m	
5	建筑基地面积	3102m²	
6	捐赠机构办公面积	3059m²	捐赠企业会议室与会议中心公用

本建筑于2012年初建成投入使用，文昌市两会首先使用，文昌市众多会议在此召开，利用率很高。电影院于2013年正式投入使用，每晚两场，周末三场，从此文昌百姓可以看到电影了。室内音响效果、视线均很好，从未发生声响方面的问题，经历了暴雨台风干扰而无事故。归国华侨多次聚会于此，广受称赞。但原计划采用的外立面遮阳杆件在施工过程中由于改变做法而发生严重的外层剥落，后经修缮而改得更为纤细，这样效果减弱，敞厅正面浮雕由于没选到中意画稿而未实施。

捐赠方、受捐方及文昌百姓反映普遍较好。工程投资决算因多方原因至今没有结论。

图 8-1 演艺会议中心效果图

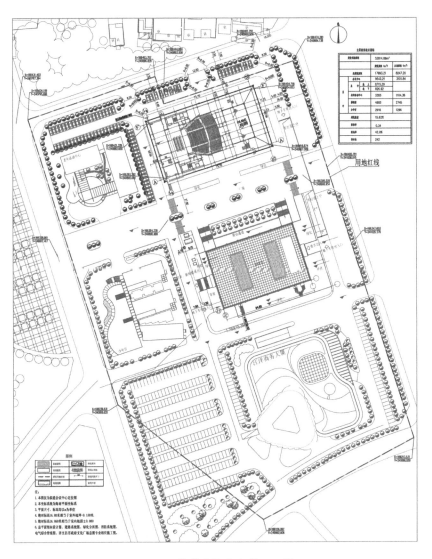

图 8-2 演艺会议中心总平面图

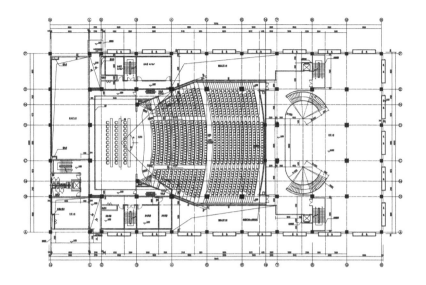

图 8-3　演艺会议中心夹层平面图

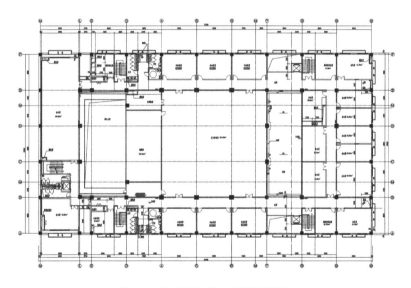

图 8-4　演艺会议中心三层平面图

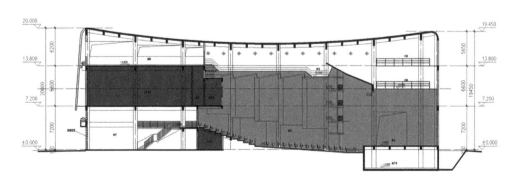

图 8-5　演艺会议中心剖面图

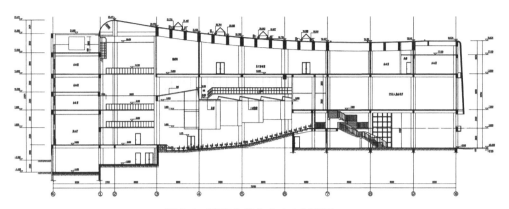

图 8-6　演艺会议中心 1-1 剖面图

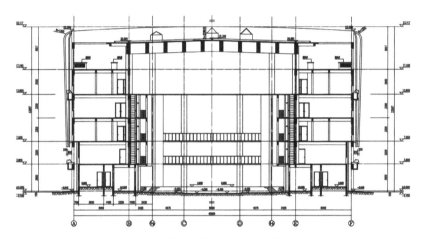

图 8-7　演艺会议中心 2-2 剖面图

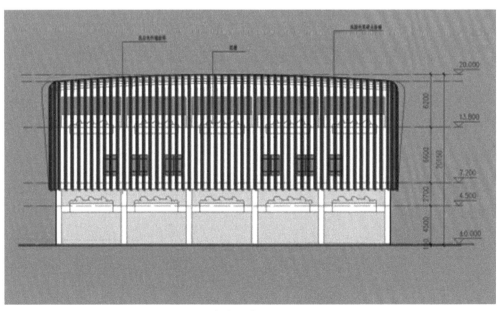

图 8-8　演艺会议中心①-⑥立面图

图 8-9　演艺会议中心建成后效果

8.4　湖南娄底市工人文化宫建筑策划（2013 年）❶

8.4.1　建设背景

　　1997 年中华全国总工会发布《关于进一步加强县以上工人文化宫、俱乐部建设的若干意见》（总工发 [1997]23 号），2005 年又发布《中华全国总工会关于推进地方工人文化宫俱乐部改革与发展的意见》（总工发 [2005]42 号），讲述了县市地方工人文化宫俱乐部的建设落后于社会发展，落后于党和政府对广大职工关怀的总形势。要求与国家经济发展同步，加速建设中小城市的工人文化宫俱乐部，及时补充社会欠账局面。

---

❶　前期建筑策划参与人：曹亮功。

娄底市是湖南省西部地级市，虽属湖南省重要的工业基地，但由于1999年才获批建设为地级市，故至2013年仍然没有一个像样的工人文化宫，而作为工业基地的城市里广大工人群众缺乏一个职工之家，缺乏一个教育、文化、体育、科普活动的场所。新一届娄底市和市总工会适时落实全国总工会两个文件精神，以务实求真的态度，认真研究兴建娄底市工人文化宫事宜。本策划正是这一工作中的重要环节之一。

8.4.2 建设目标

娄底市总工会组织总工会的决策人员与建筑事务所建筑策划师一同对当年全国闻名的工人文化宫——福州市工人文化宫（2013年11月建成使用）进行了学习和考察，而后就福州工人文化宫进行研究、分析，就功能、规模、空间、投资分别深入研究；再就娄底工人文化宫的用地条件、资金条件及工人生活习惯、气候条件和实际需求进行了对比研究，确定了娄底工人文化宫的建设功能目标。

项目建设目标是：职工的学校和乐园。建成广大工人和职工喜爱、向往的场所，成为他们学习知识、学习技能、创造生活、文体活动、休闲交友的欢乐场所，与城市居民共享的公共空间、城市广场。

娄底市工人文化宫将由职工教育中心、职工文化中心、职工体育中心和职工服务中心四大功能组成，其具体内容和功能空间本着因地制宜、实事求是的原则确定（表8-2）。

功能空间分析表　　　　　　　　　　　　　　　　表8-2

部门	功能空间	辅助空间
职工教育中心	会堂250座，会议、电影、报告会议厅100座1间，50座2间 培训教室10间 图书馆1000m²，阅览、电子阅览	会间休息厅及卫生间 会议服务 教师休息室、会员休息室及卫生间 书库、编目、出纳
职工文化中心	歌舞厅400m²，舞厅、舞池 影视馆，8个中、小厅 书画展厅500m² 文化社团活动室 棋牌厅、比赛厅和若干活动室	音响、监控、服务 附文化长廊 书画社、棋社、歌唱队、曲艺、乐队等 服务、休息
职工体育中心	篮球馆1座，兼排球场 游泳馆1座，标准池、儿童池 乒乓球馆，10个乒乓球场地 羽毛球馆，9片羽球场 健身房350m²，台球8桌，舞蹈厅400m² 体操厅、体育社团活动室	教练室、运动员休息室、更衣、浴室、服务间 羽毛球队、乒乓球队、篮球队、足球队等专用房间
职工服务中心	帮扶、维权、培训、接待 商业（体育文化教育用品商店） 餐饮、咖啡厅 会议培训接待中心（客房）	办公、管理用房 停车库（兼人防） 设备用房 服务间

8.4.3　关于娄底工人文化宫建设条件的分析

娄底向往有一个福州那样的工人文化宫，但客观条件上比福州相差很远（表8-3）。

工人文化宫对比表　　　　表8-3

	福州文化宫	娄底文化宫	比较（娄底：福州）
建设用地面积	93亩（62000m²）	41.4亩（27606m²）	44.5%
建设规模（总建筑面积）	12.3万m²	计划6.0万m²	48.8%
城市人口	130万人	40万人 （未来规划80万人）	30.8%
建设投资	7亿人民币	计划3亿人民币	42.9%
功能内容	院场、影城、展览馆 培训、会议 商业、办公、图书馆 羽球、乒乓、健身房	教育培训中心 体育健身中心 文化活动中心 职工服务中心	功能内容更加完善， 单项功能规模较小 容纳人数相当于65%
单位面积造价	5691元/m²	计划5000元/m²	87.9%
土地利用率（容积率）	1.984	2.174	提高10%

娄底市总工会与建筑策划师共同调查共同研究，初步确定的建设目标是符合实际的，有一定科学性和可能性，但同时又是要经过努力和创造性利用土地和资金方可达到的目标。

8.4.4　场地研究

娄底市政府划拨用地面积27亩（18000m²），相邻的商业用地10.6亩（7066m²），在两块地相接位置有一边角地块3.81亩（2540m²）可合并使用，总计用地面积41.41亩（27606m²）。

用地位于娄底中心地区南部孙水河北岸，北临城市干道吉星路，西隔居住小区与干道新星南路相临，南临孙水河（有河边支路相隔），东临仙女寨生态公园。两面贴城街，两面临公园，是闹静相宜的地段。

基地呈梯形，南北宽152.3m，东西长419m，划拨地在南，商业地在北，二者面积比约7:3。基地地势北高南低，南北两侧城市路面高差相差约11m之多，南北向坡度约7.2%。用地西侧紧贴回龙湾居住小区，有3栋99m高住宅和15m高商业裙房，挡住了城市干道交叉口的交通噪声和西晒的阳光，成为本区的屏障。

基地东侧有铁路遗迹。场地现状是十余米的深坑，是城市的回填土区，基坑深达11~12m，坑内杂乱无章。

通过实地踏勘与分析研究，认识到基地的特征和价值：

（1）场地区位优越，交通方便，景观优越，是工人文化宫相当适宜的区位；

（2）场地面积和地界条件能满足文化宫计划规模的建设要求；

（3）南北向地势差达11m，这个地势差可以带来巨大的地下空间容积，有利于文化宫许多活动空间的安置，应当细微而创造性的研究这个空间的利用；目前地势现状的大坑正是可用空间，比填满土的坑少去了挖方工程和余土去向的问题，坑是本项目的空间资源；

（4）南向的孙水河景观，东向的仙水寨公园都是优质的景观资源；东侧的既有铁路也可作为景观资源加以利用；

（5）北侧商业用地、南侧划拨用地的限定与本文化宫功能需求有一定的吻合程度，细致而有策略的安排会满足功能要求，又符合不同性质土地的定向使用，有利于管理机构的批准；

（6）充分利用地下空间，组织好他们的功能，减少暴露在地面以上的建筑体量，减少建筑的表皮面积，有利降低建造成本。

8.4.5　建筑策划要点

（1）将不规则的用地边界条件整合为有序的空间组合。创造了以市民广场、劳动者广场、五一广场为中轴线的文化宫主轴空间，突出了公共性、开敞性、文化性。

（2）在文化宫总体设计中，建筑让位于广场，让位于公共空间，在有限的用地上；争取了最高的视野，创造了面积达35000m²的有顶五一广场空间，能容纳万人聚会，成为娄底市最好的城市广场。

（3）以服务中心建筑为中心，体育中心、文化中心、教育中心分列两侧的布局，彰显了秩序和力量，服务中心外形的坚实和高大表现了劳动者精神的伟大气势。

（4）建筑物的方格柱网使得内空间规整而富有秩序，有利于建造和降低成本，内部空间的巧妙组合提高了建筑空间的利用率，并使各不相同的功能获得了各得其所的空间条件。

（5）建筑柱网为建筑外形的模数化打下了基础，使整个文化宫建筑统一而简洁。

（6）总规模的2/3置于地下，1/3置于地面之上，使密度达到25%以下，为创造最丰富的户外景观打下了良好的基础。

主要经济技术指标见表8-4所列。

经济技术指标表　　　　　　　　　　　　　　　　　　表8-4

序号	项目名称	数值	说明
1	建设用地面积	27606m²	
2	建筑基底面积	6101.86m²	以广场地面标高层计
3	建筑高度	22.10m	

序号	项目名称	数值	说明
4	建筑总面积	73228.58m²	其中 地上建筑面积 22216.48m² 占 30.34% 地下建筑面积 51012.10m² 占 69.66%
5	计容建筑面积	53822.78m²	地下车库、人防及设备用房不计入容积率
6	容积率	1.95	
7	机动车泊车位	316 泊位	
8	绿地率	26.6%	因广场占地较大。绿地面积 7350m²

娄底工人文化宫各功能空间面积见表 8-5 所列。

娄底工人文化宫功能空间面积表　　　　表8-5

	空间名称	位置	面积㎡	空间高度 m	说明
服务中心	管理、接待	1F 东侧	206.89	4.50	
	培训中心门厅	1F 西侧	260.40	4.50	
	培训中心餐厅	2~4F 西侧	781.20	4.50	
	培训办公	2~4F 东侧	781.20	4.50	
	客房	5~8F	5749.04	3.60	
	会议	8F 中部	1713.00	4.20	
	展览厅	−1F	926.10	3.60	
	合计		10417.83		
体育健身中心	门厅、健身、舞蹈	1F	1514.88	4.50	舞蹈厅高度 9.00m
	办公、社团活动	2F	1099.08	4.50	
	乒乓馆 10 台桌	3F	1391.40	4.50	
	台球馆 8 台桌	4F	963.00	4.50	
	篮球（兼排球）馆1片	−2F	1005.48	11.00	顶部自然采光、机械送风
	羽球馆 9 片场地	−2F	1481.78	10.20	
	游泳馆	−2F	3183.26	10.20	标准池 + 儿童池、顶部自然采光、机械送风
	公共服务	−1F、−2F	1728.72	5.10	
	合计		12367.60		
教育中心	多功能厅（300 座）		1534.68	8.60	后部 140 座固定座位，前区加舞台 280 ㎡为平地
	会议厅（大、中、小各 1 间）		987.84	4.50	
	教室 9 间	3F	1043.28	4.50	
	图书馆	4F	1043.28	4.50	
	合计		4609.08		

	空间名称	位置	面积㎡	空间高度 m	说明
文化活动中心	露天舞台	1F	1164.71	18.00	
	舞台后台	1F	693.28	4.50	
	书画展廊、社团活动	2F	1043.28	4.50	7个社团
	棋室、棋艺厅	3F	1043.28	4.50	
	影视厅（8个厅）	−1F	1234.80	5.10	设下沉庭院可自然采光
	歌舞厅、KTV	−2F	3059.28	6.00	
	合计		8238.63		
办公	行政办公	文化中心 4F	1043.28	4.50	
	职工服务中心	文化中心 1F	350.00	4.50	休息厅部分可与露天舞台后台共用
其他	体育文化用品商店	−1F~−2F	9681.40	5.10	设下沉庭院可部分自然采光
	文化长廊	−1F~−2F	7006.20	5.10	沿河一字排开，景色甚佳，自然通风采光
	儿童乐园	小公园内	158.76	3.60	
合计			53822.78		

8.4.6　关于降低建设成本的策略

1. 确定一个适宜而经济的统一柱网

满足羽毛球、乒乓等活动，适于教室、客房、停车场等需要，确定 8.4m 见方的统一柱网，功能合宜、结构可行、施工方便、建造经济。

2. 确定建一个整体的地下建筑体

依据 11m 地势高差条件，确定 2 个 5.1m 层高的地下建筑整体，10.2m 满足篮球、羽毛球、游泳等，2 个 5.1m 满足歌舞、KTV、影视及商场需要，3 层 3.4m 满足停车要求，获得一个顶板、底板统一平整、外围简洁的地下建筑体，容纳 70% 的建筑面积而外立面极小，平均造价很低。

3. 确定经济又合理的地上建筑高度

地上建筑仅 3 栋，1 栋高层 2 栋多层，多层 18.4m 高，成为最简单装备设置要求的公共建筑，投资相对较低；高层是为了形象，为了节地而设置的，也为了有效利用商业性质用地而为的。策划案已将地面建筑总量降到总面积的 30% 以下，这也很有利于控制总投资。

4. 采用适宜气候的策略解决了千人剧场的问题

文化宫中央的五一广场是一座巨型的有顶户外剧场，有与之配套的舞台和后台系统,能满足千人观演活动,满足3000人观看电影,满足万人聚会,是一个多功能城市广场。但它设有固定座位,没有围护墙,没有空调系统,是适应当地气候的半户外空间,建造费不再昂贵,但功能和气势已达相当高度。

5. 简洁而朴实的建筑与崇尚自然的景观

这两条原则贯穿到未来的深入设计中,将会有助于提升空间品质和降低建设成本。不主张用华贵的建筑材料和装饰品,提倡收集既有工业遗迹作为景观元素,彰显娄底工人的辉煌历史;提倡用广大职工的业余创作来装点自己的文化宫;提倡享受孙水河景和东侧公园美景,而不是孤立自己。这一切既有品位也不会奢华。

8.4.7 关于资金筹措的计划

根据娄底市总工会的设想,利用商业用地一半的面积和地下商业中心及临湖长廊等采用社会合作方式引资合作。根据省总工会有关文件要求,地面以上公益性建筑由总工会出资建设,地下设施中商场、游泳池、文化长廊、地下车库等均可采用与社会合作方式进行建设。

本建筑策划正是在深入学习了湖南省发改委总工会有关文件精神的基础上,了解娄底市总工会意图后,结合土地、功能需求和各方面条件后展开的。策划方案的布局考虑合作经营部分与文化宫自行管理部分分别运行管理的可能性。

虽然此项目的建筑策划前期做得如此深入和细微,但事情的推进仍然比较缓慢,至今已近3年,仍未进入最后的投资决策环节。

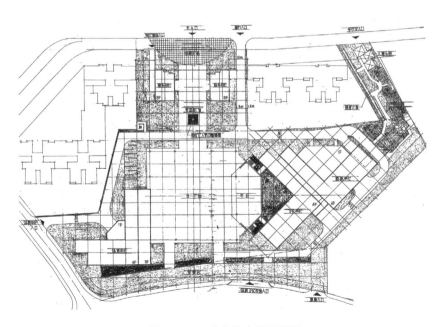

图8-10 工人文化宫总平面图

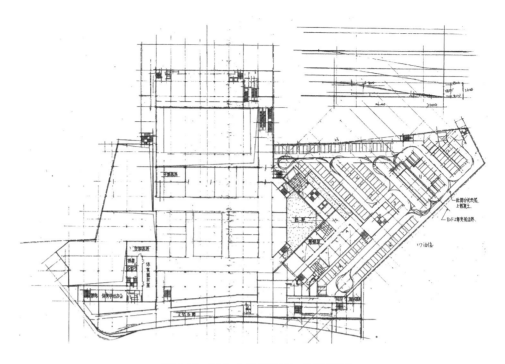

图 8-11　工人文化宫地下一层平面图

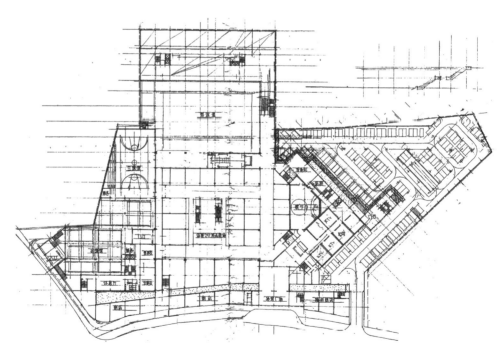

图 8-12　工人文化宫地下二层平面图

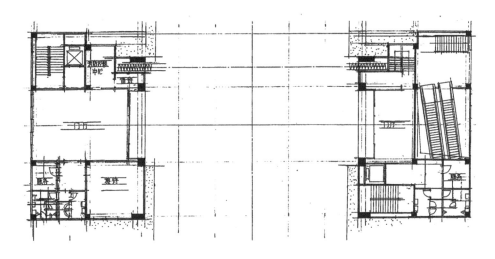

图 8-13　工人文化宫一层平面图

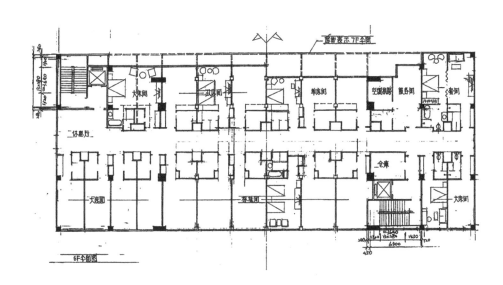

图 8-14　工人文化宫五层和七层平面图

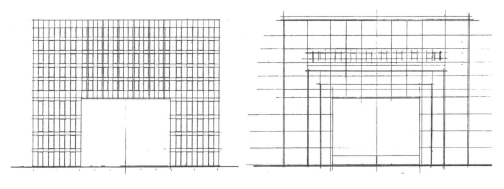

图 8-15　工人文化宫南立面图　　　图 8-16　工人文化宫北立面图

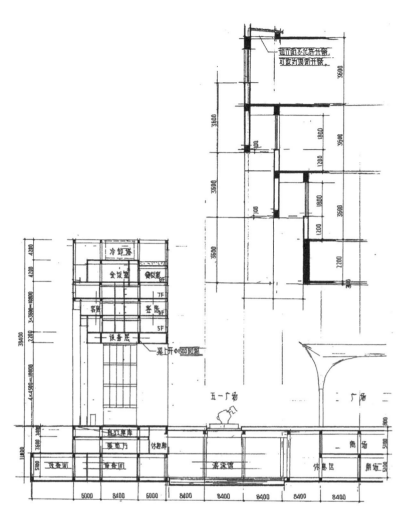

图 8-17　工人文化宫剖面图

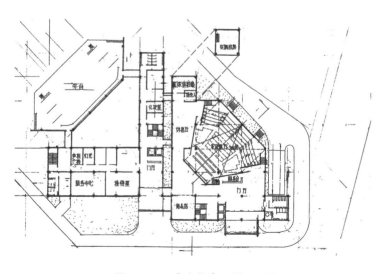

图 8-18　工人文化宫一层平面图

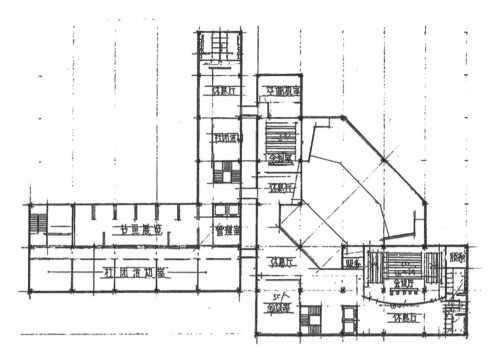

图 8-19　工人文化宫二层平面图

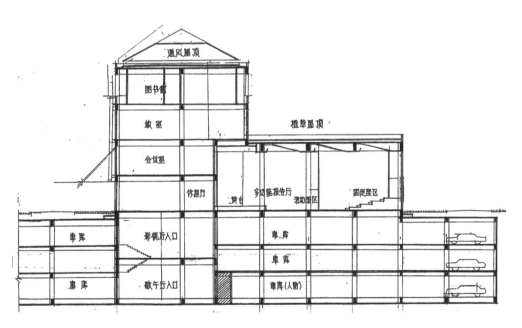

图 8-20　工人文化宫剖面图

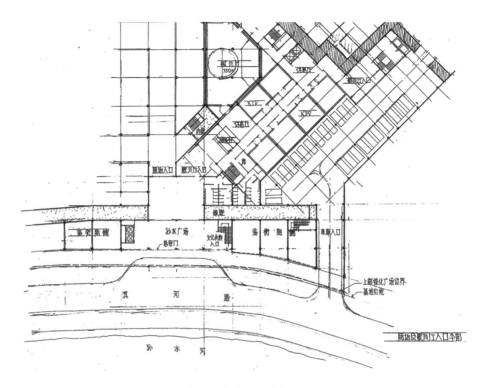

图 8-21　工人文化宫商场及歌舞厅入口平面图

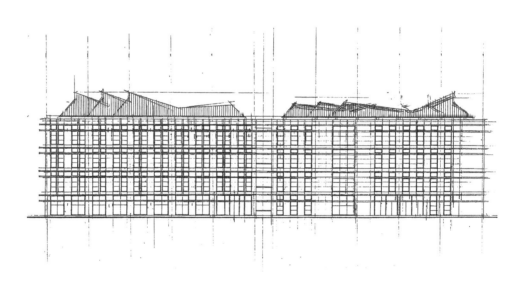

图 8-22　工人文化宫立面图

第9章　自持自用建筑的建筑策划

办公建筑是自持自用建筑中最常见的功能类型，既有全民资本投资提供给政府机构、国有企业、事业机构及科研单位使用的办公建筑，也有民营资本投资供给自身或下属机构使用的办公建筑。和其他建筑一样，它们的建设前期投资决策分别依据不同的投资主体而选择不同的决策程序。

民营资本投资的自持自用办公建筑一般均属于中小型综合楼，因为民营企业机构规模不大，会将管理办公、科研、生产聚于一处，加强企业内部联系，减少交流环节，节省建设和运行成本，提高企业效率。民营资本自持自用办公建筑对其而言是企业大事，非常重视，非常谨慎，所以建筑策划一般会很深入很细致，方能得到业主认可。

自持物业的办公建筑首先是满足办公使用功能，并不是直接投资求收益回报，它的投资效益是企业运行的间接性收益。自持物业带来的建筑物增值收益也是可观的，但一般不会影响建筑策划工作的展开，不作为策划思考的因素。

因为自己投资建设、自己使用、自己管理，所以在功能、成本、舒适度、建筑形态等各方面都会细微地关注到，甚至不属于前期工作的内容也会探究，因而建筑策划工作涉及的深度、广度是无法严格界定的，应当与投资人共同协商予以确定。

9.1　合肥健桥科技产业基地建筑策划（2000 年）❶

9.1.1　建设背景

合肥健桥企业是一个民营资本合伙制企业，以研究开发生命信息为源头的保健型器材的现代企业，是一个成长中的中小型科技企业。2000 年在合肥市城西经济技术开发区获得了一块土地，拟作为企业研究、生产、推广营销为一体的产业基地。

建设基地面积 13333m²，位于合肥市西部新区——经济技术开发区的中心地段，交通方便，环境安静，周边条件已成熟。

9.1.2　业主的建设目标

（1）应满足两种定型产品的生产，同时能开展 2~3 种新产品的研发，还要能承担新产品的推广、宣传，开展人体健康知识普及教育活动等相关的交流；

---

❶　前期建筑策划参与人：曹亮功。

（2）产品是属于电子信息干预类健康保健器材，生产过程要在有一定洁净度的空间内完成，相当多配件的生产需在万级洁净室中进行，个别件需要千级洁净中的百级工作台完成，总装配线需要十万级洁净环境；

（3）办公、研发、生产是紧密相关的，研发者是生产的指导者，也是推广宣传的指导者，企业的核心人员是整个一体化流程的关键人群，所以办公、生产、研发空间不能割裂，应有机组合；

（4）企业的对外形象很重要，希望向社会展示企业崇尚自然、倡导绿色、主张和谐的观念，展示一个高科技企业的形象；

（5）企业仍处在初创和成长阶段，投资太大力所不及，要做符合标准又能低投入的建筑，是企业的愿望。

9.1.3 基地分析

建设基地为一不规则矩形地块，东西长 140.64~156.55m，南北宽 87.5~93.13m，面积 13333m²。

基地东端临开发区次干道，南侧临规划的 20m 宽隔离绿带。基地地势平坦，无障碍物。

从规划意图上看，基地南侧是较开阔的空间，有 20m 宽的带状绿地，对基地既是隔离，也可享用，重视为环境资源。基地东侧是 30m 宽的次干道，空间开阔，有利于本基地的出入，也是本项目主要的形象展示面。

9.1.4 建筑策划矛盾点的分析

（1）基地面积很小，但业主希望有一个空间开阔的花园；

（2）企业资本较少，但业主希望建一个高质量的有洁净要求的现代研发中心；

（3）规模不大，但业主希望建筑功能包罗万象，尽量全面。

这个项目的策划矛盾点简明，就是钱少、地小、心大。

9.1.5 建筑策划要点

根据上述分析，本策划努力在现有条件下，尽可能使投入资金及土地资源发挥它最大的效能，争取获得最好的效果。

（1）以密求疏的策略，借邻空间的策略联合运用，获得空间开阔的花园绿地。

策划将建筑物尽可能紧贴西侧、北侧密布，以获得基地东南角开阔的空间；

策划借助南侧 20m 宽绿化带和东侧 30m 宽道路空间，使花园绿地的视觉空间扩展了近一倍之多。

建筑密布留出的花园面积约为6400m²（108m×54m+38m×16m），约占基地的48%；而实际视空间扩展到11350m²之多。

（2）以空间对比和简洁层次的策略，获得花园空间的纵深感和空旷感，助显花园的开阔。

在花园中设置网球场一片，在网球场的空旷开阔对比下，更显花园的开阔；在花园中以7棵高大乔木错位布置，以显树下草坪的纵深感，彰显花园空间的开阔。

（3）规整的建筑体形、规则的柱网，求得建造成本的降低。

车间、研究楼、办公楼三座建筑均采用12m高度，选用经济的6m或7m柱网；最大体量的车间采用规整的矩形，没有凹凸变化，有效地降低了建造成本。

（4）以内空间各功能合理的层高组合成统一的外形体，使建筑外表皮面积达到最小，以降低建筑的总造价。

车间采用3.0m+2.4m（工作层＋设备技术层）层高、办公采用3.0m层高、研发采用3.6m层高，报告厅7.2m层高，中庭10.8m层高等，但最终所有建筑总高均为12.0m。

置于企业入口处的研究楼按椭圆外形，并坐落在黑色浅水池中，映出灰白色建筑倒影，彰显雅致与时尚，成为企业的形象。

建筑于2012年建成（研发楼未实施），并于2013年投入使用。

后因企业转型和重组，该建筑以数倍于投资额的价格转让给别的企业。

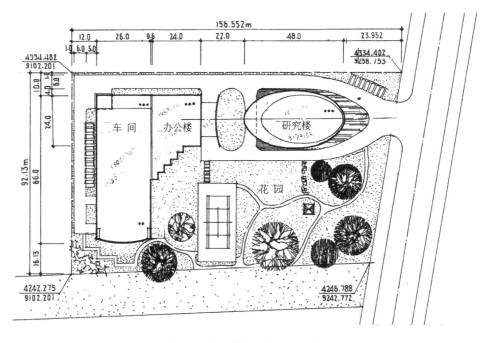

图9-1 科技产业基地总平面图

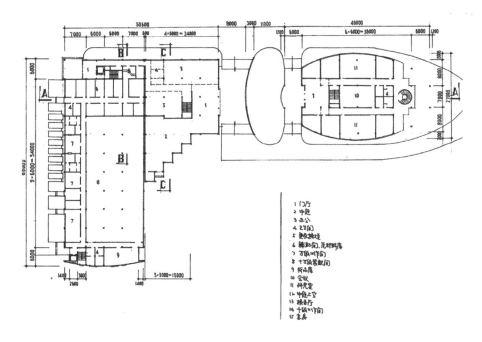

图9-2　科技产业基地一层平面

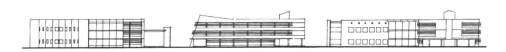

图9-3　科技产业基地立面图

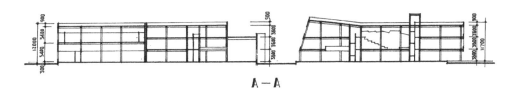

A—A

图9-4　科技产业基地剖面图

9.2　三亚市供电公司自用办公楼建筑策划（2000年）❶

9.2.1　项目背景

2002年中，三亚市供电公司获得河东区川月路旁一块基地，拟建设自用办公楼。基地面积13334.87m²，要求建设8000~10000m²自用办公建筑，建筑策划是一个探求可行的前期研究工作。

---

❶　前期建筑策划参与人：曹亮功。

9.2.2　建设目标

建筑面积 8000~10000m²，含生产车间、调度、营业厅、办公及研究部门的综合性建筑，其中营业厅 150m²；调度 150m²；生产车间 1600m²，分大件加工装配和中小件加工；报告厅 200 座；图书馆 300m²；招待所 10 间标准间；办公室及计算机中心等。要求机动车泊位 100 个以上。希望建设成一个适于工作、形象好、建造成本低又便于管理的新颖建筑。

9.2.3　基地条件及目标的分析研究

（1）项目规模虽然不大，但其功能包罗万象，组合也较复杂，如果按常规方法组织功能，有可能使建筑形体和空间比较零碎，缺乏整体性；

（2）基地与南北朝向呈 43° 关系，在三亚气候条件下，要尽量避免西晒，西南、西北朝向是本基地一个较重要的问题；

（3）三亚市河东区川月路地段地势低洼，周边也都是平坦的河滩地区，缺土，建设不宜采用大量填土的方案，宜考虑自我土方平衡的方法；

（4）三亚地处热带，但由于海风的可利用条件，有可能创造出适宜气候、有利于节能的建筑，应当予以重视。

9.2.4　建筑策划要点及方案的形成

1. 总平面创意及思考

基于上述分析研究，在若干可能性方案中最后确定了椭圆形整体的总平面创意方案，它具有下列特征和优势：

（1）具有完整的外形，使繁杂的功能组合为一个整体，从而避免了外观的杂乱，并使外形紧凑，从而可获得体外空间的开阔感；

（2）采用 45° 斜向柱网体系，从而获得了南北朝向而不会造成与城市道路的交角矛盾；

（3）采用了水池围合建筑的创意，适应了低洼地势，并获得了水庭内院空间，将岭南地区水庭民居适应热带气候的民间创造运用于现代办公建筑中，成为新时代的气候适应性建筑；

（4）以树阵围合的绿林设想，使总体规模不大的建筑以树林、水与建筑单纯简洁的形态展现出它的现代感、自然观；

（5）以双入口环形道路最简捷的道路和林下停车的最简单方法解决交通需要，不设地下室，为降低建设成本创造了条件。

2. 平面设计及创意

（1）以 8.1m × 8.1m 基本模数的柱网体系使异形体形与理性结构体系结合起来，成为容易实现又较为经济的常规框架结构；

（2）45°斜向柱网创造了利于自然通风，又有良好日照条件的办公工作空间；

（3）多庭院、小进深的建筑布局获得了有建筑阴影，又有水庭的院落空间，对获取凉爽的小气候，应对热带炎热辐射创造了条件；

（4）在规则柱网条件下，采用跨层的空间方法获得了与功能需求相适应的空间条件，并使建筑内空间丰富而活泼，创造了灵动的空间效果。

3. 剖面设计意图与被动式节能策略

（1）椭圆形外形和缓坡形绿植屋面具有泄压台风、抵御太阳热辐射的优势；

（2）在 3.6m 层高条件下，建筑室内进深控制 14.0m 左右，单面采光进深 7.0m，有良好的自然采光和自然通风条件；

（3）南北双向设有遮阳设施，在三亚太阳高度角较高条件下可获得良好的阴影条件，有利于减少热辐射；

（4）底层架空开敞式的廊道和停车空间与水庭相结合，创造了引风入庭的条件，强化了建筑利用海风的条件；

（5）空调机房置于顶层开敞架空空间，减少了辐射热对办公空间的影响，有利于节能。

9.2.5 经济技术指标

经济技术指标见表 9-1 所列。

经济技术指标　　　　　　　　　　　　　　　　　表9-1

规划用地	13334.87m²	绿地率	45.30%
建筑基底面积	4239.00m²	总建筑面积	11093.00m²
建筑密度	31.79%	容积率	0.83
水面积	2642.00m²	机动车泊位	109 个 其中室内 33 个
绿地面积	3395.00m²		
水面和绿地面积之和	6037.00m²		

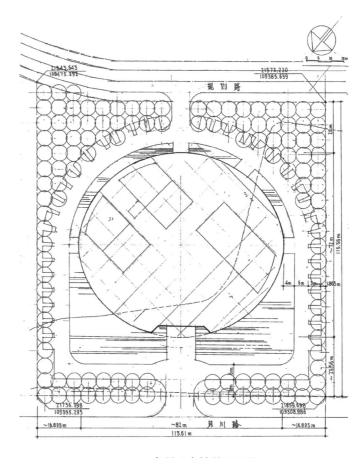

图 9-5　自用公办楼总平面图

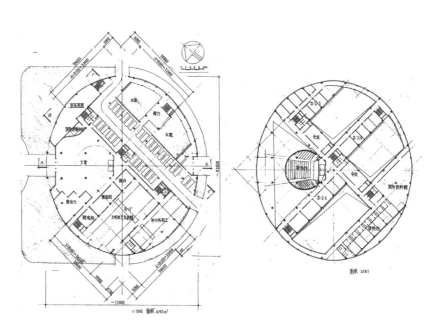

图 9-6　自用公办楼底层平面图　　　　图 9-7　自用公办楼四层平面图

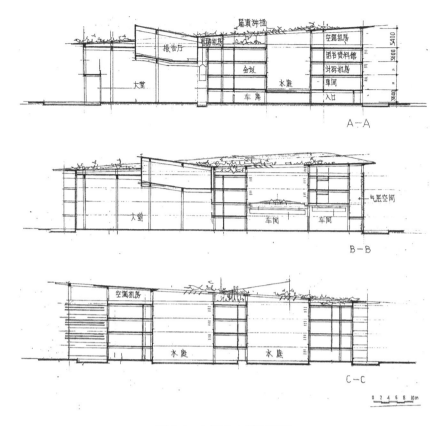

图 9-8　自用公办楼剖面图

9.3　国能生物发电集团公司研发中心建筑策划（2010年）[❶]

9.3.1　项目背景

　　国能生物发电集团公司是一家民营资本的能源企业，以生物质发电为主要业务。企业一直租用外单位建筑空间作为办公及研究场所，由于不是专门的研发建筑，在使用上多有不便，为了企业未来发展和统筹解决其他方面问题，集团公司拟投资建设一座研发中心。

　　建设场所选中了北京市区八达岭高速与清华东路交叉口的东北角，地处农业机械研究院院内，处于四环与五环之间，随北京城市和奥运村的快速发展，这一场地在城市中的地位日益显赫。

9.3.2　建设目标

　　（1）建筑总规模38000~40000m²，要求办公及研究空间12000m²以上，员工住宅8000m²，商业9000m²，其他为停车库及设备用房。

───────────

❶　前期建筑策划参与人：曹亮功、曹雨佳。

（2）建筑功能为综合性建筑，住宅应满足日照和安全要求，与办公互不干扰。

（3）建筑形象应大方简洁，有现代企业形象，不宜突出住宅形象。

9.3.3 场地研究

1. 场地区位

场地位于北京市区北部，北四环与北五环之间，西临京藏高速，南侧300m处是清华东路,在2008奥运中心西约1km处。随城市快速发展,这一基地的空间地位日渐显赫。

2. 场地环境

场地属农业机械研究院，是农机院矩形院址的西南角土地，目前为空置地，有零星低层建筑。场地西侧为城市干道，东有农机院内道路。道路东为三栋板式住宅；场地北端有18层新建住宅，距本场地12.6m；场地南面为新落成的红星美凯龙家居生活馆，建筑体量大，形态现代而简洁。

3. 基地条件

基地呈矩形，东西宽37m，南北长85m，基地面积3145m² （退规划红线后）。北京市规委2010年3月30日批复的规划条件中，确定本地块为二类居住用地，控高45m，容积率2.5，西侧北侧退红线不小于10m，南侧东侧退红线不小于5m。基地内无障碍物，地势平坦，基地四周有道路，通达条件较好。

4. 场地的主要制约点

（1）规划确定为二类居住用地，建设研发居住综合建筑需要规划变更审批。但这一审批相比其他类改为居住用地要容易很多。是问题，但不是难题。

（2）本建筑限高45m，而对北侧相距仅12.6m的18层住宅造成严重的日照遮挡，这会成为本建筑策划应认真对待的难题。

（3）场地在城市中的空间地位显赫，处在城市较重要的空间节点上。城市对本建筑的形象有要求，同时本企业也应对城市展示自身的形象；本建筑给城市的脸面是西偏南30°，正是西晒最强烈的方向，因而建筑的西立面形象是本建筑策划的第二个难题。

（4）城市干道噪声对本建筑影响很大，应予以足够重视。

（5）由于场地空间较小，在道路、出入口设置后，绿地面积很小，且难有较高品质。

（6）基地空间不大，在此条件下要处理好办公、商业、住宅的人、车互不干扰，并使各功能空间能够有与各自功能相宜的空间环境，也是较为困难的。

5. 场地环境分析

（1）城市中心节点地段——区位优势。京藏高速不仅是交通干线，也是北京对外的重要门户，与四环路接口地段是环京重要空间节点。这个基地显示了空间区位的标志性，土地资源的稀缺性，周边环境的成熟性。

（2）交通条件优势。基地四边临路，西面长边临城市主路，展示面大，临街面长；东面临院内道路，并与院内住宅区相融，利于布置住宅并方便出行；南北有连接路，有条件组织好交通分流。

9.3.4　需求研究

根据国能公司与农机院双方合作协议，建筑物的67%作为国能公司办公、住宅及附属设施，33%的建筑空间属农机院土地方所有，农机院希望以租赁经营商业或办公获得持久的收益。国能公司建议其商业空间作为银行等与办公环境协调的物业类型。

国能公司的办公部分为企业自用，可视为企业总部。企业总部现有员工140人，属知识密集型研发企业，产业为高技术新型能源，需要建筑在满足研发功能前提下，营造企业凝聚力、树立企业形象、展示企业特色，成为标志性建筑。

国能的员工多数在京无住房，为员工解决居住是企业领导最关心的、留住人才的重要事情，所以在此建筑内希望实现尽可能多的员工住宅，至少中级员工（半数以上）即70套员工住宅成为重要目标。

针对办公、商业、住宅、配置足够的停车场、库。

9.3.5　案例研究

策划认定这座建筑应属于建筑综合体和企业总部的结合。

1. 建筑综合体

建筑综合体是指城市中心与城市生活相关的三项或以上功能组合的建筑空间，各部分建立在相互依存、相互助益的能动关系上，从而形成一种多功能、高效率复杂统一的建筑体或建筑群。

建筑综合体是在城市人口聚集、物产聚集、产业聚集、功能聚集的背景下，土地资源缺乏而产生的一种建筑类型，它能较好地解决城市高度聚集和土地资源不足的矛盾。

建筑综合体具有下列特征：

（1）位于城市中心或中心节点空间，高可达性、高密度、集约型；

（2）整体统一性，较少依赖其他配套，自身功能较完善，体内相互支撑，功能复合，空间连续；

（3）对土地资源的高效利用和均衡利用，兼顾各组成功能的合理性；

（4）讲究与城市的联系，具有对城市空间的影响力和强大的对外辐射力；

（5）规模大，投资大，经济风险大，升值潜力大；

（6）对建筑设计要求高，在经济性、文化性、市场适应、艺术性和综合品质上均有较高要求。

2. 企业总部

以单一建筑体解决企业内全体或部分成员全部工作所需要的功能空间。

9.3.6 功能组合及形体研究

（1）体块尺寸及与周边建筑关系（图9-9）。

退让红线后的建筑基地最大尺寸为85m×37m。应当充分利用这个长方形基底，并

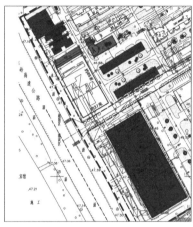

在北京市规划委员会 2010 年 03 月 30 日批复的建设项目规划条件中：
1. 本地块为二类居住用地
2. 本地块在 AB 地块内。
AB 地块总占地 67554m²，总容积率为 2.5，控高 45m，退西侧道路红线不小于 10m，
南侧需腾退城市规划路，南和东退道路红线不小于 5m，退北侧用地红线不小于 10m。
退红线后，地块呈约 85m×37m 的长方形，本项目用地约 3145m²。

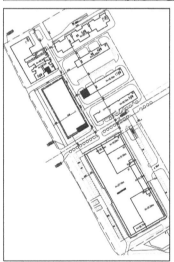

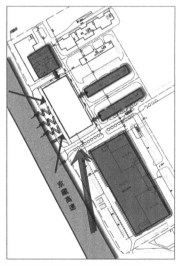

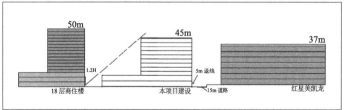

注：虚线以上虽在用地范围内，由于 1.2H 的日照退线要求，为不可建设范围。

图9-9 研发中心体块尺寸暨与周边建筑关系

尽可能减少缺口和退让，以争取最大建筑面积，最有效地利用土地。

考虑对基地北侧既有18层住宅日照的影响,本建筑应在北侧按1:1.2的斜度逐层退让。

（2）交通分析（图9-10）。

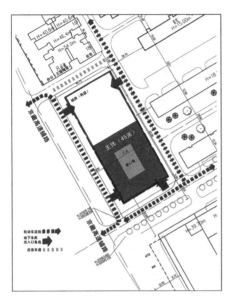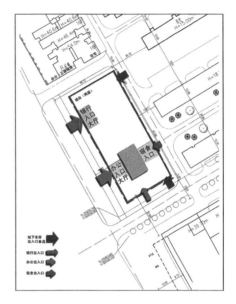

图9-10　研发中心交通分析图

（3）3种功能空间组合方案的比较(图9-11、表9-2)。

（4）建筑容量及技术指标匡算(图9-12)。

（5）确定组合方式。根据本项目建设目标确定七项比较内容，并按其重要性加权比较(图9-13)。

最后确定东西组合方式（图9-14～图9-28）。

此项策划已经过去5年了，业主从当时满怀信心筹备新楼到逐步退缩，最终决定取消投资计划。这其中主要因素是这5年处在制造业调整时期，制造业企业的经济效益都在徘徊状态，新建办公楼是再投入的发展性投资，看不到新发展机遇而盲目投资一定是不能下决心的。

但是这件事也让策划人思考，如果在策划书中把不动产概念纳入策划，讲清楚不动产投资的价值，不动产投资在经济低谷时投资的意义，也许情况会不同。这块稀缺的土地，当时合作协议是：出资方获利2/3，土地方获利仅1/3，这个机会在北京城市内是永远也不会有了；如果当时坚持了投资，现在的物业价值应当已增长5倍，这就是自持物业投资的价值。

在自持自用类建筑中，自持是投资增值的主要因素，自用也是价值的体现，但它是次要的。这个道理如果在策划书中讲清楚，也许今日是另一种结果。

后来了解到，事情的真实情况并非是国能公司主动放弃投资，而是农机院认识到土地转让合作协议吃亏了，反悔了，提出以另一块土地置换，国能公司不同意，双方反复协商无果，才发生国能放弃投资的结局。事情的缘由完全不同，引起策划人的思考是相同的，这就是：土地在自持物业的价值中起到举足轻重的作用。

3种方案比较表   表9-2

	A 上下分区	B 南北分区	C 东西分区
优点	●员工宿舍位于上部干扰较小 ●宿舍日照较得到保障 ●办公人流大，位于下部，干扰小	●住宅日照易得到满足	●办公西向，西立面较完整 ●住宅东向，避开西晒和道路噪声 ●住宅融入农机院住宅区
缺点	●住宅进深有限，不能充分利用37m总进深，总面积不充足 ●半数住宅受道路噪声影响，且遭受西晒 ●西向主立面难做得完整 ●住宅管线下穿通过办公层	●半数住宅西晒，受道路噪声影响 ●由于办公、住宅层高不同，西向主立面较难处理 ●住宅位于西南向，对建筑形象影响较大	●住宅日照受限 ●南、北立面出现办公，住宅层高不一致，需处理

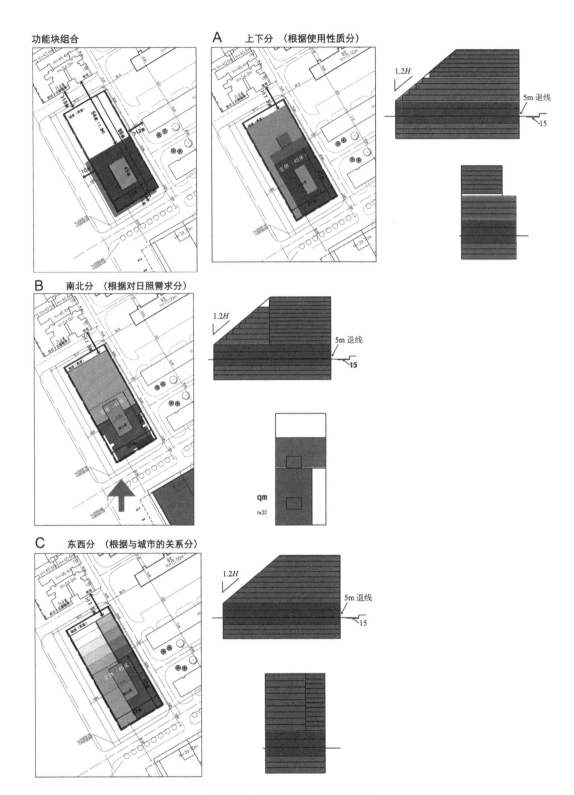

図 9-11 研发中心三种方案比较

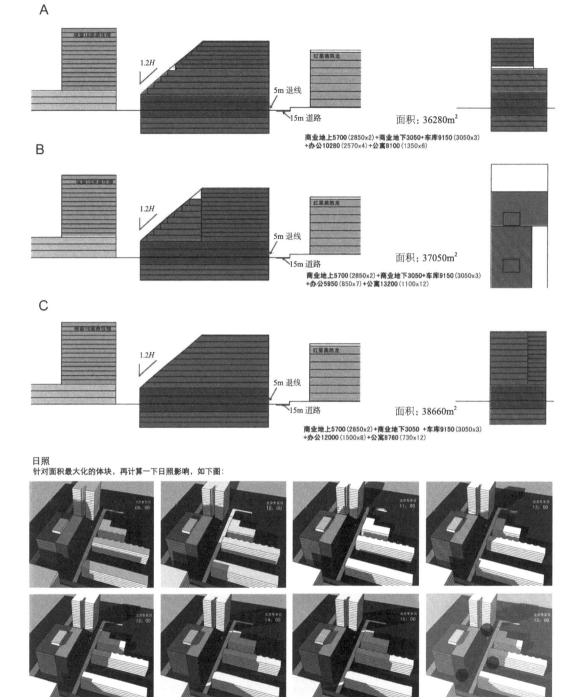

A

1.2H

5m 退线

15m 道路

面积: 36280m²

商业地上5700 (2850×2) +商业地下3050+车库9150 (3050×3)
+办公10280 (2570×4) +公寓8100 (1350×6)

B

1.2H

5m 退线

15m 道路

面积: 37050m²

商业地上5700 (2850×2) +商业地下3050+车库9150 (3050×3)
+办公5950 (850×7) +公寓13200 (1100×12)

C

1.2H

5m 退线

15m 道路

面积: 38660m²

商业地上5700 (2850×2) +商业地下3050 +车库9150 (3050×3)
+办公12000 (1500×8) +公寓8760 (730×12)

日照
针对面积最大化的体块，再计算一下日照影响，如下图：

图 9-12 研发中心建筑容量及技术指标匡算

确定组合方式：

综合考虑企业总部形象、土地资源利用、功能区划分、交通、建筑面积、日照、防噪音等因素，加权打分。

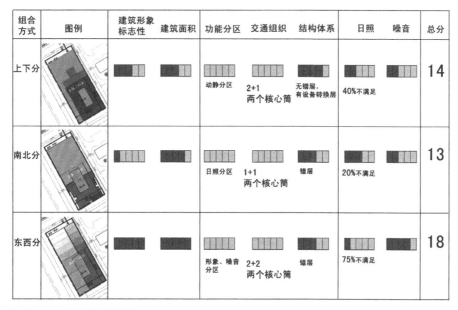

组合方式	图例	建筑形象标志性	建筑面积	功能分区	交通组织	结构体系	日照	噪音	总分
上下分				动静分区	2+1 两个核心筒	无错层， 有设备转换层	40%不满足		14
南北分				日照分区	1+1 两个核心筒	错层	20%不满足		13
东西分				形象、噪音 分区	2+2 两个核心筒	错层	75%不满足		18

据此，采用"东西分"的方式。

这种方式在：营造企业总部形象、优化居住环境、争取最大面积等方面均有突出优势。

但职工宿舍的日照受限，多数房间冬至日达不到2小时满窗日照。

图 9-13 研发中心方案加权比较

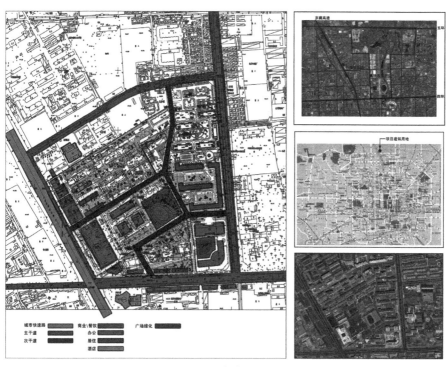

城市快速路	商业\餐饮	广场绿化
主干道	办公	
次干道	居住	
	酒店	

图 9-14 研发中心区位图

图 9-15　研发中心现状图

三室两厅：150m² X 16 = 2400
两室两厅：87m² X 44 = 3828
一室一厅：44m² X 20 = 880
总计：7108m²(不含阳台) 80套
本层公摊 19%

住宅部分层高 2.95 m。

图 9-16　研发中心职工宿舍

三室两厅：150m² X 20 = 3000
两室两厅：87m² X 36 = 3132
一室一厅：44m² X 22 = 968
总计：7100m²(不含阳台) 78套
本层公摊 20%

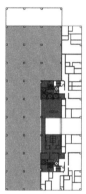

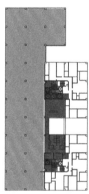

总计　14170m²　共9层

总计　13510m²　共9层

办公部分层高 3.95 m。

图 9-17　研发中心办公

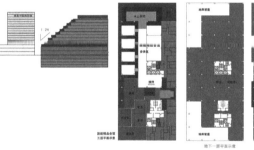

图 9-18　研发中心立体绿化与户外空间

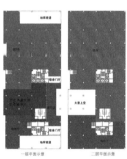

图 9-19　研发中心银行 / 商业

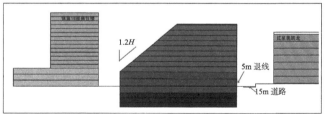

地下二、三、四层主要布置停车，地下三、四层还有部分设备用房。地下二层停车库
面积约 2800m²。地下三、四层分别按 2400m² 和 2800m² 暂估。
地下车库层高 3.3m。

图 9-20　研发中心停车

以塑造企业标志性为宗旨，兼顾争取最大建设容量。

由于对北侧住宅日照退距，形成三个立面方案，分别为大退台的方形、小退台的椭圆形、斜线的三角形。

图 9-21　研发中心建筑形象

图 9-22　研发中心大退台的方形立面

图 9-23　研发中心小退台的斜向椭圆形立面

图 9-24　研发中心三角形立面

方案一：外置可调节遮阳板。
金属板可随太阳高度调节角度。

方案二：内置可调节百叶帘。
塑料、织物或木质遮阳帘，随照明需求调节高度。

方案三：外置固定竖向遮阳板。
与结构一体，不可调节。

在这三种外立面材料中，方案一造价最高，方案三最低，方案二居中，为双层玻璃幕墙的升级版。

	方案一	方案二	方案三
形象	标志性较强，特殊材质	特殊造型，标志性强	高度取胜
建筑面积	38100m²	40500m²	36350m²/45700m²
建造成本估值	2.8亿	3.0亿	2.6/3.5亿
单方造价	7349元	7407元	7152/7658元
规划控高	未超出	局部超出6.5m，可为架空	局部超出或高度达69m（最高点88m）
报批	易	较易	难

图 9-25　研发中心方案比较

根据2011年11月23日汇报中国能领导的意见，将方案一深化

西立面百叶为可调节冲孔板。白天可全部关闭或部分关闭，且不影响自然采光、通风。LED显示屏隐在冲孔百叶内，百叶关闭时，整个西立面成为显示屏。

图 9-26　研发中心方案深化

图 9-27　研发中心最终效果之一

图 9-28　研发中心最终效果之二

第10章　建筑策划思维方法的延展运用

建筑策划的原理、工作程序和方法可以适用于各种类型的建筑投资决策工作，同样也可以适用于成片建设的区域开发决策工作。对于单个建设项目，有经验的开发商在未进行可研或策划前，心中也大体有了一定的把握，而面对较大开发规模的区域性一级土地开发时，往往束手无策，需要加强设计前期研究和决策工作。1997年N集团在重庆江北地区获得5km²土地综合开发权，当投资决策者们站在山冈上向下望去时，一片起伏的原野，岗地沟壑交错，不知能否接受这一片土地，道路能否修通，一级开发成本是多少，能获得几成二级建设用地，投资产出比是多少，一切都是疑问。这项片区开发前期可行性研究工作进行得深入而扎实，而后经常接受类似的研究项目，反映了我国地产建设在21世纪始进入了允许企业成片开发建设的新阶段，适应这一新的市场需求，城市规划与城市设计领域也引入了前期投资决策的概念，需要进行工程和投资的量化分析，建筑策划的原理和思维方法就自然延展到城市规划领域。

城市和建筑一样，是应社会经济发展需要而产生的。城市的规划与设计工作同样体现着它应有的经济属性，而且城市规划的经济属性应当比建筑设计更突出、更强烈。现实中城市规划或城市设计在经济属性方面体现得并不理想，或很不理想，宏观上城市的产业结构研究不够具体、不够落地，微观上详规中对经济的投资和产出效率缺少研究。这些工作当然不是只有城市规划师们就能完成，需要规划师、经济师和其他行业专家合作完成，但是作为规划师或建筑师应当在规划设计中反映出经济意识，对土地利用的经济性、资源的有效利用和智慧的发掘都应体现出经济意识，这些是规划设计的基础，具体的经济分析是在这个基础上进行的。

本章选择了5个实例说明建筑策划思维方法的延展运用，没有将后续的经济分析纳入（因为那部分内容篇幅太多，规划师、建筑师也无须全了解）。它们在规划方案设计中从不同角度体现了对资源的发掘和利用、对土地的策略性利用、对自然的尊重和保护等意识，从而使开发建设的工作做到适度，使建设工程量做到尽量减少，降低了开发成本，但能获得较高的建设空间，体现其经济性。

10.1 北京中关村软件园规划（2000年）❶

10.1.1 项目背景

在第十个五年计划时代，国务院大力启动了中关村科技园区建设，倡导以科技创

❶ 前期建筑策划参与人：曹亮功、雷晓明、谷建、吕丹等。

新带动整个国民经济的快速发展。北京市政府努力落实国务院的战略部署，在城市原有市郊绿环地带调整一部分空间支撑科技园区建设，但十分明确地提出了融入自然、保护自然的生态目标作为新时期园区建设的重要原则。并向全世界广泛征集规划方案，促进新时期规划工作的创新。

北京中关村软件园规划方案竞赛成为较早期实行国际方案竞赛的项目，首都规划委员会对此项目的规划条件制定了严格的技术目标要求：

基地概况：北京海淀区东北旺乡上地西路以西；

用地面积 119hm²，地形平坦，基地内有沟渠，小道及苗圃，原为林业局苗圃基地。

周边条件：用地东侧是上地西路，路东是正在开发建设上地成熟区；

用地南侧是东北旺南路，路南是既有村镇，近年已纳入上地地区；

西北方向是城市信号信号基地，对本区建筑有限高限距要求，其他方位是原始林地。

城市规划对软件园规划提出了详细限定要求，主要指标限定是：

建设用地 119hm²；后退道路红线要求东向 90m 宽绿带，其他方向 70m 宽绿带；

总容积率 0.35；建筑东侧及东南角限高 12m，其他限高 9m；

绿地率要求 ≥ 55%；要求体现保护环境、保护自然的理念。

中关村科技园对软件园规划提出要有利于吸引国际一流软件企业入园，要建设一个具有国际先进水平的有利于软件开发、适于高科技人才工作、学习、生活的科技园区。

软件园方案竞赛的开放性、高层次及其影响力吸引了来自世界各国的重视和注意，所以参加这次竞赛，必定要有创新理念和创意意识，才可能被采纳。

10.1.2　思考与研究

经过实地考察、对国际上软件园的研究及对软件编制专家的访谈，展开研究与思考，提出几个重点任务目标：

（1）探索软件编制研究所需要的空间特征，规划适宜软件研发的园区空间；

（2）研究软件企业入驻园区的动因，规划一个吸引软件企业的园区；

（3）研究建筑与自然的相融关系，创造融入自然、享受自然、保护自然、防御自然的建筑空间；

（4）创造有艺术感、有诱人氛围的园区空间。

10.1.3　规划指导思想与原则

遵循"高标准、有特色、具有超前性和可持续发展思想、有时代特征"的指导思想，建设一流科技园；

充分重视高速宽带多媒体网络和市政设施保障的可靠性；

着重解决好功能分区、交通、公共设施配置，突出园区生产、生活、管理功能协调性；

重视园区环境建设，创建一个节地、节水、节能、环保的绿色园区。

规划原则：

（1）效率——社区的简明结构、管理的直接有效、交通的便捷通畅、通讯的可靠快捷；

（2）环境——融入自然、享受自然、保护自然，创造一个保护生态的园区；

（3）保障——先进而可靠的保障系统；

（4）市场——市场适应性和弹性，满足软件研发及软件推广的全方位需求；

（5）发展——分期发展，每期自我完善，并有合理规模；第一期布局应有利于空间的延伸。

10.1.4　策划与创意

围绕上述四个目标，展开创意思维研究，经团队全体人员反复和深入地探索，逐步完善了下列创意成果，反映了策划思维在规划设计中的作用。

1. 两种空间形态的创意

根据软件产业的特性，软件研发者同时也是软件推广者，是软件营销的指导者，这是与其他工业制造业不同的。因而在同一园区内，存在着研发空间和营销推广空间，当软件科技工作者和工程师们在不同的工作角色时，是不同的心态、不同的情绪，也需要不同的空间形态。软件的营销推广是一种商业活动，要的是有利于交流、互动、开放的空间氛围，是一个城市的商业化空间；软件的研发是一种潜心的思考、研究的创造性工作，要的是静谧的适于思考能激发激情的自然的空间氛围，是一个园林型的自然空间。

根据基地给予的环境条件，决定将园区东侧、南侧靠近城市的地段按城市街坊格局布置成城市型空间的服务设施区；将园区纵深地段按园林格局布置成岛状的研发组团。

2. 适于园区开发弹性的浮岛创意

浮岛的形式提供了可大可小可拼可分的空间灵活性，在园区建设的招商阶段，依照入园企业的需求可作各种各样的调整，而不影响其他组团的建设，只需在园区总体上做到总容量、总绿地率、总建设用地的总量控制即可。

浮岛的创意推进了软件园的招商和园区建设，也出现了一种新的规划思维。

3. 以密求疏的策略

建立在"以密求疏"策略基础上实现了森林背景中浮岛的创意。

在浮岛建设用地内，采用了50%高的建筑密度，保证了需要的开发强度。从而同时实现了岛与岛之间的45m以上的距离，实现了森林背景的完整性。完整而连续的森林体系带给园区一个水、林、草乃至鸟、虫等共同构成的生态支撑系统。这正是软件研发所渴求得那种静谧而自然的空间氛围。

4. 浮岛的形态创意

在森林海洋中的浮岛，是漂浮于林海中的组团，而研发建筑又坐落在黑色浅水池中，白与灰白相间的研发楼倒映在水池中，水池底铺卵石，黑色花岗岩等不同材质，夏以浅水降温，冬以旱底吸收阳光升温，是一种气候适应策略。岛屿还可能以草地、砂地、卵石等作基底，形成与森林背景共生的氛围，彰显出宁静、舒展、与天地森林融于一体的诗般意境，表现一种天人合一的平和，显现一种中国哲学的韵味。

5. "现代尽现代，自然尽自然"的对比理念

规划方案提出的"现代尽现代，自然尽自然"的对比理念，广泛地体现在园区规划设计中，主张现今时代、现代技术、现代生活、现代材料，应当是现代建筑，而一切非人工创造之处宜尽显自然。

道路在城市型空间是城市型道路，在森林空间是无道牙乡间型道路；路灯是园林低杆灯；岛无界边，水无石岸，而是草坡、土坡或木桩岸；一切崇尚自然。

$2.5hm^2$ 4 万 m^3 容量的中心水面依据自净能力确定水量，自然形态、自然水岸、自净水体策划，以求达到自净、节水、蓄洪、避灾的目的（表 10-1）。

北京中关村软件园于规划当年予以实施，在招商引资中由于浮岛概念的市场适应性使招商工作进展顺利，成为中关村科技园当时效益最好的园区。其后几年进展迅速，发展很快，又在园区西侧扩展了中关村软件园二期。中关村软件园因其环境优美、设施完善、效率高，已成为北京市著名的科技园区。

用地平衡表　　　　表10-1

用地名称		面积（hm²）	占比（%）	
总用地		119.00	100.00	
研发用地		32.45	27.27	
公建用地		14.45	12.14	
道路用地		11.84	9.95	
公共绿地	隔离绿地	16.09	13.52	
	中心绿地	13.18	11.08	50.64
	森林绿地	30.99	26.04	

图 10-1　软件园鸟瞰图

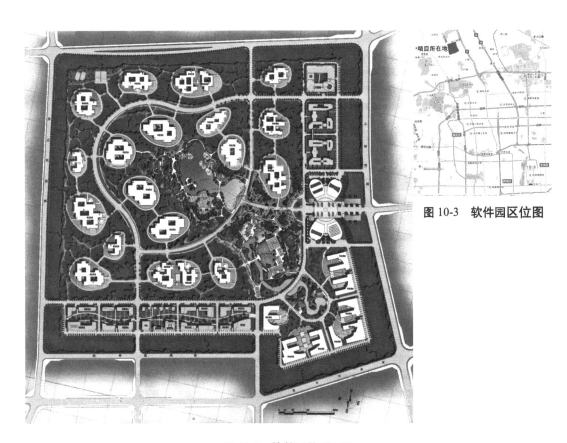

图 10-3　软件园区位图

图 10-2　软件园总平面图

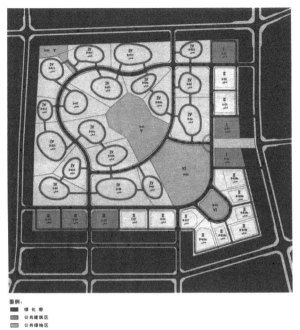

图例：
■ 绿 化 带
▨ 公共建筑区
▨ 公共绿地区
□ 道 路
□ 中小型企业研发基地
▨ 大中型软件研发企业区

图 10-4　软件园地块划分图

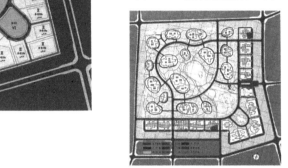

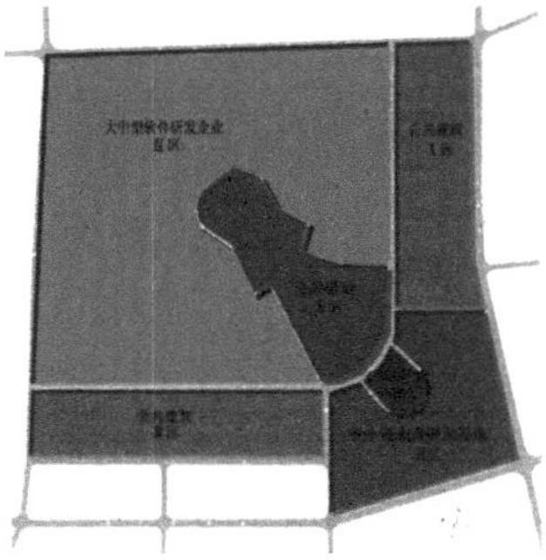

图 10-6　软件园功能分区图

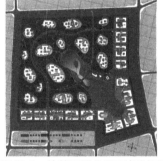

图 10-7　软件园道路交通规划图

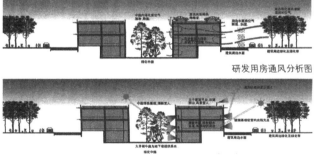

研发用房通风分析图

图 10-5　软件园研发用房照明及景观分析图

图 10-8　软件园绿化景观规划图

10.2　永清台湾工业新城规划（2005 年）❶

10.2.1　项目背景

河北廊坊市位于京津之间，优越的地理位置和便利的交通条件使这里成为外资入驻的热土，境外企业落地需要家园，廊坊市永清县政府应市场所需，决定在县城南郊规划占地 9.85km² 的台湾工业新城园区。

园址距县城 3km，西距北京 40km，东距天津 60km。规划有 7 条高速和国道、省道经过周边，届时永清将处在五纵四横的公路网络之中。

❶　前期建筑策划参与人：曹亮功、陈鹏、穆穆。

政府及园区开发企业确定的园区规划目标是：建设具有先进水平、环境优美、富有经济活力、适应国际合作的综合性高科技工业园区。

10.2.2　基地概况

园区用地南北以公路干道为界，东西以运河水渠为界，围合了一个梯形空间。

基地北界的廊霸公路以北是建设中的永清燃气工业园。

用地范围内有九座村庄，大村占地 60hm²，小村占地 8hm²，九座村庄散布在整片基地上；在村庄与村庄间隔的空地上是区域性的市政管线走廊，横向两条、纵向四条，纵横交错贯穿整个园区。这些市政干管有输送天然气的干线，有光纤，有高压输电电力线。市政管线的建设已经占据了农民的土地，这里已成为不再耕种的荒地，因为土地被分割成七零八落散布的小块零星地，曾经的规划没有一个方案获得各方的认可。县政府及开发企业也下决心要搬迁九座村庄，但仅是个计划。

10.2.3　难题的突破研究

起初，规划工作一直按照搬迁村庄的方案进行，难题的研究重点是避让市政管线。

随着规划工作的深入，村民们认识到这片土地的价值，从不愿意离土逐步发展到抗拒，由于涉及的人口众多，不论从经济角度还是政治稳定角度，都认为拆迁村庄是不行的，曾经打算放弃这片土地的开发利用，但这片土地总不能永久荒废，这个难题总要突破。

10.2.4　策划与创意

1. 新城与村庄共生的策略

这是工业新城规划观念的突破。我们不仅在规划工业新城，同时在规划村庄的未来。

起初，是被动地暂时保留村庄，待将来有条件时再搬迁。随着规划工作的深入，逐步认识到新城的开发建设需要村庄农民的支持和参与，他们在园区就业，园区需要村庄的服务性配套以减少园区设施投入，所以村庄会改变，改变就应规划，否则会失控。由此而确定村庄并存并应纳入规划。

村庄周边留有一定空间作为隔离和缓冲空间，以减少二者的互相干扰。缓冲空间的宽度依据新城道路的顺直所需定，不能因村庄现状的形态影响了新城城市空间的合理性。

规划也宜对村庄的建设扩展、维护等作出适当的限定，引导它的走向。

2. 方格路网与异向市政管线的并存策略

对于四纵两横市政干管及其复杂支管的避让在此规划中也是难题。传统的规划是市政管线依路网布置，而现状是市政管线在先，成了现状，且它们并不是横平竖直地布局，而是各自自由的斜向直线，无规矩可循。若依其定位路网，将会是一个不成体系的杂乱无章的路网，不利于土地的有效利用。

现状迫使规划走出一条与异向管线分离的路网结构。

在现状村庄的间隙空间寻求一个合理的主干道路网，这就是贯穿全境的四纵一横路网骨架，在此基础上完善路网系统，构成了方格路网体系，从而满足了工业新城的需求。

规划中的东西横向主干道有意识地避开了横向光缆干管，以保证新城园区各类市政管线的空间，因为这一横向主干道将是连接四纵从而连接整个新城的网络中枢，避开光缆干管就回避了许多风险和矛盾。

3. 绿地体系的适地布局

因村庄及市政管线现状的限制，使得公共绿地的布局失去了规律，但通过深入研究就发现适地布局本身就是规律，是这块土地上应当遵循的规律。

这项规划的绿地适地布局原则包含：保留村庄周边填补找齐的缓冲空间是隔离绿地，较大的绿地空间是城乡共享的体育公园和社区中心绿地；地下管线走向上部是带状隔离绿地或路旁绿带；斜穿地块中央的地下管线上部空间规划为绿色廊道，形成各地块局部展宽的带状中心绿地。

适地是其原则，也是其特色；建筑布置要退让管线，退让绿地，形成利于通风的绿廊。

10.2.5 规划及主要技术指标

规划及主要技术指标见表10-2所列。

规划及主要技术指标表　　　　　　　　　　　　　　表10-2

	面积（hm²）	占比（%）
总用地	985.02	100
村庄用地	219.78	22.31
预留发展用地	43.99	4.47
实际用地	721.26	73.22
工业用地	295.78	30.02
物流用地	24.99	2.53
居住用地	73.59	7.47
市政用地	24.40	2.48
绿地用地	71.74	7.28
道路广场	116.56	11.48
公共设施	113.54	11.53
对外交通	0.71	0.07

图 10-9 永清台湾工业新城鸟瞰图

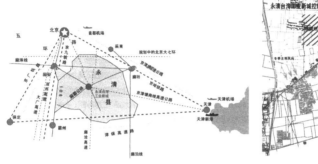

图 10-10 区位图

图 10-11 现状分析图

图 10-12 总平面效果图

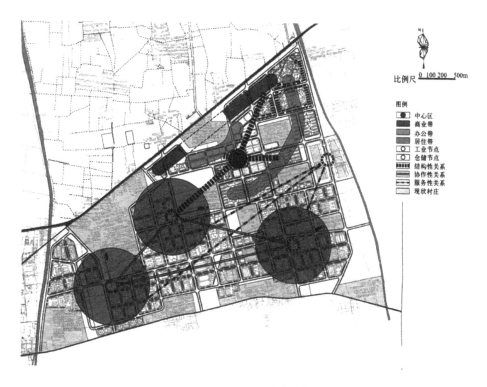

图 10-13　功能结构规划图

图 10-14　绿化景观规划图

图 10-15 规划总图

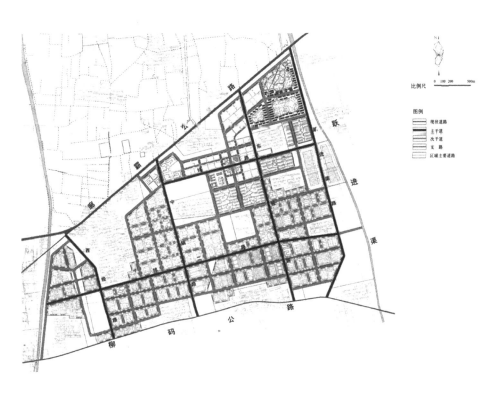

图 10-16 道路交通规划图

10.3 北京市三眼井历史文化保护区保护修缮工程规划（2006 年）[1]

10.3.1 项目背景

北京三眼井地区是北京城市中轴线北端景山东南侧一片旧城保护区。在北京旧城保护规划中，三眼井被列为 28 个旧城保护片区之一，这个片区的特殊性在于最临近皇城，最临近中轴线，贴近景山，所以这一片保护性修缮工程规划难度很大。由于时间久远，不少四合院已成危房，破旧不堪，不得不进行重建，而修复重建是引入开发商来承担的，开发商投资修复是要讲经济收益的。所以，规划保护与经济收益二者关系处理是否得当成了关键。

为了这个敏感地段的规划，业主在北京市规划委员会指导下组织了 4 家规划机构参加竞赛。本规划是竞赛的优胜者并获得实施。

10.3.2 对三眼井地段的认识

三眼井地区是景山东街三眼井胡同南北两侧范围的胡同及四合院群，从景山俯视是一片错综排列的灰瓦屋顶的民居群，与其他民居一同构成了北京古城的城市背景，衬托着金碧辉煌的皇城故宫。

（1）三眼井地区的街巷以东西走向的三眼井胡同为骨干，向北向南延伸若干胡同，为鱼骨状布局。主要胡同东西向间距为 54~56m，半数胡同为尽端式街巷。可以看出历史上街巷是有规划的，部分尽端式胡同的产生是后来封堵的，而非原状。

（2）三眼井地区的俯视图是一个由适宜尺度、院落组合、纵横街巷构成的肌理，维护这种肌理是极为重要的。

（3）北京 28 片历史文化保护区规划中确定本片区应保护约 30% 院落及 11 棵名木古树。

（4）现状胡同宽度尺寸均较窄，除三眼井胡同稍宽些外，南北走向胡同均在 3.8~4.2m 间，拓宽它们会改变城市背景的尺度和肌理状态，不拓宽则难于满足现代城市交通和安全要求。

10.3.3 策划与创意

1. 单向交通的胡同策略

研究确定南北向胡同采用单方向交通，维持 4.2m 宽度胡同空间。其胡同内的市政管线也采用分类布置的方式，保证窄街巷空间策略的实现。

---

❶ 前期建筑策划参与人：曹亮功、刘佳。

2. 坡屋顶尺寸严控的策略

在古城的空间形态上，坡屋顶是最主要的形态元素，它的坡度、色质和尺寸是最为关键的形态构成要素，规划在现状图上选择最大屋顶，分析确定新建筑最大单体坡屋顶尺寸进深为 7~9m，长度在 11m 以内，这个尺寸控制保证了古城风貌的维护。

3. 13 座院落 11 棵古树原状保护的策略

落实了 13 座被保护院落的原形，并还原其本来面目，以 13 座保护建筑为模板，新建院落在空间、体形、高度、尺度、色彩、材料等各方面向它们靠拢协调，使整个片区统一协调地组合为古城风貌的城市背景。

4. 延续三眼井片区原形中无规则但有序的形态

规划研究认为"无规则而有序"的把握很重要，既不能杂乱，也不能刻板，加上新植入的公共绿地的嵌入，故而构成有灵性的街巷空间。

5. 满足现代城市生活需要

交通组织上兼用单向车道环行系统满足机动车通达要求。在车行道路基础上设置横向步行通道以满足消防安全要求。市政管线分类分道布置达到入户条件。除 13 座保留院落外，新改建院落增设机动车停车位，外围增设停车场，达到每院 2.06 个车位的理想要求。

6. 维护古城胡同景观的策略

对应保护的 11 棵名木古树，除 4 棵在院落内其余 7 棵古树周边规划为公共绿地，以利于古树保护和居民共享。公共绿地为中心的窄长公共空间与胡同空间形态相呼应，维护了城市空间肌理。

将三眼井主胡同空间适当加宽，增加绿带，在 4 个院落组团增设公共绿地，使整个保护区彰显古城的空间秩序。

10.3.4 经济技术指标

经济技术指标见表 10-3 所列。

用地平衡表 表10-3

用地性质	面积（m²）	占比（%）
规划总用地	48038	100
道路及公共车场	9806	20.41
代征用地	2048	4.26
公建用地	568	1.18
公共绿地	4432	9.24

用地性质		面积（m²）	占比（%）
住宅用地	保留院落	7220	15.03
	改建院落	22609	47.06
其他院落		1355	2.82

总建筑面积：30391m² 容积率：0.63 建筑密度：62.09% 绿地率：9.24%

图 10-17 保护修缮工程规划鸟瞰图

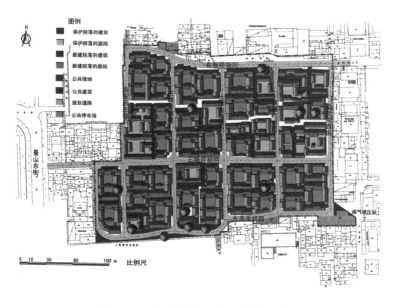

图 10-18 保护修缮工程规划总平面图

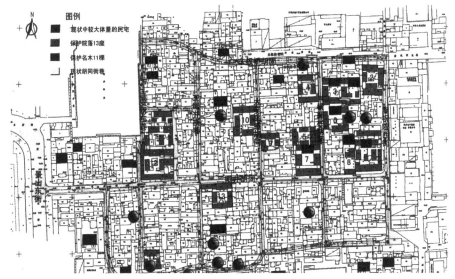

图 10-19　保护修缮工程规划现状图

图 10-20　从景山俯视
规划区域的实景照片(1)

图 10-21　胡同内景透视图

图 10-22　从景山俯视
规划区域的实景照片(2)

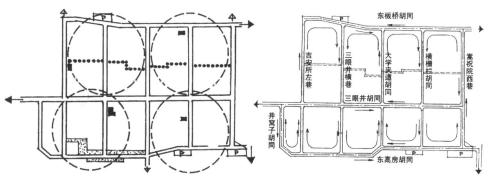

图 10-23　规划结构图

图 10-24　交通组织示意图

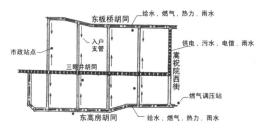

图 10-25　市政实施布置示意图

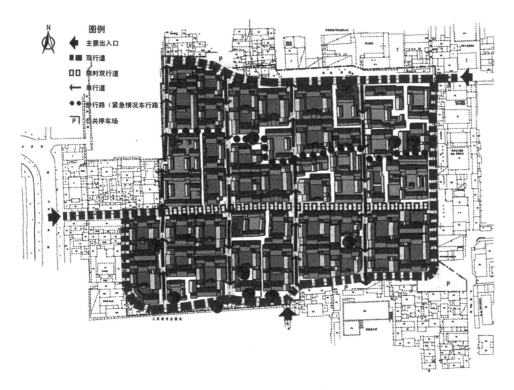

图 10-26 道路交通规划分析图

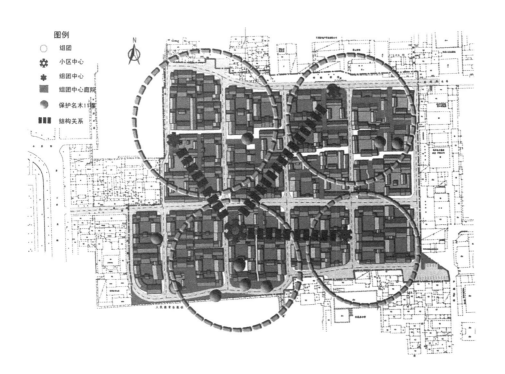

图 10-27 规划结构及绿地规划图

10.4 南京青龙山人居森林概念规划（2007 年）❶

10.4.1 项目背景

南京青龙山风景区位于南京市区的东郊，本项目基地地处主风景区东南，虽不是青龙山风景区的主景区，但也是一片美丽的青山绿水。这里有美丽而安静的青龙湖和300 眼天然水面，有千年古林和后来人工种植的千亩森林，树多、水多、鸟多、花果多，是一片人见人爱的土地。

新中国成立初期，这里是林场，世世代代林业工人生活、工作在这里，维护着青龙山林场。农业学大寨的日子里，除留下几处小片古树林外，森林改造成梯田，林业工人改为农民，过上了产粮农户的生活。改革开放后，在退耕还林的号召下，这里又恢复成为林场，梯田又恢复为山坡，粮农再改为林业工人，经过 3 年的努力，终于在 2006年获得省级森林公园的称号。

当初投资支持退耕还林的大型民间股份制企业获得了这 646.41hm² 森林公园的开发建设权，当然这种开发是保护前提下的开发利用，规划管理机构确定原有散布于森林中的林业工人的宅基地（计 866 亩 57.7hm²）作为开发建设用地，可以集中合并，也可另行规划，但不能扩大用地面积，并要更好地保护森林，保护自然资源。需要进行整体的规划，为了保证规划的质量和品质，开发商邀请了来自 4 个国家及地区的 5 家规划机构进行了概念规划竞赛。本规划实例是竞赛的第一名获胜者。

10.4.2 业主的建设目标

经过反复交流及实地踏勘，理解和认识到业主追求的建设目标：

（1）保护好珍贵的自然环境，吸引更多人来居住和旅游，充分体现这一珍贵环境的价值；

（2）规划利用好这片山水，发展适合的产业；

（3）在限定的土地上建好房子，多建房子，产生良好的直接效益；

（4）让旅游者和定居者互不干扰；

（5）重视降低建设成本，方便管理，重视降低维护管理成本。

10.4.3 基地特征

（1）万亩森林，植被非常好，有丰富的林木和水系，负氧离子充足；树多、水多、鸟多、虫多、花多、果多、景多、露多、氧多，自然景色步移景异。

---

❶ 前期建筑策划参与人：曹亮功、白冰、穆穆、刘佳、陈景来、梁韬。

（2）地形起伏多变，地貌类型丰富，有山、有坡、有堤、有岛、有岗、有台、有滩、有湾、有河、有湖、有溪、有泽。

（3）用地上有丰富的历史，许多人在这里付出了心血，寄予着期望，有一处墓园，数十林业工人就长眠在这里。从城市管理者到周边的村民都期盼这里能发展，但同时又不希望失去它的美。这里有故事、有记忆，改变太多就会失去记忆，切断文化。

（4）基地分内核用地和外围用地，建设用地只能在内核用地内布置，外围用地可作户外旅游业用地。二者面积大体相等。

（5）基地中部是青龙湖，湖面 40 余公顷，水面如同卧着的青龙，有张着口的龙头，五爪湖是它的尾，并有几个爪形小湖湾。青龙湖怀抱的半岛是基地中最开阔、最平坦的空间。青龙湖两岸分布着 3 处千年古林，在改天换地的日子里也未曾触及的原始森林。

10.4.4　思考研究的重点问题

1. 关于地势地形

业主方有一种意见要适当平整些，因为道路起伏太大弯曲太多，很不方便，甚至想将水面连起来，将过于零散的用地整合，以利开发。关于业主的这一建议应当慎重研究，宜以地势条件和利于土地利用为中心。

2. 关于青龙湖

青龙湖周边空间开阔，景色最美，地势平坦，是最适于建设的场地，但又是维护青龙湖景观资源最核心的空间，应当极慎重地对待。

3. 关于道路

目前基地内道路可单向行车，但起伏大，希望扩宽顺直。

4. 关于墓园

业主计划迁出，数十宗墓，实在影响环境，无人愿意靠近，周边土地无法利用，也影响未来人气。

5. 关于建设用地

相对集中，分散布置，还是二者结合，是一个值得深思的问题。

6. 关于产业

居住及旅游两个产业如何组织，二者不宜排斥但确有干扰，建设单位内部意见不一。他们等待着规划有充足理由的建议和意见。

10.4.5　策划与创意

1. 两套道路系统的策略

根据土地存在着外围和内核的差异，采用了外环道路和内环道路两套系统，有六处连接口，可以分别管理，其他路段互不相通。

外环道路连接外围空间认识自然的科普教育园、养生园、康体运动园、森林休闲园等旅游产业园区，以当日旅游人流为主；内环道路连接四个别墅区和青龙湖酒店为核心的中心区。交通道路分工分区，互不干扰；但可通可控，管理方便。

外环道路地势平缓，道路顺直；内环道路利用老路基扩宽，依坡就势。

2. 以森林为主题的旅游产业策略

以外围土地空间分别构筑体验自然、保护自然、享受自然、康体运动四大旅游产业园。让认识自然的少儿、体验自然的青年直至颐享自然的老年人能各得所需，外围园区的旅游设施不设永久的固定建筑物，采用临时装置，利于更新，也少占建筑面积指标。

3. 重点保护特珍环境的策略

保护青龙湖、半岛、水坝、原始森林等一系列特珍环境，不增加新建筑，不增加人工设施，保护其原生态状。对于300眼水面尽可能保持原状，建筑远离水岸。保护环境，降低成本。青龙湖半岛上只建一座养生保健型酒店。沿青龙湖外围也减少开发强度，保证湖岸的自然景色。

4. 养老保健型酒店的策划

半岛上保健型酒店由保健酒店和养生公寓组成，配置医疗所、救护站和养生保健救助系统，医师、护士体系完整，酒店服务员是护理专业人员，成为医疗有保障、养生有指导的特色酒店，也是整个人居森林养生社区的支撑核心。

5. 宅居散落林海的策略

坚持宅居分散布置，森林环保宅居组团让每栋住宅均临近森林，让每栋住宅（别墅）享有比宅基更大的林下空间，在定量的宅基用地面积条件下可建设更多的住宅单元，并获取优质的空间品质。

6. 利用林场故事改造墓园的策略

林场有历史，有故事，这就是文化。有文化才有吸引力，以森林为主题的人居森林将利用墓园空间创造一个森林博物馆，半圆形前院有一座方形博物馆和半圆长廊展廊。后院是树阵纪念林园，林下为深埋的林业工人墓穴，让他们安眠在此，将故人纪念融入于森林知识的科普之中，化解了令人头疼的难题。

7. 建立完善的自然保护体系

护林、育林、环境监测、植物维护、保洁、防火及公共安全和市政保障体系，加上养生、保健、运动、健身及健康饮食、自然饮食的人身保护保障，构成了人与自然相融相依的大社区体系。

图 10-28　人居森林概念规划鸟瞰图

图 10-29　森林博物馆鸟瞰图

总平面图

图 10-31　人居森林概念规划总平面图

图 10-30　酒店鸟瞰图

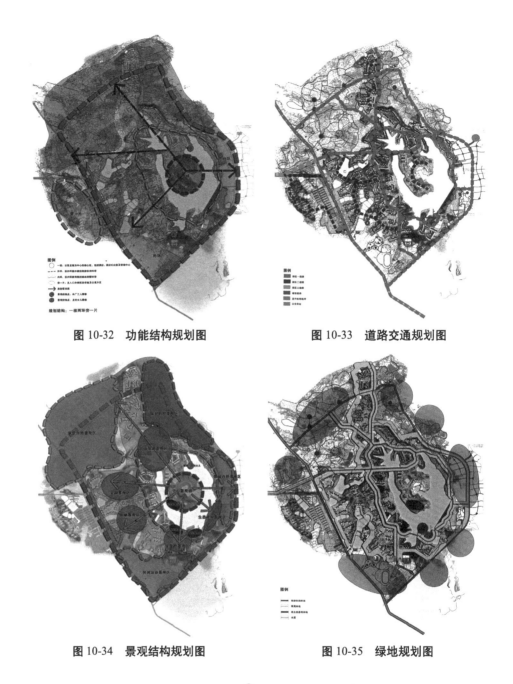

图 10-32　功能结构规划图　　　　　　图 10-33　道路交通规划图

图 10-34　景观结构规划图　　　　　　图 10-35　绿地规划图

10.5　柬埔寨通岛开发策划建议书 ●

10.5.1　项目背景及建设目标

　　2006 年俄罗斯政府启动禁赌，博彩业投资商纷纷转型转场。2010 年，俄罗斯商人租下了柬埔寨通岛（Tang，Koh），租期 99 年，计划开发为国际旅游度假胜地——集休

●　前期建筑策划参与人：曹亮功、舒世安、陈继跃、张煜。

闲度假、博彩娱乐、探险体验、居住疗养为一体的国际旅游目的地。

开发商计划建立一座宏大的娱乐天堂，有各类高级酒店、别墅公寓、影视博彩、舞厅演艺、海上娱乐、购物餐饮，还有机场码头、能源中心、医疗服务、供水、保障设施，一应俱全，从而建成为一个完善的城镇、一个社会。

通岛位于柬埔寨西南向泰国湾上，距西哈努克港43km；是一座形态丰富、姿色优美、四周无际、植被茂密的小岛，附近有一个更小的伴岛。

通岛522hm²（涨潮时为496hm²），呈双连海星状，有两山一岗四岭八湾；西岸陡峭崖壁，东岸宁静沙滩，中部热带雨林，东南自然湿地，岗岭茂密森林，有丰富的自然淡水、徐徐的海风、清澈的海水、百鸟的鸣叫、畅游的鱼贝，为旅游胜地提供了丰富的资源。

10.5.2 通岛概况

1. 岛形

（1）海岸线长而丰富，有非常好的岛形系数（海岸线总长与海岛面积之比）；

（2）形态丰富的岸形和多向海湾，满足各种不同功能空间的需要；

（3）南北长、东西窄、两端高、中部低的地形为全岛空间规划提供了丰富而便于联系的基础。

2. 气候

通岛属热带海洋性气候，年均气温27℃。雨旱两季，雨水充沛，日照长，气温均衡，无台风袭击，无地震海啸，海风盛而不烈。

3. 淡水

淡水丰富，有4条淡水水系，具有存水蓄水的湖泊，分别位于北、东、南坡谷地。年降雨量1500mm，雨季（5~10月）几乎每日有阵雨，淡水从未枯竭。

4. 植被

植被茂盛，绿植覆盖率达85%，其中森林占7成以上。树种多样，以阔叶林为主；相当多的树种为慢生材，珍贵且古老；灌木、草品也很丰富。山冈岭地属热带雨林。

5. 动物

无凶猛动物，有兔、狗、蛇、鸟、松鼠、昆虫，鸟类与昆虫品种丰富。

6. 海水

随海风海流自东向西缓缓流动，岛岸周边水深变化较大，西岸最深处达22m，东岸是沙滩缓坡，沙质松软。海水干净清澈，无漂浮物，可见鱼贝游动。

7. 岛姿

四周望去，姿态多变，起伏舒展，形美色丽，尤其东南侧相伴的小岛作为对景，使通岛的日出朝霞、日落晚辉更加诱人。

通岛的美让规划者思考: 开发会毁了它吗? 99年后还能这样诱人吗? 实际上这是一个环境容量的问题, 是开发与自然保护的权衡, 是一个规划者要认真对待的首要问题。

10.5.3 通岛的环境容量

环境容量的本质是维护自然环境的自我调节、自我净化、自我复苏的能力, 让人类的活动不至干扰和损害自然界自我修复的体系, 以维护大自然持续永久的欣欣向荣。这需要了解人类活动对自然资源的侵害程度, 了解自然界自我修复能力的规律, 用数据进行分析, 而非仅有概念。

最基本的是人类活动对能源、淡水、氧气的获取, 二氧化碳排放、废弃物、行为干扰、噪声、光亮、振动等一切都会影响大自然, 其中最主要的是:

(1) 植被体系的维护;

(2) 淡水系统的维护;

(3) 大自然综合环境的维护。

1. 氧

耗氧分析: 成人每天吸入空气1.1万L, 其中耗氧550L (折合785.95g)。

(吸入气中, 氧气占21%, 二氧化碳占0.03%, 氮占79%; 呼出空气中, 氧气占16%, 二氧化碳占4%, 氮占79%。二者相比, 氧耗量占总吸入量的5%。)

健康人 (70 kg), 休息状态与体力活动8小时者相比, 氧的消耗量相差4~6倍, 旅游度假者应处于二者之间。除人的呼吸外, 动物呼吸、食品加工的燃烧、能源生产都会耗氧, 为简化计算, 将这些计入旅行者人均耗氧中, 以人均1200L (1714.8g) /d计。

释氧分析: 1hm^{2}树林每昼夜释放氧气350kg (245L), 1hm^{2}阔叶林每昼夜释放氧气730kg (510L), 1hm^{2}草坪每昼夜释放氧气60kg左右 (42L)。

本规划概念设定60%绿地率, 其中80%为森林, 即总用地48%为树林, 相当于保留了自然植被中56%的最优质植被, 半数以上为阔叶林 (草坪、灌木吸收能力不计)。

一昼夜产氧量: 496hm^2×48%× (350kg/hm^2+730kg/hm^2) /2=128563.2kg。

依据产氧量能力计算出的人数容量: 128563.2kg÷1714.8g/人=74973人。

2. 二氧化碳

二氧化碳排量分析是非常复杂的问题, 因素很多。参考海南省发改委和低碳产业技术研究院的两个旅游区碳排放量测算报告的结果进行计算。

旅游者呼吸排出二氧化碳2356.2g/ (人·d), 其他二氧化碳排量1000g/ (人·d), 1hm^{2}树林每昼夜吸收二氧化碳460kg, 1hm^{2}阔叶林每昼夜吸收二氧化碳1000kg (草坪、灌木吸收能力不计)。

一昼夜吸收二氧化碳总量: 496hm^2×48%× (460kg/hm^2+1000kg/hm^2) /2=173798.4kg。

依据二氧化碳吸收能力计算出的人数容量：173798.4kg ÷ 3356.2g/ 人 =51784 人。

3. 淡水

通岛年降水量 1500mm，集中在 5~10 月间。

通岛 4 条有存水条件的水系，其汇水面积合计达 314.4hm²，6 个湖泊面积合计 77257m²。淡水留存不足，需增加人工设施充分利用淡水。

淡水总资源为 744 万 t（496hm²×1500mm），采用人工留存设施后，排海 30%，渗透 30%，留存 40%，可利用淡水为 296.6 万 t/ 年（744 万 t×40%），平均每天供淡水 8153.4t。

按 100~120L/（人·d）用水标准，可容纳 67945~81534 人。

4. 其他环境影响因素及人类活动对大自然的综合影响

其他涉及环境容量的影响因素包括能源供应、废弃物排放等均可依靠输出输入行为加以解决和辅助解决，所以不会成为制约性因素，故不作为确定容量的限制条件。

人类活动对大自然的自我修复是有影响的，由于人类活动产生的噪声、亮光、振动、污染等使森林的释氧、吸收二氧化碳和生长能力的减弱是一定会的，但至今没有科学的研究成果，容量的计算无法精确，所以只能在规划中去考虑减小这方面的影响措施；

（1）认真分析研究通岛的自然生态状况，并依其自然植被生长状态分为生态敏感区Ⅰ、Ⅱ、Ⅲ类，将人类活动范围控制在Ⅲ类生态敏感区范围，努力减少对环境的影响；

（2）对岛形的高层顶端、岛形的突出端部完全保留原状，不建设、不作为、不扰动；

（3）尽可能保持原生林系统的完整性，不轻易切断和割裂它们，以维护自然界的自身有机联系。

10.5.4　通岛开发强度及容量的确定

环境容量应当有层级之分，即可分为：

（1）极限容量：采用法规严格约束人的行为前提下，能够维护自然界自我修复的能力，并在必要时以人为方式辅助自然界的修复、调整、净化和复苏；

（2）重负容量：采用法规约束人的行为前提下，能够维护自然界依据其规律自我修复和调整，从而保持持续地运行；

（3）适宜容量：在人自觉尊重自然的意识中，自然界能维持持续运行的良好环境，为人类提供舒适享受的条件；

（4）轻度容量：在尊重自然的意识中，人们能尽情地享受自然，自然界又能依其规律维护着良好环境，具有适度发展的空间，依据人们生活质量的提高不断增加必要设施的可能性。

通岛的环境容量被确定在初期为轻度容量，未来发展后为适宜容量的水平。

根据分析研究，按环境承载能力，据产氧、吸收二氧化碳和淡水能力分别计算的人数容量为 7.5 万人、5.2 万人和 7.4 万人，确定环境承载能力为 5.2 万~6 万人规模，这一人数规模应属于通岛的极限容量。

适宜容量为极限容量的 50%，为 26000 人；轻度容量为适宜容量的 50%，定为 13000 人。根据这一容量概念，本规划确定当岛用地分配为 65∶35，即 65% 为生态保护绿地，人类活动空间（含酒店、住宅、公共设施、市政及后勤、交通及道路、军事用地）为 35%，计 173.6hm²，人均 133.5m²/人。

全岛 496hm²（落潮时为 522hm²），建成后远期岛内容纳人口为 26000 人（游客 23000 人，服务人口 3000 人）；近期岛内容纳人口 10380 人（游客 8200 人，服务人口 2180 人）。

10.5.5　规划概念要点

（1）遵循通岛环境容量研究成果，并落实在规划方案之中。

（2）以岛中脊部垄起的山岭岗地为纽带，将全岛突出的角矶连成一片，构筑原生态廊道，在原生态廊道的北、中、南端分别设置小型佛寺、天主教堂和大自然崇拜场所，与廊道中的热带雨林、阔叶森林、军事基地、陡壁峭崖等融于一体，组成大自然公园。

（3）岛的海岸线的湾内用地布置各功能用地，西海岸以港口、军事基地和后勤保障为主，北海湾以别墅、游艇居住区为主，东海岸以酒店和博彩娱乐业为主，南海湾以养生康体居住区为主。

（4）对外交通的机场、港口位于岛的西北部，岛内紧急事故、消防车、军事用车为汽车外，平时交通工具为电动车辆，设有车行和步行道路系统，依地势形成环形布局。

（5）全岛绿地覆盖率 65%（容量计算时按 60% 计），森林覆盖占全岛面积的 48%。

（6）按旅游度假目的地建设实际需要，规划了完善的服务保障设施。包含发电、通信、冷源等能源系统，垃圾处理、污水处理、环境监测等环境保障系统，水源管理、饮水净化、中水利用等水资源系统，消防监控、园区安保、灾害监管等安全保障系统等。

10.5.6　陆岸基地建设

通过通岛考察研究，本策划提出设立陆岸基地的建议，获得了开发商的赞同，在西哈努克港选择了约 3hm² 的用地，作为通岛的陆岸基地。

陆岸基地将设有港口、仓库、洗衣房、污水处理、垃圾转运站、维修工厂、服务人员培训及生活基地、中转游客通行码头及休息厅、餐饮等设施。

如果陆岸基地足够大，还可以设置酒店旅馆，接待日出上岛、日落归岸的游客。

陆岸基地建设对于海岛容量控制和发挥海岛接待潜力具有重要意义。

10.5.7 用地分析

用地分配见表10-4所列。

用地分配表

表10-4

	用地面积（hm²）	占比（%）	说明
总用地	496.00	100	涨潮时总用地面积
森林绿地	319.60	64.45	环境容量计算时按此数的75%计
军事用地	34.00	6.85	含1座军营和4个工事和雷达站
道路用地	13.40	2.70	全岛车行路15.3 km，步行路14.2 km
建设用地	129.00	26.00	
其中	酒店用地 52.60	10.60	
	住宅用地 45.00	9.07	
	公共设施用地 5.90	1.20	
	市政设施、后勤服务用地 23.40	4.71	含员工宿舍用地
	对外交通 2.10	0.42	未含机场跑道用地

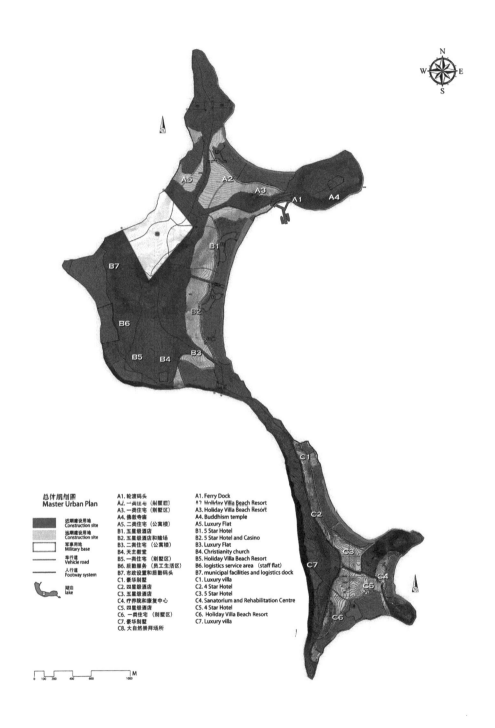

总体规划图
Master Urban Plan

■ 近期建设用地
　 Construction site
■ 远期建设用地
　 Construction site
□ 军事用地
　 Military base
—— 车行道
　 Vehicle road
—— 人行道
　 Footway system

湖泊
lake

A1. 轮渡码头
A2. 一类住宅（别墅区）
A3. 一类住宅（别墅区）
A4. 佛教寺庙
A5. 二类住宅（公寓楼）
B1. 五星级酒店
B2. 五星级酒店和赌场
B3. 二类住宅（公寓楼）
B4. 天主教堂
B5. 一类住宅（别墅区）
B6. 后勤服务（员工生活区）
B7. 市政设置和后勤码头
C1. 豪华别墅
C2. 四星级酒店
C3. 五星级酒店
C4. 疗养院和康复中心
C5. 四星级酒店
C6. 一类住宅（别墅区）
C7. 豪华别墅
C8. 大自然崇拜场所

A1. Ferry Dock
A2. Holiday Villa Beach Resort
A3. Holiday Villa Beach Resort
A4. Buddhism temple
A5. Luxury Flat
B1. 5 Star Hotel
B2. 5 Star Hotel and Casino
B3. Luxury Flat
B4. Christianity church
B5. Holiday Villa Beach Resort
B6. logistics service area（staff flat）
B7. municipal facilities and logistics dock
C1. Luxury villa
C2. 4 Star Hotel
C3. 5 Star Hotel
C4. Sanatorium and Rehabilitation Centre
C5. 4 Star Hotel
C6. Holiday Villa Beach Resort
C7. Luxury villa

0　100　200　　400　　600　　　　　1000　　M

图 10-36　通岛开发总体规划图

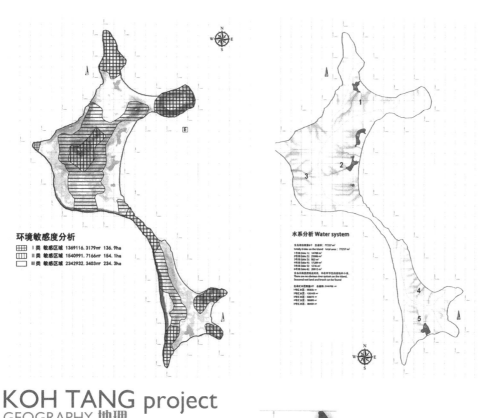

环境敏感度分析

Ⅰ类 敏感区域	1369116.3179㎡	136.9ha
Ⅱ类 敏感区域	1540991.7166㎡	154.1ha
Ⅲ类 敏感区域	2342932.3403㎡	234.3ha

水系分析 Water system

全岛湖泊较多 6个 总面积：77257 ㎡
totally 6 lake on the island total area : 77257 ㎡
1号湖泊(lake 1): 14780 ㎡
2号湖泊(lake 2): 25086 ㎡
3号湖泊(lake 3): 863 ㎡
4号湖泊(lake 4): 17289 ㎡
5号湖泊(lake 5): 1216 ㎡
6号湖泊(lake 6): 20013 ㎡
全岛无明显的河流水系，但在平坦的湿地地段可见小溪。
Seasonal wet land and brook can be found

全岛较大水面面积5个 总面积：3144708 ㎡
1号湿地水面：703836 ㎡
2号湿地水面：1263420 ㎡
3号湿地水面：628375 ㎡
4号湿地水面：465393 ㎡
5号湿地水面：384684 ㎡

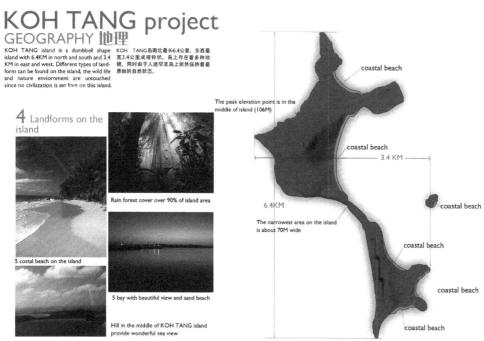

KOH TANG project
GEOGRAPHY 地理

KOH TANG island is a dumbbell shape island with 6.4KM in north and south and 3.4 KM in east and west. Different types of landform can be found on the island, the wild life and nature enviornment are untouched since no civilazation is set foot on this island.

KOH TANG岛南北最长6.4公里，东西最宽3.4公里或哑铃状。岛上存在着多种地貌，同时由于人迹罕至岛上依然保持着最原始的自然状态。

4 Landforms on the island

5 costal beach on the island

Rain forest cover over 90% of island area

5 bay with beautiful view and sand beach

Hill in the middle of KOH TANG island provide wonderful sea view

coastal beach

The peak elevation point is in the middle of island (106M)

coastal beach

3.4 KM

6.4KM

coastal beach

The narrowest area on the island is about 70M wide

coastal beach

coastal beach

coastal beach

图 10-37　通岛开发地理环境分析图

KOH TANG project
CLIMATE 氣候條件

As a tropical country, the climate is monsoonal and has marked wet and dry seasons of relatively equal length. Both temperature and humidity generally are high throughout the year. The dry season runs from November to April averaging temperatures from 27 to 40 degrees Celsius. The monsoon lasts from May to October with southwesterly winds ushering in the clouds that bring seventy five to eighty percent of the annual rainfall often in spectacular intense bursts for an hour at a time with fantastic lightning displays.

作为一个典型的热带国家，柬埔寨有着明显的相对等长的旱季和雨季。适度和温度全年都相对较高。旱季从11月到次年4月，雨季从5月到10月。80%的降雨集中在雨季，岛上的全面品均温度在27到40摄氏度之间。

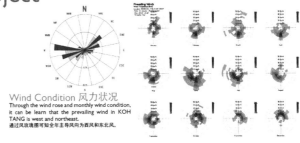

Wind Condition 风力状况
Through the wind rose and monthly wind condition, it can be learn that the prevailing wind in KOH TANG is west and northeast.

通过风玫瑰图可知全年主导风向为西风和东北风。

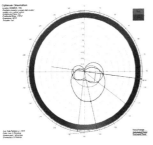

Solar radiation and best orientation
太阳辐射与最佳朝向
The daily solar radiation is quite high in KOH TANG island. Through ECOtect data the best orientation is south to west 7

KOH TANG 岛的平均太阳辐射较高，经过Ecotect计算岛上的最佳建筑朝向为南偏西7度。

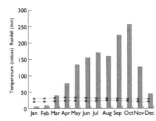

Rainfall and Temperature
降雨与温度
The total annual rainfall average is between 1,000 and 1,500 millimeters (39.4 and 59.1 in), and the heaviest amounts fall in the southeast. Rainfall from April to September in the Tonle Sap Basin-Mekong Lowlands area averages 1,300 to 1,500 millimeters (51.2 to 59.1 in) annually, but the amount varies considerably from year to year. The southern third of the country has a two-month dry season; the northern two-thirds, a four-month one. Short transitional periods, which are marked by some difference in humidity but by little change in temperature, intervene between the alternating seasons.

平均年降水量在1000mm至15000mm之间。岛上每年有3-4个月的旱季，降雨主要集中在5-9月之间。全年平均温度保持在25-31度之间。

KOH TANG project
MASTER PLAN 規劃總圖

Size of the construction is 600 hectares,including one 5star hotel with 10000m² casino,three 4star hotel and tow 3star hotel. several villa resort and flat holiday village. There are one Zoo and one oceanarium on the island.

全岛建设用地600公顷，包括一座带有10000平方米赌场的五星级酒店，三座四星级酒店，两座三星级酒店。同时还包括若干别墅和公寓小区以及海边度假村。岛内还有动物园和海洋公园各一座。

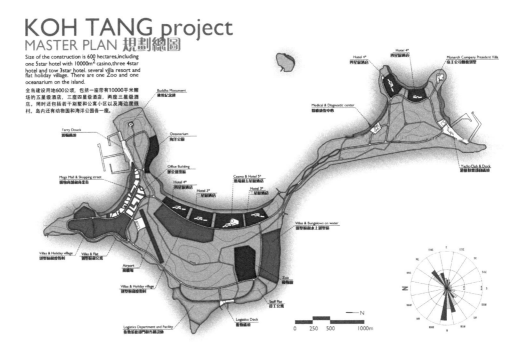

图 10-38　气候条件与规划总图

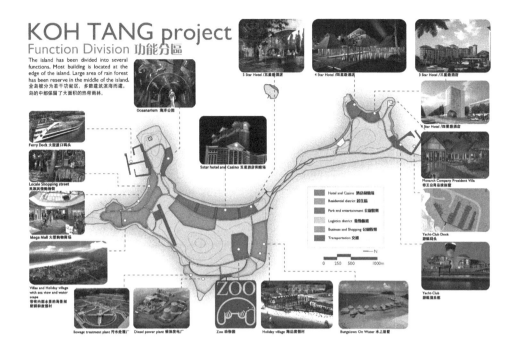

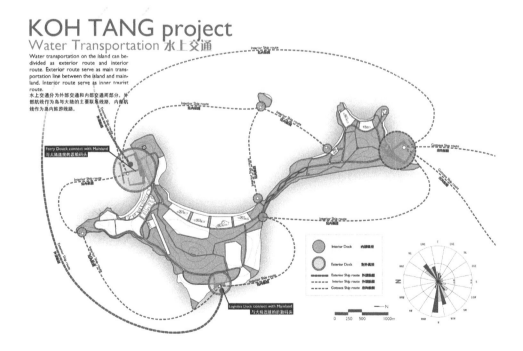

图 10-39　功能分区和水上交通

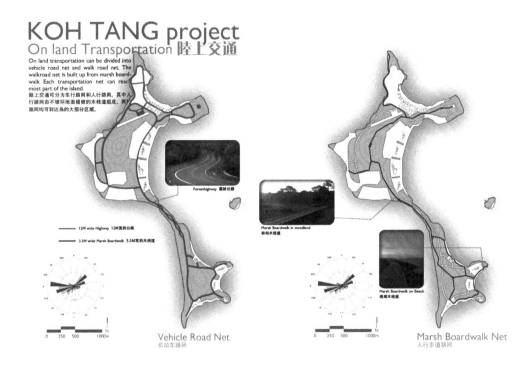

KOH TANG project
On land Transportation 陆上交通

On land transportation can be divided into vehicle road net and walk road net. The walkroad net is built up from marsh board-walk. Each transportation net can reach most part of the island.
陆上交通可分为车行路网和人行路网。其中人行路网由不破坏地面植被的木栈道组成。两个路网均可到达岛的大部分区域。

Foresthighway 森林公路

—— 12M wide Highway 12M宽的公路
—— 3.5M wide Marsh Boardwalk 3.5M宽的木栈道

Marsh Boardwalk in woodland 林间木栈道

Marsh Boardwalk on Beach 海滩木栈道

0   250   500   1000m

Vehicle Road Net
机动车路网

Marsh Boardwalk Net
人行步道路网

KOH TANG project
Landscape 景观

Landscape on KOH TANG island can be divided as maritime view, on land view and beach view. Different sight spot has diverse landscape, from rain forest to sand beach, from buddha monument to world famous dive site.
通岛的景观点可分为水上陆上和海边三种类型，每一种类型的景观特点差异很大，从热带雨林到自然海滩，从佛教纪念公园岛世界潜水胜地。

Dive site 潜水地点

Sandbeach 沙滩

Sandbeach 沙滩

Sandbeach 沙滩

Buddha Monument 佛教纪念碑（公园）

Ferry Douck connect with Mainland 与大陆连接的渡船码头

Dive site 潜水地点

Sandbeach 沙滩

Sandbeach 沙滩

Foresthighway 森林公路

Dive site 潜水地点

Maritime scape 海上景观

On land scape 陆上景观

Beacha cape 海滩景观

Peak point on the island with wonderful view 全岛最高点可欣赏绝佳海景

Logistics Dock connect with Mainland 与大陆连接的后勤码头

Dive site 潜水地点

0   250   500   1000m

图 10-40　陆上交通与景观

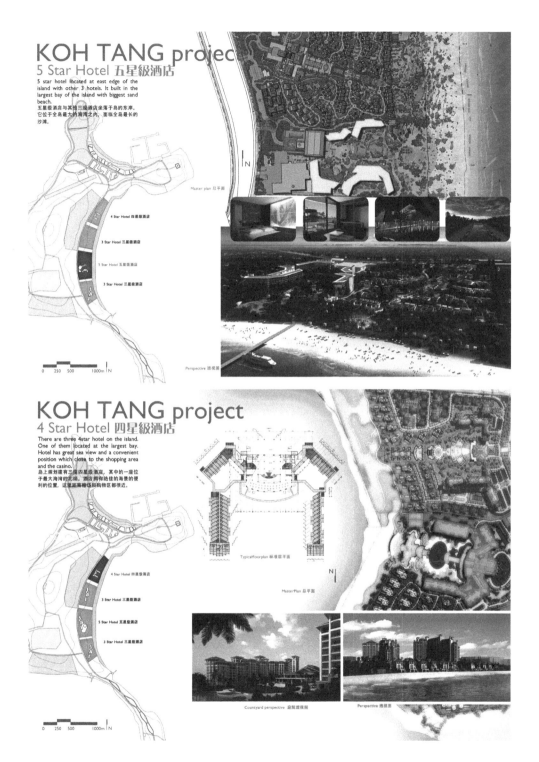

KOH TANG project
5 Star Hotel 五星级酒店

5 star hotel located at east edge of the
island with other 3 hotels. It built in the
largest bay of the island with biggest sand
beach.
五星级酒店与其他三座酒店坐落于岛的东岸。
它位于全岛最大的海湾之内，面临全岛最长的
沙滩。

4 Star Hotel 四星级酒店
3 Star Hotel 三星级酒店
5 Star Hotel 五星级酒店
3 Star Hotel 三星级酒店

Master plan 总平面

Perspective 透视图

0 250 500 1000m N

KOH TANG project
4 Star Hotel 四星级酒店

There are three 4star hotel on the island.
One of them located at the largest bay.
Hotel has great sea view and a convenient
position which close to the shopping area
and the casino.
岛上规划建有三座四星级酒店，其中的一座位
于最大海湾的北端。酒店拥有绝佳的海景的便
利的位置，这里距离赌场和购物区都很近。

4 Star Hotel 四星级酒店
3 Star Hotel 三星级酒店
5 Star Hotel 五星级酒店
3 Star Hotel 三星级酒店

Typical floor plan 标准层平面

MasterPlan 总平面

Countyard perspective 庭院透视图

Perspective 透视图

0 250 500 1000m N

图 10-41   五星级酒店与四星级酒店

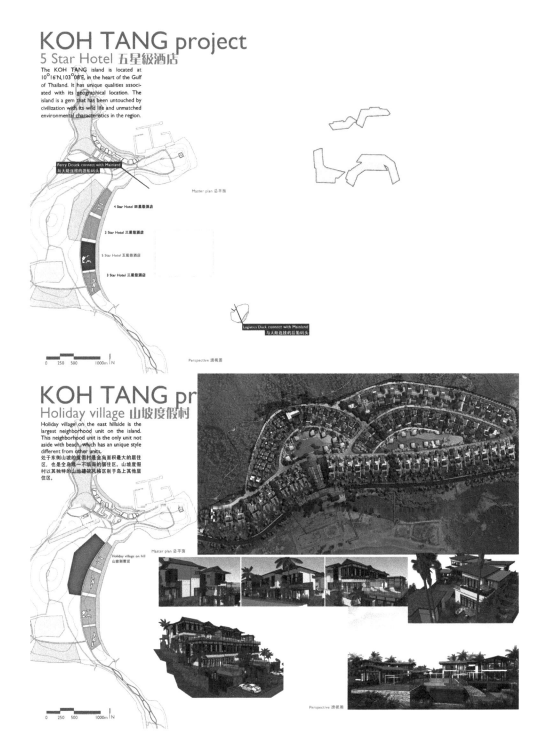

KOH TANG project
5 Star Hotel 五星級酒店

The KOH TANG island is located at 10°16'N, 103°08'E, in the heart of the Gulf of Thailand. It has unique qualities associated with its geographical location. The island is a gem that has been untouched by civilization with its wild life and unmatched environmental characteristics in the region.

Ferry Douck connect with Mainland
与大陆连接的渡船码头

Master plan 总平面

4 Star Hotel 四星级酒店

3 Star Hotel 三星级酒店

5 Star Hotel 五星级酒店

3 Star Hotel 三星级酒店

0 250 500 1000m N

Logistics Dock connect with Mainland
与大陆连接的后勤码头

Perspective 透视图

KOH TANG pr
Holiday village 山坡度假村

Holiday village on the east hillside is the largest neighborhood unit on the island. This neighborhood unit is the only unit not aside with beach, which has an unique style different from other units.

处于东侧山坡的度假村是全岛面积最大的居住区，也是全岛唯一不临海的居住区。山坡度假村以其独特的山地建筑风格区别于岛上其他居住区。

Holiday village on hill
山地别墅区

Master plan 总平面

0 250 500 1000m N

Perspective 透视图

图 10-42　五星级酒店与山坡度假村

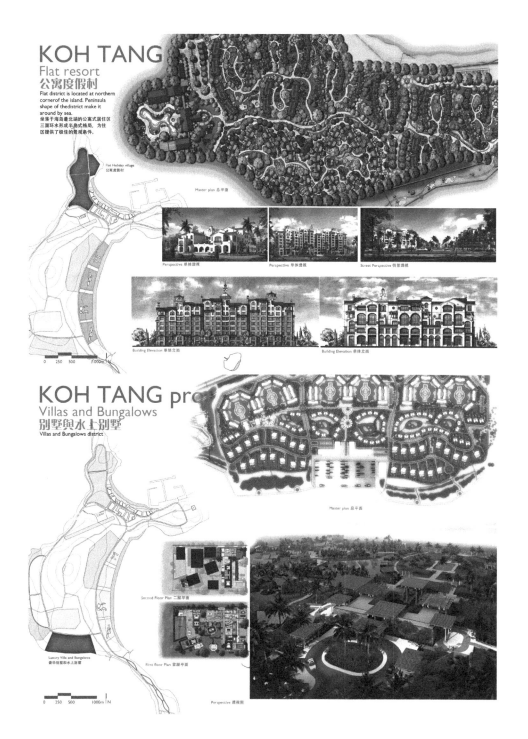

图 10-43　公寓度假村、别墅与水上别墅

主要参考文献

［1］ 赫胥黎.进化论与伦理论［M］.北京：科学出版社，1971.

［2］ 华尔德·格罗比斯.新建筑与包豪斯［M］.张似赞译.北京：中国建筑工业出版社，1979.

［3］ 王宏经,周慧珍,钱昆润.基建项目可行性研究［Z］.北京：中国基本建设优化研究会《基建优化》编辑部，1982.

［4］ 维特鲁威.建筑十书［M］.高履泰译.北京：中国建筑工业出版社，1986.

［5］ 吴良镛.广义建筑学［M］.北京：清华大学出版社，1989.

［6］ 蔡美德.预测与决策［M］.北京：科学技术文献出版社，1992.

［7］ 唐玉恩，张皆正.旅馆建筑设计［M］.黑龙江：黑龙江教育出版社，1993.

［8］ 刘保孚，欧阳松，张汉麟主编.策划务实全书［M］.北京：经济日报出版社，1995.

［9］ 徐大图等编.建筑师技术经济与管理读本［M］.北京：中国建筑工业出版社，1995.

［10］ 让一欧仁·阿韦尔.居住与住房［M］.齐淑琴译.北京：商务印书馆，1996.

［11］ 曹亮功.研究生课程讲义［Z］.1997.

［12］ 曼昆.经济学原理［M］.梁小民译.北京：生活·读书·新知三联书店，1999.

［13］ 庄惟敏.建筑策划导论［M］.北京：中国水利水电出版社，2000.

［14］ 杨昌鸣，庄惟敏主编.建筑设计与经济［M］.北京：中国计划出版社，2003.

［15］ 邹广天.建筑计划学［M］.北京：中国建筑工业出版社，2010.

［16］ 清高晋等纂.南巡盛典［M］.清乾隆三十六年（1771 年）刻进呈本.

后 记

不断的策划实践打断了写这本书的过程，但又在丰富着这本书的内容，修正和检验着原来的思考，但总是向着更全面更完善的方向。在完稿之际，想起一路上给我机会和支持鼓励我的人们。

感谢彭一刚院士早年的忠告，使我放弃了早期的计划，而后来深感他讲的话道理深刻，也促使我重于实践、及时总结，得益其中。感谢北京工业大学王珊教授，是她引我见到蔡校长，邀我于1996年在北京工业大学开设《建筑策划》研究生课程，前后6年，通过研究生教学，促使我从建筑策划实践逐步走向原理研究。感谢黑龙江大学经济学院金南浩教授，他送给我关于中国城市不动产研究专著，并引导和促使我从市场角度研究建筑策划。感谢我的工作单位，原机械工业部设计研究总院的领导和同事们，将我推到全国最大经济特区海南的分院和房地产公司的领导决策岗位上，让我经受了惊心动魄的市场锻炼，获得了难以忘怀的经验和收获。感谢地产界的朋友们，在不同时期给了我不同的策划实践机会，他们中有赫赫有名的地产界名家，也有隐身低调的闲者，还有潜心收获的智商，也有狂游世界的诗人，给我难题怪题，让我经历了许多艰辛，又获得了无数快乐。感谢我曾经指导过的博士、硕士研究生们，如今他们已是教授、老总、老板，他们在不同时段帮助我完成了许多建筑策划实例，共同研究和探讨建筑策划，并在博弈论及理水策略等领域推动了我。

感谢中国建筑工业出版社王莉慧副总编、张建副主任和何楠编辑等关心这本书的出版界朋友，他们既提醒我又不想过多打扰我，不想给我太多压力，给我宽松的环境。感谢加工编辑史瑛女士在本书最终编辑中付出的辛劳，要特别提到吴宇江编审，在本书的编写中付出的劳动和支持，是他早在1996年就支持和鼓励我写这本书，并一直关注我在建筑策划领域的研究。衷心感谢他们的鼓励、配合和支持。

感谢为这本书出版付出辛勤劳动的我的同事陈鹏、董婷婷，是他们帮助我整理文稿、整理插图和实例图文、校对验证，协助完成了这一烦琐的工作。感谢所有同事对这本书给予的各方面支持。

最终要感谢我的家人，感谢我的妻子霍丽芙，她有自己的物流技术工作，也是繁忙的人，但对我的建筑策划是从里到外的支持、鼓励，尤其是我在海南工作的年月，她的支持使我得到充足的信心和力量；感谢女儿曹雨佳，她是我的同行，更喜的是她支持我的理性建筑和自然观，许多实例是我们共同完成的，她仍在继续着不断实践，有她使我生活得更有希望。感谢我家人的支持，没有他们，我不可能完成这本书。

感谢在此书编写中给过我支持、关心、配合的所有人，谢谢！

曹亮功

2016年3月30日